Reinhard Lebensorger

Effiziente Datenbankentwicklung mit INFORMIX-4GL

DB/2 2 kompakt
von Axel Pürner und Beate Pürner

Effizienter DB-Einsatz von ADABAS
von Dieter Storr

Theorie und Praxis relationaler Datenbanken
von René Steiner

**Effiziente Datenbankentwicklung
mit INFORMIX-4GL**
von Reinhard Lebensorger

Objektorientierte Softwaretechnik
von Walter Hetzel-Herzog

Qualitätsoptimierung der Software-Entwicklung
von Georg Erwin Thaller

Management von Softwareprojekten
von Peter F. Elzer

Reinhard Lebensorger

Effiziente Datenbankentwicklung mit INFORMIX-4GL

Design, Implementierung und Optimierung

Das in diesem Buch enthaltene Programm-Material ist mit keiner Verpflichtung oder Garantie irgendeiner Art verbunden. Der Autor und der Verlag übernehmen infolgedessen keine Verantwortung und werden keine daraus folgende oder sonstige Haftung übernehmen, die auf irgendeine Art aus der Benutzung dieses Programm-Materials oder Teilen davon entsteht.

ISBN 978-3-322-90419-5   ISBN 978-3-322-90418-8 (eBook)
DOI 10.1007/978-3-322-90418-8

Inhaltsverzeichnis

7 4GL-Konzepte 81

8 Die Cursortechnik 93

9 Bildschirmfenster 103

10 Menüsteuerungen und I-Menus 119

Vorwort

Dieses Buch richtet sich an alle im Entwicklungsbereich tätigen Personen, welche praktische Erfahrungen und Informationen für strategische Entscheidungen zum Produkt Informix-4GL, und den dazugehörenden Tools, suchen. Der Schwerpunkt liegt nicht auf der syntaktischen Befehlsbeschreibung, sondern auf der optimalen Verwendung der 4GL in einem realistischen Entwicklungsumfeld.

Die Idee zu diesem Buch entstand während meiner Zeit als Supportingenieur zu den Datenbankprodukten. Schon kurze Zeit nach Antritt dieser Stelle merkte ich, daß die an mich gerichteten Anfragen meist gar keine technischen Probleme darstellten. Viel öfters kamen Fragen wie *"wie implementiert man am besten..."*, *"wie optimiere ich..."*, alles Fragen, die von einem Laien nur ungenügend beantwortet werden können.

Niemand liest ein Handbuch und erkennt daraus alle Probleme, die während einer echten Entwicklung auftreten. Heute, nach meinen Lehr- und Wanderjahren, wollte ich versuchen, gewonnene Erfahrungen bzw. Erkenntnisse für all jene Kolleginnen und Kollegen auf Papier zu pressen, die, wie ich damals, zahlreiche implementierungsspezifische Fragen zum Thema 4GL haben und über keinen geeigneten Ansprechpartner verfügen.

Mein Dank gilt dem Softwarehaus Wohlmann GmbH in Wien, meinen Kolleginnen und Kollegen, allen voran Christine, Heidelinde, Hubert, Manfred I, Elemer, Manfred II, Tommi, Baldur, Gerald und Fritz. Mein besonderer Dank gilt Herrn Alfred Wohlmann, für die bedingungslose Nutzung der Infrastruktur.

Wirklich lobenswert, weil vorbildlich, war die Unterstützung seitens der Firma Informix Software GmbH in München. Großzügig wurde mein Verlangen nach Softwareprodukten gestillt. Dazu ist vor allem Frau Beatrice Dolinski sowie Herrn Roland Urfels zu danken, die mich seit Beginn des Projektes freundschaftlich betreuten.

Dank auch an die Firma Garmhausen & Partner, Wien, allen voran Herrn Peter Handke sowie Herrn Haider, zwei erfahrene Informixspezialisten der ersten Stunde.

Ich würde mich über Reaktionen, bzw. Anregungen zum Inhalt dieses Buches sehr freuen, und stehe für schriftliche Anfragen gerne zur Verfügung.

Reinhard Lebensorger
Dienstleistungen in der automatischen Datenverarbeitung

Uhligstraße 36
A-1100 Wien

Wien, 1. Mai 1994

Kapitel 1
Das Unternehmen Informix

Das Unternehmen Informix

Die Informix Inc. gehört weltweit zu den führenden Anbietern relationaler Datenbanksysteme. Der Hauptsitz befindet sich in Menlo Park, Kalifornien. Informix-Software beschäftigt weltweit mehr als 1.200 Mitarbeiter.

Die Produktpalette reicht von Datenbankservern über Entwicklungstools bis hin zu professionellen Desktopanwendungen. Informix war und ist stets bemüht, gängige Industriestandards bei der Produktentwicklung zu berücksichtigen. So unterstützt die Produktpalette den ANSI LEVEL II Standard.

Datenbankprodukte sind auf über 450 Plattformen verfügbar. Auch Desktoptools wie die Kalkulation WingZ, das Reportingtool Viewpoint oder HyperScript-Tools sind bemerkenswerterweise auf den gängigsten grafischen Benutzeroberflächen wie UNIX/OSF Motif, Windows, OS/2-Presentation Manager, Open Desktop, Sun View/Open Look, NeXT STEP und Macintosh verfügbar.

Kapitel 2

Die Produktpalette

➢**Übersicht**

➢**Produktgruppen**

Übersicht

In diesem Kapitel lernen wir die komplette Produktpalette von Informix kennen. Dabei werden Produkte in Ihrer Funktionalität dargestellt.

Dem folgenden Inhalt vorweggenommen bietet Informix zwei technisch völlig unterschiedliche Datenbankserver. Im darauf folgenden Kapitel werden Vor- und Nachteile aufgezeigt, sodaß der Entscheidungsträger imstande ist, mit diesen Angaben den benötigten Server zu finden.

Produktgruppen

Serverprodukte	*Entwicklungstools*	*Endanwenderwerkzeuge*
StandardEngine (SE)	4GL	WingZ
OnLine	4GL RDS	SmartWareII
	4GL ID	Informix Viewpoint
	SQL	
	ESQL/C ESQL/Cobol ESQL/Fortran	
	C-ISAM	
	HyperScript Tools	

Sämtliche Entwicklungstools wie auch Endanwenderwerkzeuge greifen über SQL (mit Ausnahme von C-ISAM) auf Daten unter SE bzw. OnLine zu. Mit der breiten Produktpalette bietet Informix die Möglichkeit sämtliche unternehmensweiten Daten in **einer einheitlichen** Datenbank zu speichern bzw. auch grafisch anspruchsvoll auszuwerten.

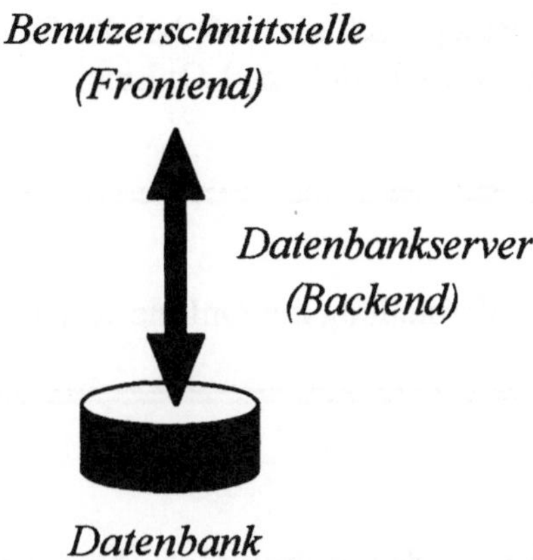

Abbildung 2.1: Zugriff über den Datenbankserver

Für die Planung von Datenbanken gilt es zu wissen, daß die Trennung in Front- und Backends den problemlosen Einsatz in heterogenen Netzen mit unterschiedlichen Betriebssystemen ermöglicht. Den Produkten ist es somit „egal", auf welchem Rechner der Frontendprozeß und auf welchem Rechner der Datenbankprozeß läuft.

Damit ein Frontend mit einem Backend kommunizieren kann, sind die Kommunikationsprodukte Informix-Net (I-Net) bzw. Informix-Star (I-Star) und ein Standardnetzwerkprotokoll (z.B. TCP/IP) notwendig.

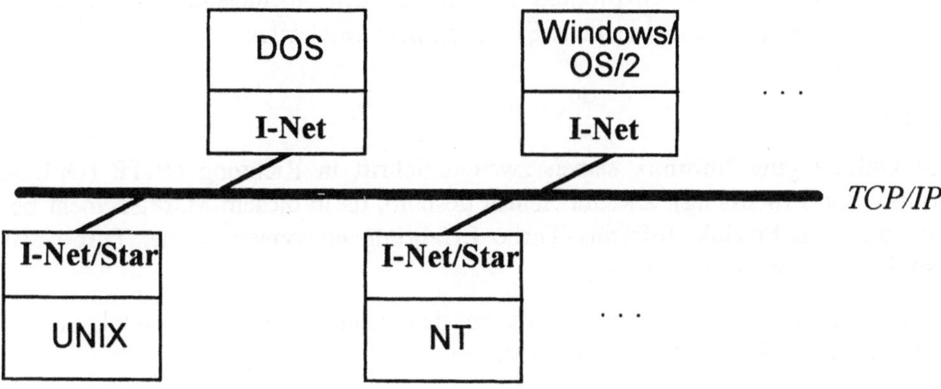

Abbildung 2.2: Heterogene Netze

I-Net wird bei jedem Frontendprozeß als auch bei der StandardEngine verwendet. I-Star hingegen ist das Netzwerkprodukt zu I-OnLine.

 I-Star untertstützt in Verbindung mit OnLine verteilte Datenbanken.

StandardEngine (SE)

Die StandardEngine zählt zu den weltweit am häufigsten installierten Datenbankservern. Der Datenbankserver hat die Aufgabe, Daten abzulegen und rasch wiederzufinden. Die SE stellt einen sehr einfach zu bedienenden Server dar, welcher zur Laufzeit keine nennenswerte Verwaltungstätigkeit erfordert.

Haupteinsatzgebiet für die SE sind kleinere bis mittlere Applikationen. Für größere Systeme ist OnLine aufgrund seiner besseren Performance zu bevorzugen. Dieser Server ist auf allen gängigen Betriebssystemen und ca. 450 Hardware-Plattformen verfügbar. Diese Verfügbarkeit auf allen gängigen Betriebssystemen sei hier deshalb besonders erwähnt, da der zweite Datenbankserver von Informix, OnLine, speziell für den Multiuserbetrieb entwickelt wurde und deshalb auf Einzelplatzbetriebssystemen wie z.B. DOS nicht verfügbar ist. Der Server unterstützt auch PC-Netzwerke wie PC-Lan, NOVELL, 3COM und Star-Lan. Netzwerklizenzen sind nach Benutzerzahlen gestaffelt.

Die SE ist kein Konkurrenzprodukt zu OnLine, dem Hochleistungsserver. Beide Server wurden für unterschiedliche Einsatzgebiete geschaffen.

OnLine

Mit OnLine ging Informix seinen zweiten Schritt in Richtung OLTP (OnLine Transaction Processing). Zweiter Schritt deshalb, da in diesem Marktsegment bereits mit dem Produkt Informix-Turbo Erfahrung gewonnen wurde. Turbo war also der Vorgänger zu OnLine.

Informix-Turbo zählte schon damals zu den schnellsten Serverprodukten und wurde im Produkt OnLine weiter verbessert.

Die Wahl des Datenbankservers hängt letztendlich von einigen technischen Aspekten in bezug auf Leistungsfähigkeit bzw. Administrationstätigkeiten ab. Für Details lesen Sie bitte das anschließende Kapitel.

Informix-SQL

Informix-SQL ist ein relationales Datenbankmanagementsystem, welches sehr leicht zu verwenden und einfach zu erlernen ist.

Eine wesentliche Komponente ist die dialogorientierte SQL-Schnittstelle. Damit können sämtliche SQL Befehle auf Informix-Datenbanken interaktiv ausgeführt werden. Der Anwender braucht bei Abfragen keine Gedanken über die Datenformatierung zu verschwenden, zumal Daten in einem Standardlayout geliefert werden.

Ein weiterer wesentlicher Bestandteil ist ein Menü mit Standardfunktionen wie Einfügen, Suchen, Löschen, usw. in Verbindung mit QBE-Bildschirmmasken. QBE steht für *Query By Example*, zu deutsch also Datensuche nach Vorgabewerten.

Praktisch erhält der Anwender eine Bildschirmmaske, wo er Abfragekriterien hinterlegen kann. Möchten wir beispielsweise alle Kunden mit dem Namen Meier finden, so tippen wir in das Namensfeld einfach den Namen ein und starten die Datensuche. So ist es wirklich leicht Datenbestände abzufragen, vorausgesetzt man kennt das Datenbankschema mit den dazugehörigen Verkettungen (*joins*). Das Datenbanklayout selbst kann hier mit I-SQL interaktiv erstellt werden. Der Benutzer wird dabei über Menüs geführt.

Informix-SQL verfügt auch über eine Reportkomponente, um Listen zur Datenbank anzufertigen bzw. generieren zu lassen.

Alle hier genannten Komponenten können über ein Menüsystem zu einer kleinen Anwendung zusammengefaßt werden.

Eingeschränkt sind solche Anwendungen aber durch eine festgelegte Benutzerschnittstelle.

Informix 4GL

Informix 4GL ist die eigentliche Anwendungsentwicklungssprache und auch Hauptthema dieses Buches. 4GL steht für *Fourth Generation Language* und bezeichnet damit eine Programmiersprache der vierten Generation. Im Vergleich zu Drittgenerationssprachen wie C, Cobol, Ada, Pascal, usw. haben Sprachen der vierten Generation immer ein bestimmtes Anwendungsgebiet.

Anwendungsgebiet der 4GL von Informix ist die Applikationsentwicklung mit dem Datenbanksystem von Informix. Durch die eingeschränkte und daher spezialisierte Aufgabendefinition ist man mit der 4GL in der Lage, Applikationen sehr rasch zu entwickeln.

Die 4GL basiert auf SQL und hat somit deren Befehle implementiert. Desweiteren verfügt diese Sprache über Programmflußbefehle wie *if, while, for*, uvm. sowie Befehlen zur Masken- und Reportgestaltung. Die 4GL von Informix ist in zwei Varianten verfügbar, als Compiler- oder als Interpreterversion.

4GL (Compilerversion)

Die gesamte Applikation wird vom 4GL-Compiler zunächst auf C-Syntax übersetzt und anschließend durch einen C-Compiler geschickt. Das Ergebnis ist dann ein ausführbares Programm.

Sie benötigen zur Compilerversion der 4GL also einen C-Compiler wie er unter UNIX meist mit dem "Development Kit" geliefert wird.

Informix 4GL RDS

RDS steht für Rapid Development System, also "schnelles Entwicklungssystem". Die Bezeichnung "schnell" ergibt sich aus den Unterschieden zur Compilerversion der 4GL:

1. Ein 4GL-Programm wird nicht in ausführbaren Code, sondern in den sogenannten P-Code (Pseudocode) übersetzt. Zur Übersetzung wird daher auch kein C-Compiler benötigt.

2. Da dazu weniger Übersetzungsaufwand notwendig ist, erfolgt die Kompilierung in spürbar kürzerer Zeit.

3. Zur raschen Fehlerbeseitigung ist ein Debugger verfügbar.

Der Befehlsumfang zwischen beiden Versionen ist kompatibel, aber

☞ Die Compilerversion besitzt gegenüber der P-Codeversion den markanten Unterschied, daß Variablen der Applikation beim Programmstart NICHT automatisch initialisiert werden.

Dies hat bei unsauberen Implementierungsmethoden, wo Variablen durch den Programmierer nicht initialisiert werden, manchmal unerwünschte Auswirkungen.

Die P-Code Version der 4GL wird auch als Interpreterversion bezeichnet. Tatsächlich werden die Befehle **zur Laufzeit** geprüft, übersetzt und ausgeführt. Die Compilerversion der 4GL gilt daher in der Regel als die schnellere Version.

Einen wesentlichen Vorteil betreffend Rechnerressourcen besitzt die Compilerversion dadurch, daß für alle Benutzer nur **ein** Programmsegment im Speicher benötigt wird.

Ein Programm besteht aus drei Teilen (Segmenten): dem Daten-, Text-, und Programmsegment. Während nur im Daten- und Textsegment prozeßspezifische Daten abgelegt sind, reicht es aus, wenn das Programmsegment nur einmal im Speicher vorhanden ist. Alle Benutzer verwenden dieses, da es für alle gleich bleibt.

Das hat zur Folge, daß die Ladezeit einer Anwendung dann besonders rasch erfolgt, wenn ein anderer Benutzer die Anwendung bereits gestartet hat. Bei der Interpreterversion muß die gesamte Applikation von **jedem** Benutzer geladen und gestartet werden, sodaß es hier vor allem bei größeren Applikationen zu längeren Wartezeiten kommt und mehr Speicherressourcen benötigt werden.

Ideal erscheint die Kombination mit der Interpreterversion zu entwickeln und mit der Compilerversion beim Kunden zu installieren. Natürlich benötigen Sie dazu beide Entwicklungslizenzen.

Informix-4GL Interaktiver Debugger (ID)

Der interaktive Debugger ist wie schon erwähnt nur in Verbindung mit der Interpreterversion, dem RDS-System, verfügbar und erlaubt die komfortable Fehlersuche in 4GL-Applikationen. Für den genauen Gebrauch möchte ich Sie gleich auf das Kapitel 13, *4GL-Debugging* verweisen.

Der ID versteht sich als eigenes Produkt und muß deshalb auch extra bezahlt werden. Mit diesem Debuggingtool verkürzt der Entwickler die Fehlersuchzeit auf ein Minimum und erhöht somit die Produktivität.

Für die Compilerversion muß mit herkömmlichen Debuggern nach Fehlern gesucht werden. Diese setzen auf dem C-Level auf. Eine Fehleranalyse gestaltet sich somit viel schwieriger als auf der 4GL-Ebene.

ESQL (Eingebettetes SQL)

ESQL ist für die Sprachen C, Cobol, Fortran und Ada verfügbar. Wir lernen hier die Verwendung anhand des Produktes ESQL/C, die Schnittstelle zur Programmiersprache "C" kennen. Die Aussagen sind für alle anderen unterstützten Sprachen im gleichen Sinne gültig.

Grundgedanke ist es, SQL Befehle in herkömmlichen Programmiersprachen (= 3. Generation) einzubetten. SQL Befehle werden dabei gekennzeichnet.

Für den Datenbankneuling sei hier angemerkt, daß die SQL eine genormte Datenbankdefinitions- und Manipulationssprache ist. Keineswegs enthält die SQL Variablen, Masken- oder Reportbefehle. SQL ist deshalb nicht mit einer 4GL zu verwechseln. Die eigentliche Programmflußlogik wird also in der Drittgenerationssprache implementiert.

Der Programmierablauf mit ESQL/C sieht wie folgt aus:

❖ Erfassung des Quelltextes, wobei SQL Befehle mit $ oder EXEC SQL versehen sind.

❖ Der Sourcecode wird durch den ESQL/Compiler geschickt, der wiederum sämtliche SQL Befehle in eine Drittgenerationssprache übersetzt.

❖ Der Compiler ("C", Cobol, ...) übersetzt dann schließlich auf ein ausführbares Programm.

```
#include <stdio.h>
$include sqlca;

main()
{
$char kundennr[6]
int i=0;

printf("Es werden nun alle Kundennummern angezeigt\n")

DATABASE kunden;

$DECLARE knr CURSOR FOR
   SELECT kundennr
      INTO $kundennr
      FROM kunden;

$OPEN knr;

for (;;)
{
$FETCH knr;
if (sqlca.sqlcode) break;
  printf ("%s \n", kundennr);
  i++;
}

printf("Es wurden %d Kunden gefunden \n", i);
$CLOSE knr;
}
```

Abbildung 2.3: SQL in C

Informix C-ISAM

ISAM steht für *Index Sequentiell Access Methode* und hat, wie der Name schon sagt, mit Indexdateien zu tun. C-ISAM ist eine Funktionsbibliothek, welche Funktionen zur Verwaltung von Indexdateien zur Verfügung stellt.

Einsatzgebiet für dieses Produkt ist die Realisierung von schnellen Datenzugriffen in C, wo ansonst sequentiell gelesen werden müßte. Der Zugriff erfolgt dabei immer auf **eine** einzelne Datei und nicht per SQL.

Daher ist es mit C-ISAM innerhalb einer Abfrage nicht möglich, Daten aus mehreren Dateien zu verknüpfen.

Informix-Net (I-Net)

Informix-Net ist das Kommunikationsprodukt zu Frontends und der Standard Engine. I-Net unterstützt keine verteilten Datenbanken und ist zur Realisierung von Client/Server-Architekturen bestimmt.

Es kann aber sehr wohl von einem Client auf mehrere Server zugegriffen werden. Der Unterschied zu I-Star besteht unter anderem in der Tatsache, daß mit I-Net nie mit **einem** Befehl auf mehrere Datenbanken gleichzeitig zugegriffen werden kann.

Informix-Star (I-Star)

I-Star die Netzkomponente zu OnLine hat unter anderem folgende Aufgaben:

❖ Optimierung von verteilten Datenbankabfragen

❖ Minimierung des Netzverkehrs

❖ Realisierung der Ortsunabhängigkeit

I-Star enthält einen kostenbasierenden Abfrageoptimierer (Optimizer), welcher sämtliche für eine Abfrage möglichen Wege durchrechnet und daraus den günstigsten, da billigsten, Weg auswählt. Dabei werden folgende Kosten berücksichtigt:

❖ Input/Output

❖ CPU

❖ Nachrichten (durchs Netz)

❖ Datentransfer

I-Star entscheidet auf welchem Serverrechner eventuelle Joins (Verknüpfungen zwischen Datenbanktabellen) ausgeführt werden. Zur Ausführung solcher Joins müssen Daten beider bzw. mehrerer Tabellen zusammengeführt werden. So ist es beispielsweise günstiger, die kleinere Tabelle zur großen Tabelle über das Netz zu übertragen, als umgekehrt.

Unter Realisierung der Ortsunabhängigkeit verstehen wir die Möglichkeit, Daten beliebig im Netz zu verstreuen ohne die Applikation deswegen ändern zu müssen.

Die 4GL-Applikation ist also ortsunabhängig.

SmartWareII

SmartWareII von Informix ist ein integriertes Paket bestehend aus den Modulen:

❖ Textverarbeitung

❖ Kalkulation & Grafik

❖ Datenbank

❖ Fernkommunikation

Alle Einzelmodule sind sehr mächtig und brauchen den Konkurrenzvergleich nicht scheuen. Eine Stärke von SmartWareII ist der einfache Datenaustausch zwischen den Modulen. So können Grafiken in die Textverarbeitung oder Daten aus der Datenbank in die Tabellenkalkulation übernommen werden.

Durch eine eigene Programmiersprache, welche in der jeweiligen Landessprache verfügbar ist, können immer wiederkehrende Arbeitsschritte automatisiert und unter eine einheitliche Benutzeroberfläche gestellt werden. SmartWareII verfügt auch über ein Datalink, daß den Zugriff auf SQL-Datenbanken ermöglicht. SmartWareII ist unter DOS verfügbar.

Informix-WingZ

WingZ ist eine Tabellenkalkulation mit exzellenten grafischen Darstellungsmöglichkeiten. Durch die integrierte Programmiersprache kann die gesamte grafische Oberfläche einfachst programmiert und für eigene Bedürfnisse eingerichtet werden. Besonders attraktiv ist die Tatsache, daß WingZ auf allen gängigen grafischen Benutzeroberflächen verfügbar ist.

Informix HyperScript Tools

HyperScript Tools ist eine Entwicklungsumgebung für Applikationen unter grafischen Oberflächen. Dabei wird die Oberfläche mit einfachen, aber mächtigen, Befehlen locker programmiert, ohne irgendwelche Systemspezialitäten kennen zu müssen.

Dabei meine ich nicht bloß die Realisierung einiger Dialogfenster wie dies mit Makros bei diversen Windowsprodukten der Fall ist. Ein durchgängiges Programmierkonzept erlaubt so ziemlich alles zu programmieren, was einen Windows-Fetischisten gefällt. Das Produkt verfügt über eine ereignisgesteuerte Programmierlogik, die den Aufwand zur Erstellung von Kontrollstrukturen erheblich vereinfacht.

Mit der integrierten Datenbankschnittstelle SQL ist hier eines der mächtigsten *portablen* Entwicklungswerkzeuge entstanden. Diesem Produkt wurde auch ein eigenes Kapitel gewidmet, zumal sich viele Entwickler schon darüber Gedanken machen, wie Ihre Applikationen unter grafischen Oberflächen weiterentwickelt werden können, ohne auf die bisher entwickelte Programmlogik verzichten zu müssen. Das Kapitel zeigt konkrete Aspekte einer Portierung der 4GL-Anwendung auf HyperScript.

OpenCase

OpenCase ist die Antwort von Informix zur steigenden Nachfrage nach professionellen CASE-Tools für die gehobene Anwendungsentwicklung. OpenCase genauer OpenCase/ToolBus ist ein Toolsystem, das es erlaubt, gewünschte Produkte von Drittanbietern in ein modulares CASE-System einzubinden. Namhafte CASE-Hersteller wie Cadre und Westmount unterstützen bereits den ToolBus von Informix. Informix standardisiert mit dem ToolBus die Art und Weise der Kommunikation zwischen den einzelnen Komponenten.

Kapitel 3

Die Serverentscheidung

> ➤ **Übersicht**

> ➤ **Unterschiede SE - OnLine**

Übersicht

Wie schon bei der Vorstellung der Produktpalette beschrieben, bietet Informix zwei technisch völlig unterschiedliche Datenbankserver. Hier werden Vor- und Nachteile aufgezeigt, sodaß der Entscheidungsträger imstande ist, mit den gezeigten Fakten den richtigen Server zu wählen.

Unterschiede SE - OnLine

Eines der Hauptziele von OnLine ist die Optimierung der Performance in großen Systemen, an denen gleichzeitig viele Benutzer arbeiten. Solch eine Steigerung der Performance ist mit einigen technischen Raffinessen verbunden.

Wesentlichste Ansatzpunkte sind die Umgehung des UNIX-Dateisystemes und die Nutzung von *shared memory*.

Der Standardserver SE besitzt keine der hier angeführten Techniken. Vorteile der SE sind vor allem die Verfügbarkeit auf **allen** gängigen Betriebssystemen.

Shared memory

Die Verwendung von *shared memory* soll die Zahl der Festplattenzugriffe minimieren. Festplattenzugriffe sind im Vergleich zu anderen Hardwareoperationen die wohl zeitintensivsten Operationen und müssen deshalb so weit als möglich reduziert werden. Diese Reduktion erfolgt dadurch, daß Daten im gemeinsamen Speicherbereich gepuffert werden.

Nehmen wir an, 40 Benutzer arbeiten auf einem UNIX-Rechner. Alle greifen über eine 4GL-Applikation auf den Artikelbestand zu. Liest der Benutzer A Daten eines Artikels X, so bleiben diese so lange als möglich im gemeinsamen Speicherbereich und jeder weitere Benutzer, der diese Daten benötigt, liest aus dem shared memory-Bereich und nicht von der Festplatte. Je mehr Benutzer mit dem System arbeiten, desto wahrscheinlicher wird es, daß schon ein anderer Benutzer diese Daten gelesen hat, sodaß diese Architektur nur in Multiuserbetrieben sinnvoll ist.

Dadurch das die Ein/Ausgabe zwischen Festplatte und dem Hauptspeicherbereich in *pages* (mehrere Kilobytes) erfolgt, wird diese Technik zusätzlich verstärkt. So werden beim Lesen eines Datensatzes gleich alle weiteren Datensätze, welche in der gleichen *page* liegen, mitgelesen.

Der gemeinsame Speicherbereich wird nicht selbst von OnLine realisiert, sondern zählt zu den Bestandteilen des UNIX SystemV.

Raw devices

Zunächst definieren wir den Begriff *raw device*. Wie viele andere Begriffe aus der EDV-Welt gibt es auch bei diesem keine verständliche deutsche Übersetzung. Wörtlich genommen, möchten wir dazu *Rohgerät* sagen. Roh deshalb, da dieses Gerät vom Betriebssystem nicht formatiert, d.h. für den Gebrauch mit dem UNIX-Dateisystem nicht vorbereitet wird.

So ein *raw device* können wir mit einer nichtformatierten Diskette vergleichen. Wurde die Diskette vom Betriebssystem nicht formatiert, so können zumindest mit den Systembefehlen keine Daten geschrieben werden.

Theoretisch könnten wir diese Systembefehle auch umgehen und mit unseren eigenen Routinen zugreifen. Dies wäre am einfachsten zu realisieren, indem wir den Festplattenkontroller direkt ansprechen.

Genau dies ist auch die Vorgangsweise bei der Verwendung von *raw devices*. Informix OnLine verzichtet beim Platten I/O auf SystemFunktionen des Betriebssystemes und steuert den Plattenkontroller direkt an. OnLine gewinnt dadurch Performance.

Hier kommt ein auf den ersten Blick gar nicht bemerkter, für ein Datenbanksystem aber immer wichtiger werdender, Vorteil zum Vorschein, die Datensicherheit. Daten würden ohne Verwendung von *raw devices* in üblichen ASCII-Dateien abgelegt werden. Solche Dateien können unter Umgehung der Zugriffberechtigungen von nicht authorisierten Personen gelesen werden. Diese Zeiten sind unter OnLine vorbei.

Die Vorteile unter Verwendung von *raw device*s

1. Kurze I/O Zyklen

2. Datensicherheit

3. optimierte Plattenbeschreibung

4. "Schreibgewißheit"

zu 1.

Ein sehr wesentlicher Aspekt ist die Verkürzung der Zugriffszeiten durch Umgehung des Betriebssystemes. Jeder Betriebssystembefehl führt unweigerlich zu einem Overhead (Zeitverlust), welcher bei Datenbanksystemen die Antwortzeit beeinflußt.

zu 2.

Zum Thema Datensicherheit wurde bereits ausgeführt, daß alle Daten nicht mehr in den üblichen Betriebssystemdateien liegen und somit auf keinem herkömmlichen Wege gelesen werden können.

zu 3.

Da Informix-OnLine die Festplatte völlig selbst ständig verwaltet, kann OnLine auch die Position der zu schreibenden Daten bestimmen, d.h. Daten unmittelbar hintereinander, deshalb optimiert, ablegen.

zu 4.

Dies ist ein wesentliches Kriterium für die Konsistenz der Datenbank. Hätten wir eine BetriebssystemFunktion zum Schreiben der Daten verwendet, so bekommen wir kurze Zeit nach dem Aufruf des Schreibbefehles den Returncode zurück, welcher bestätigt, daß die Daten auf der Fetsplatte geschrieben sind.

Tatsächlich sind diese Daten aber physisch nicht unbedingt auf der Platte. Da auch die Festplatte eine Resource darstellt, die unter den Benutzern bzw. den Prozessen aufgeteilt werden muß, kommt es hier zu einem Warteschlangensystem. Unsere Daten werden in diese Systemwarteschlange eingereiht, während die Applikation annimmt, daß diese bereits geschrieben wurden.

Stürzt die Maschine ab, so meinen wir, daß sich unsere Daten bereits im System befinden, tatsächlich wurden diese aber nie geschrieben. Mit OnLine kann dieser Zustand nicht auftreten, da nur dann der Returncode weitergegeben wird, wenn die Daten auch physisch auf der Platte stehen.

Fehlertoleranz

OnLine bietet Möglichkeiten, um sowohl System-, als auch Plattenfehler zu tolerieren. In beiden Fällen bleibt die Konsistenz der Datenbank gewährleistet. Für den Fall, daß der Rechner aus welchen Gründen auch immer abstürzt, besitzt OnLine eine nahtlose Protokollierung, bestehend aus einem *physical log* und mehreren *logical logs*.

Im *physical log* werden *before images* gespeichert. Darunter verstehen wir den Inhalt von Datensätzen, wie er vor der Änderung vorhanden war. Diese Datensätze dienen im Fehlerfalle für eventuell nachzuvollziehende Transaktionen als Datenbasis. Im *logical log* wird gespeichert, **wie** *before images* verändert wurden.

Eine Transaktion nachvollziehen bedeutet, zunächst den letzten geprüften konsistenten Datenbankzustand herzustellen und dann nur jene Transaktionen nachzuvollziehen, die vor dem Systemabsturz ordnungsgemäß beendet wurden. Den Vorgang des Nachvollziehens nennen wir auch Recovery.

Um dem Datenverlust durch Plattenzerstörung vorzubeugen, haben wir die Möglichkeit, den Datenbestand auf zwei Platten zu speichern (spiegeln). Wir sprechen von gespiegelten Platten, wenn jede Operation auf der einen Platte auch auf einer optionalen zweiten Platte ausgeführt wird. Im Fehlerfalle schaltet OnLine vollautomatisch auf die noch unbeschädigte Platte um.

Multimedia mit BLOBs

Multimedia heißt das Schlagwort für die Datenverarbeitung der kommenden Jahre. Verstanden wird darunter einfach die Verarbeitung aller möglichen Datenformate. Bislang war es ja üblich, Daten primär im Textformat (ASCII) zu speichern. Mit OnLine ist es nun möglich, Informationen unabhängig von der Datenformatierung in der Datenbank abzulegen. Informix kreierte dafür den BLOB (Binary Large OBject). Ein BLOB kann bis zu 2 Gigabyte groß sein.

OnLine unterstützt auch das Konzept des Datentyps *variable character*, kurz VARCHAR. Grundsätzlich, so auch beim Standardserver, wird für jeden Datensatz des Typs **character** im Datenbanksystem immer der Platz zur Speicherung der maximalen Feldlänge reserviert. Anders beim Datentyp VARCHAR, hier kann der benötigte Datenbankplatz solcher Felder minimiert werden.

Flexible Kontrolle paralleler Prozesse

Meist befinden sich mehrere Benutzer im System und bearbeiten voneinander unabhängige Datensätze. Die Benutzer arbeiten also **parallel**. Hier ist es sehr wichtig, daß Daten nur solange von einem Benutzer gesperrt werden, als dies unbedingt nötig ist. Ansonst würde es vor allem bei Systemen mit großer Benutzeranzahl oft zu Wartesituationen kommen, da benötigte Datensätze von anderen Benutzern gesperrt werden.

Die 4GL erlaubt dem Entwickler diese Interferenzen zwischen den Prozessen zu steuern. Dies bedeutet nicht, daß es dann zu keinen Datensperren kommen kann, die Anzahl solcher Sperren wird dadurch aber geringer.

Verteilte Datenbanken

Mit Release 4.00 ging Informix in Richtung verteilte Datenbanken. Dazu notwendig: Informix-Star. Unter dem Begriff „verteilte" Datenbank verstehen wir nicht einfach die verteilte Lage von Datenbanken auf verschiedenen Rechnern, sondern vielmehr die Tatsache, daß mit einer Operation auf mehrere dieser Datenbanken zugegriffen werden kann. Zur Gewährleistung der ordnungsgemäßen Ausführung solcher Datenbankoperationen wird das Zwei-Phasen Protokoll *(two-phase commit)* unterstützt.

Performance Tuning

Die Performance von OnLine ist während des Betriebes analysierbar und kann durch verschiedene „Schräubchen" optimiert werden. Details dazu finden Sie im Kapitel *Online Monitoring.*

Kapitel 4

UNIX und 4GL

- ➢ Übersicht
- ➢ Grundlagen
- ➢ ShellSkripts
- ➢ Einbettung in Informix-4GL
- ➢ Prozeßkontrolle
- ➢ Übungen

Übersicht

UNIX ist durch seine Multiuserfähigkeit und das gelungene Dateikonzept ein ideales Betriebssystem zur Softwareproduktion mit größeren Teams. Obwohl die eigentliche Datenbankentwicklung mit den Tools von Informix und einem Texteditor abläuft, empfiehlt es sich in der Praxis zumindest über Grundlagenkenntnisse des Betriebssystemes Bescheid zu wissen.

In diesem Kapitel werden wir zunächst die elementaren Grundlagen von UNIX kennenlernen und anschließend die Verwendung häufig benötigter Systemkommandos im Zusammenhang mit der Datenbankentwicklung erläutern.

Weiterhin erhält der interessierte Leser einen Überblick darüber, welche Befehle auf jeden Fall zu verstehen sind, um das Betriebssystem zur Applikationsentwicklung effektiv nutzen zu können.

Grundlagen

Ein/Ausgaben

UNIX arbeitet als dateiorientiertes Betriebssystem. So erfolgen sämtliche Ein/Ausgaben-Operationen über Dateien. Lesen Sie eine Diskette ein, so ist Ihrem Diskettengerät eine Datei zugewiesen. In diese werden die von Diskette gelesenen Daten hineingestellt bzw. an den „Leser" wieder ausgegeben.

Jedem Prozeß sind vom Betriebssystem drei Standarddateien zugewiesen. Diese werden mit *stdin* (Standardeingabe), *stdout* (Standardausgabe) und *stderr* (Standardfehlerausgabe) bezeichnet.

Standardeingabe ist jene Datei, aus der Prozesse Eingaben entgegennehmen. Dies ist im Normalfall die Tatstatur, kann aber auch aus jeder anderen Datei kommen. Dazu kennt UNIX Operatoren, die es erlauben stdin, stdout & stderr auf andere Dateien umzulenken.

Datei	wird umgelenkt durch	Beispiele
stdin	< *dateiname*	echo < meldung
stdout	> *dateiname*	ls > neue_datei
	>> *dateiname*	ls >> bestehende_datei
stderr	2>	rm *4go 2>fehler_protokoll

Abbildung 4.1: Umlenkung der Standard I/O - Dateien

Verwendung finden diese Umleitungsoperatoren vor allem dann, wenn aus der 4GL-Applikation heraus Betriebssystemkommandos mit dem RUN Befehl (siehe später) ausgeführt werden. Dabei wird häufig auf eine eigene Fehlerdatei umgelenkt oder die Bildschirmausgabe unterdrückt.

Möchte man die Ausgabe von Meldungen, welche von Systemaufrufen erzeugt wurden, verhindern, so lenkt man die Standardausgabedatei, eventuell auch die Standardfehlerdatei, auf die Datei **/dev/null** um. Diese Datei stellt für das System eine Art Mistkübel dar.

Swapping

Damit bezeichnen wir eine Technik, die es erlaubt, gerade nicht benötigte Prozesse bzw. Teile davon vom Hauptspeicher auf die Festplatte auszulagern, um so mehr freien Hauptspeicher für laufende Anwendungen zu erhalten.

Dazu wird vom Systemverwalter ein sogenannter Swappingbereich auf der Platte eingerichtet, der exklusiv für diese Auslagerungszwecke reserviert bleibt.

Im laufenden Betrieb sollte aus Belastungsgründen die Swappingaktivität nicht zu groß sein. Dies kann durch genügend Hauptspeicher bewerkstelligt werden.

Scheduling

Mit Scheduling bezeichnen wir die Technik der Resourcenverwaltung. Eine Ressource ist ein Betriebsmittel. Beispiele: CPU, Drucker. Wenn nur eine CPU vorhanden ist, so können im Mehrbenutzerbetrieb nie alle Benutzer gleichzeitig diese Ressource verwenden. Es muß ein Verwaltungssystem dazwischen geschalten werden, daß die Zuweisung der Ressource steuert. Dabei werden unter anderem auch die Prioritäten der einzelnen Prozesse berücksichtigt. So erhalten Prozesse mit höherer Priorität die Ressource früher bzw. auch länger zugeteilt als Prozesse mit niedrigerer Priorität.

Pipes

Eine Pipe stellt die Verbindung zwischen der Standardausgabe eines Prozesses zur Standardeingabe eines folgenden Prozesses her. Mit anderen Worten, der Output wird von einem anderen Prozeß als Input weiterverarbeitet.

Auf der Shell-Ebene wird der senkrechte Strich „|" als pipe-Operator verwendet. So kombinieren wir die Ausgabe des *ls (list)*-Kommandos mit dem *pg (page)*-Befehl, um den Output des ls-Kommandos auf einzelne Bildschirmseiten zu zerlegen.

```
$ ls -l|pg
```

Abbildung 4.2: Verwendung des pipe-Symboles

Soll die Ausgabe eines Befehles in einen anderen Befehl "gepipt" die Ausgabe aber trotzdem protokolliert werden, so kennt UNIX den *tee* Befehl. Dieser kopiert die Standardausgabe eines Befehles in eine gewünschte Protokolldatei und gibt den Output dann an den nächsten Prozeß weiter.

Zugriffsberechtigungen

UNIX vergibt auf drei Stufen Zugriffsberechtigungen. Diese sind

- ❖ Eigentümer
- ❖ Gruppen
- ❖ restliche Benutzer

Eigentümer ist jener Benutzer, dem die Datei gehört. Standardmäßig ist dies der Erzeuger. Mehrere Besitzer sind zu Gruppen zusammengefaßt. Benutzerberechtigungen können auch auf Gruppenebene, d.h. für alle Benutzer einer Gruppe, vergeben werden. Und schließlich werden auch Berechtigungen für all jene Benutzer definiert, welche weder Eigentümer noch Gruppenmitglieder des Eigentümers sind.

Angezeigt werden diese Berechtigungen mit dem *ls*-Kommando. Die Option *-l (long listing)* gibt zu jeder gefundenen Datei alle Zugriffsberechtigungen aus.

```
-rwxr-xr-x root informix Dec 1 15:30  /usr/informix5.0/bin/r4gl
```

*Abbildung 4.3: Benutzerberechtigungen zu **r4gl***

Benutzerberechtigungen für Eigentümer, Gruppen und restliche Benutzer werden durch drei Buchstaben gekennzeichnet. Diese Kennzeichen pro Berechtigungsstufe entsprechen von links nach rechts:

r	read	Lesen
w	write	Schreiben
x	execute	Ausführen

Da das UNIX-Dateikonzept eine Hierarchie darstellt, ist es notwendig, auch alle Berechtigungen von übergeordneten Dateiverzeichnissen zu besitzen. So nützt es nichts alle Berechtigungen auf einer speziellen Datei zu besitzen, wenn man keine Berechtigung für das übergeordnete Verzeichnis besitzt.

Berechtigungen werden nach dem *flag*-Prinzip vergeben, wobei die einzelnen *flags* mit folgenden Wertigkeiten versehen sind.

Leseberechtigung	4
Schreibberechtigung	2
Ausführberechtigung	1

Von der UNIX-Shell können Berechtigungen mit den Befhlen *chmod, chown und chgrp* beeinflußt werden.

chmod *(change mode)* setzt die Berechtigungen zur angegebenen Datei entsprechend der übergebenen Oktalzahl. Die Kennzeichnung des Oktalformates erfolgt durch eine vorangestellte „0" .

```
chmod 0774 /usr/source/memo.4gl
```

Abbildung 4.4: Ändern von bestehenden Zugriffsrechten

Hier werden dem Eigentümer die Rechte „Lesen", „Schreiben" und „Ausführen", der gesamten Gruppe ebenfalls und den restlichen Benutzern nur die Erlaubnis "Lesen" eingeräumt. Berechtigungen können auch anstatt dieser numerischen Werte unter der Verwendung von Symbolen vergeben werden.

Benutzerstufe	a	all
	g	group
	o	others
	u	user
Zuweisungsoperatoren	+	hinzufügen
	-	entziehen
	=	angegebene Berechtigungen zuweisen und restliche entziehen
Berechtigungen	x	ausführen bzw. Suchberechtigung für Verzeichnisse
	r	read
	w	write
	s	setze Berechtigungen wie sie der Besitzer der Datei hat

Berechtigungen werden dann nach dem Muster

    chmod *benutzerstufe zuweisungsoperator berechtigung(en) dateienliste*

vergeben.

```
#
# Die Gruppe zur Datei "verkauf.4gl" erhält Schreibberechtigung
#
chmod g+w  verkauf.4gl

#
# Benutzern, die nicht zur Gruppe gehören, wird die
# Leseerlaubnis entzogen, Gruppenmitgliedern wird
# die Ausführung der Datei gestattet
#
chmod o-r,g+x  install.script
```

Abbildung 4.5: Vergabe von Zugriffsberechtigungen

Der Eigentümer einer Datei wird beim Erzeugen automatisch festgehalten und kann mittels **chown** *(change owner)* verändert werden.

```
#
# Neue Eigentümerin der Datei ist conny
#
chown conny local.print
```

Abbildung 4.6: Wechsel des Eigentümers

Die Gruppe einer Datei wird beim Erzeugen mit der Gruppe des Eigentümers festgelegt und kann mit dem Befehl **chgrp** *(change group)* verändert werden.

```
#
# Dateien gehören nun der Gruppe entwickler
#
chgrp entwickler verkauf.4gl einkauf.4gl
```

Abbildung 4.7: Wechsel der Besitzergruppe

Zugriffsberechtigungen sollten wohl überlegt und geplant vergeben werden. Klar ist, daß auf der Kundenmaschine ein Anwender nie auf zur Laufzeit benötigte Applikationsteile zugreifen darf.

Zu diskutieren bleiben noch Zugriffsberechtigungen von Datenaustauschdateien

(Transferdateien). Auf diese greifen oft zwei verschiedene Benutzergruppen bzw. Benutzer zu, wenn auf der Maschine Softwarelösungen von verschiedenen Lieferanten eingesetzt werden.

Die eine Benutzergruppe (Sender) *sendet* Daten in eine ASCII-Datei. Die andere Benutzergruppe (Empfänger) *liest* die Datei. Um ein mehrfaches einspielen der Daten auf der Empfängerseite zu unterbinden, wird üblicherweise die Überleitungsdatei nach erfolgreichem Einlesen gelöscht. Dabei ist insbesonders darauf zu achten, daß der Empfänger auf diese Austauschdatei, die er ja nicht selbst erstellte, Schreibberechtigung besitzt.

Shell-Skripts

Mit seiner Kommandosprache und dem dateiorientierten Aufbau besitzt UNIX eine bemerkenswerte und für den Entwickler interessante Möglichkeit, viele Arbeitsschritte zu automatisieren. Dadurch gelingt es auf sehr einfache Weise verschiedene Programmsysteme zu integrieren.

Shell-Skripts werden meist mit einem Texteditor erstellt und beinhalten Kommandofolgen mit Steuerstrukturen, wie Sie von jeder Programmiersprache bekannt sind (for, if, while, usw.). Werte können an Variablen (den Shellvariablen) gebunden werden.

Für die Datenbankentwicklung wird meist eine Multiuserentwicklungsumgebung mit diversen Shell-Skripts realisiert.

Einbettung in Informix-4GL

Die 4GL bietet mit dem RUN Befehl die Möglichkeit, beliebige Betriebssystemkommandos zu starten. Es wird eine neue *shell* eröffnet und das übergebene Kommando ausgeführt.

```
RUN kommando
    [RETURNING variable | WITHOUT WAITING]
```

Abbildung 4.8: Syntax des RUN-Kommandos

Mit der optionalen Klausel WITHOUT WAITING wird das übergebene Kommando parallel zur 4GL-Applikation abgearbeitet. Wir erhalten in diesem Falle keine Information darüber, ob das Kommando erfolgreich ausgeführt werden konnte.

Im Gegensatz dazu steht die RETURNING *variable* Klausel. Diese veranlaßt, daß die 4GL-Applikation auf die Beendigung des Kommandos wartet und den Returncode des letzten Befehles unserer Kommandofolge zurückliefert. Somit kann auf eine erfolgreiche Durchführung des Aufrufes geprüft werden.

Möchte man in 4GL-Applikationen UNIX-Systemcalls oder auch eigene „C"-Routinen einbinden, so gibt es auch dazu die Möglichkeit über das „C"-Interface. Details dazu finden Sie in der *User-Guide* zur 4GL.

Prozeßkontrolle

Wichtig für die Überwachung bzw. Tests von Applikationen ist die Auswertung über laufende Prozesse, benötigte Systemzeiten, zugeordnetes Terminal, usw.

Dazu verwenden wir den **ps** (process status) Befehl. Dieser liefert uns die wichtigsten Daten, wie sie zuvor definiert wurden. Die benötigten Optionen dazu sind **-f** (full listing), **-a** (all processes). Ein Blick ins System sieht dann wie folgt aus:

```
    UID    PID   PPID  C     STIME  TTY   TIME  COMMAND
   hasy   1557   1499  0  (8:52:54  p3    1:00  /usr/informix/lib/sqlturbo
 elemer  12738   5858  0  :1:16:48  aa4   0:00  /bin/sh -c exec /usr/devmenu.sh
  oetzi   5517   5501  0  (9:31:46  p4    0:00  /usr/informix/lib/sqlturbo memo
  conny  13871  13767  0  11:19:42  p1    0:00  /bin/sh -c exec sr/a/etc/cwcompile
bacardi  19154   1614  0  12:13:54  p2    0:13  fgldb -I sr/wawi/dev/reinhard/main
 whisky   6202      1  0  10:04:11  p3    0:41  fglgo belege
 whisky   6210   6202  3  10:04:12  p3    5:03  /usr/informix/lib/sqlturbo
  conny  13872  13871  0  11:19:43  p1    0:02  build runtime/wawi
   root  12740  12738  0  11:16:48  aa4   0:00  pg -n
  oetzi  16025  16023  0  11:30:21  p0    0:01  /usr/informix/lib/sqlturbo
  conny  13873  13871  0  11:19:43  p1    0:02  pg -n
   root  19930  19924  0  12:21:29  aa2   0:00  cu -s 9600 -1 ttyaa8 dir
  oetzi  16786  16782  0  11:36:13  p3    0:01  /usr/informix/lib/sqlturbo test
```

Abbildung 4.9: Laufende Systemprozesse

Die Ausgabe enthält folgende Spalten:

UID	Nummer des Benutzers
PID	Prozeßnummer
PPID	Vaterprozeßnummer: wer hat den Prozeß mit der PID (siehe obige Zeile) gestartet
C	Schedulinginformation (wird für uns nicht benötigt)
STIME	Startzeit
TTY	Kennung des Bildschirmes, von wo der Prozeß gestartet wurde
TIME	Verbrauchte CPU-Zeit seit dem Starten bis zum Zeitpunkt der Abfrage
COMMAND	Kommando mit dem der Prozeß gestartet wurde

Abbildung 4.10: Output des ps-Kommandos

Um die Laufzeit eines bestimmten Prozesses zu ermitteln, muß der Prozeß eindeutig identifiziert werden. Dazu stehen prinzipiell der Name des Prozesses, der zugehörige Benutzername oder auch das Terminal zur Verfügung. Weis man die Bildschirmkennung nicht[1], so erfährt man diese am einfachsten, indem man am gesuchten Terminal das Komando **tty** startet. Das Ergebnis dieses Befehles liefert die Kennung des aktuellen Terminalgerätes.

Sucht man alle laufenden Prozesse zum Terminal, so verwenden wir die Option -t (*terminal*) des **ps**-Kommandos, wobei als Parameter die spezielle Terminalkennung angegeben wird. Auch die Suche nach Prozessen eines bestimmten Benutzers ist mit der Option -u (*user*) gestattet.

---

[1]   Die Terminalkennung kann zur Laufzeit variieren, speziell bei Emulationsprodukten, die mehrere Sitzungen erlauben.

```
#
# Zeige alle Prozesse zum Terminal mit der Kennung ttyp5
#
ps -t ttyp5

#
# Zeige alle Prozesse zum Benutzer reinhard
#
ps -u reinhard
```

Abbildung 4.11: Prozesse zu Terminal und Benutzer

Durch Verwendung des **grep** Kommandos filtern wir die Ausgabe schließlich nach den gesuchten Programmnamen. Datenbankprozesse heißen unter Verwendung des OnLine-Servers *sqlturbo,* unter der StandardEngine *sqlexec.* Um alle laufenden Datenbankprozesse zum Terminal *ttyp5* zu finden, geben wir wie folgt ein:

```
#
# Zeige alle Datenbankprozesse zum Terminal ttyp5
#
ps -t ttyp5|grep sqlturbo
```

Abbildung 4.12: Prozesse zum Terminal

In der Entwicklungsphase wird es öfters vorkommen, daß Prozesse wegen Endlosschleifen „abgedreht" werden sollen. Dazu verwenden wir den **kill** Befehl.

Dieser Befehl beendet mit der Option **-9** einen Prozeß ungeachtet des Zustandes mit dem der Prozeß läuft. Der gewünschte Prozeß wird über die PID (von **ps**-Kommando geliefert) angesprochen.

Es sei darauf verwiesen, daß „killen" von Prozessen auch zu Beschädigungen von Datendateien führen kann.

☞ Datenbankprozesse (*sqlturbo* oder *sqlexec*) dürfen *NIE* mit diesem Kommando abgedreht werden. Dies kann zur Beschädigung des Datenbestandes führen.

Sollte es dennoch erforderlich sein, Datenbankprozesse zu beenden, so gibt es dafür das Dienstprogramm **tbmode**.

Üblich ist es, den Frontend einer Applikation mit dem kill Kommando zu beenden.

```
whisky  6202     1  0 10:04:11  p3   0:41 fglgo belege
whisky  6210  6202  3 10:04:12  p3   5:03 /usr/informix/lib/sqlturbo
```

Abbildung 4.13: Frontend & Backend

Diese Abbildung zeigt, daß der Datenbankprozeß mit der PID 6210 vom Prozeß mit der PID 2602 gestartet wurde, da in der Zeile zum Datenbankprozeß die PID 6202 als Vaterprozeßnummer eingetragen ist.

Beim Prozeß 6202 handelt es sich, wie man anhand des Programmnamens (fglgo=Laufzeitsystem zu Informix-4GL RDS) erkennen kann, um eine 4GL RDS Anwendung.

Durch *kill -9 6202* vernichten wir den Anwendungsprozeß (Frontend). Der dazugehörige Datenbankprozeß (Backend) erkennt nach einiger Zeit das der zugehörige Frontendprozeß fehlt und dreht selbst ständig und sauber ab.

Da es beim Kunden auch meist jemanden gibt (geben sollte), der den **kill** Befehl zwar nach bestem Wissen und Gewissen, jedoch auch manchmal falsch einsetzt und vielleicht größeren Schaden verursacht, empfiehlt es sich, das UNIX-Feature der Shell-History zu aktivieren. So können alle Benutzereingaben zurückverfolgt werden.

Übersicht benötigter UNIX-Kommandos

at .... startet Programme zur gewünschten Zeit

cancel............... stoppt die Ausgabe von Druckaufträgen

cd..................... wechselt das Verzeichnis

chgrp............... wechselt die Gruppe

chmod .... ändert Zugriffsberechtigungen

chown .... wechselt den Eigentümer einer Datei

cp..................... kopiert Dateien

cpio................. I/O mit Datenträgern

date................. liefert das aktuelle Systemdatum

echo .... gibt Argumente aus

find .... sucht nach Dateien im Filesystem

kill .... bricht den gewünschten Prozeß ab

lp .... gibt eine Datei auf den Drucker aus

lpstat............... liefert Informationen zum Drucksystem

ls...................... zeigt den Verzeichnisinhalt an

man................. Hilfesystem von UNIX

mkdir .... legt ein Verzeichnis an

mv.................... verschiebt Dateien

pg .... Formatierung des Outputs auf Bildschirmseiten

ps..................... Prozeßkontrolle

pwd.................. zeigt das augenblickliche Verzeichnis an

rmdir............... löscht ein Verzeichnis

tar.................... I/O mit Datenträgern

vi .... Texteditor zur Erstellung des 4GL-Quelltextes

who.................. Zeigt alle zur Zeit im System befindlichen Benutzer an

write................ sendet Botschaft auf Bildschirm des gewünschten Benutzers

Übungen

①   Loggen Sie in das UNIX-System ein, und eruieren Sie Ihre Bildschirmkennung.

②   Betrachten Sie die zu Ihrer Bildschirmkennung laufenden Prozesse.

③   Überprüfen Sie, welche Benutzer im System arbeiten

④   Leiten Sie die Ausgabe der laufenden Benutzer in die Datei **/tmp/prozesse** um. Betrachten Sie diese Datei im Texteditor.

⑤   Wechseln Sie in das Verzeichnis **/tmp,** und legen Sie ein Verzeichnis mit dem Namen **daten** an. Erstellen Sie in diesem Verzeichnis die Datei **telefon,** und geben Sie Ihre Anschrift samt Telefonnummer ein. Entziehen Sie nun Ihrer Gruppe sämtliche Rechte zu dieser Datei.

⑥   Betrachten Sie den Zustand des Standarddruckers.

⑦   Drucken Sie die zuvor angelegte Datei **telefon.**

⑧   Wechseln Sie in das Hauptverzeichnis der installierten Informixprodukte, und suchen Sie nach den Dateien **sqlturbo & sqlexec.**

⑨   Speichern Sie Ihre Datei **telefon** auf Diskette. Und lesen Sie diese wieder ein.

⑩   Eruieren Sie die aktuelle Systemzeit

Musterlösungen

① Loggen Sie in das UNIX-System ein, und eruieren Sie Ihre Bildschirmkennung.

tty

② Betrachten Sie die zu Ihrer Bildschirmkennung laufenden Prozesse.

ps -t *bildschirmkennung*

③ Überprüfen Sie, welches Benutzer im System arbeiten

who

④ Leiten Sie die Ausgabe der laufenden Benutzer in die Datei **/tmp/prozesse** um. Betrachten Sie die Datei im Texteditor.

who >/tmp/prozesse

⑤ Wechseln Sie in das Verzeichnis **/tmp,** und legen Sie ein Verzeichnis mit dem Namen **daten** an. Erstellen Sie in diesem Verzeichnis die Datei **telefon,** und geben Sie Ihre Anschrift samt Telefonnummer ein. Entziehen Sie nun Ihrer Gruppe sämtliche Rechte zu dieser Datei.

chmod g-rwx /tmp/daten/telefon

⑥ Betrachten Sie den Zustand des Standarddruckers.

lpstat

⑦ Drucken Sie die zuvor angelegte Datei **telefon.**

lp /tmp/daten/telefon

⑧ Wechseln Sie in das Hauptverzeichnis der installierten Informixprodukte, und suchen Sie nach den Dateien **sqlturbo & sqlexec.**

find . -name sqlexec -print bzw. **find . -name sqlturbo -print**

⑨ Speichern Sie Ihre Datei auf Diskette. Und lesen Sie diese wieder ein.

tar oder **cpio**

⑩ Eruieren Sie die aktuelle Systemzeit

date

Kapitel 5

Das relationale Datenbankmodell

- ➢Übersicht
- ➢Dateisystem vs. Datenbanksystem
- ➢Das Relationenmodell
- ➢Normalisierung
- ➢Operationen auf Relationen

Übersicht

Mit diesem Kapitel sollen dem Entwickler einige grundlegende Basisinformationen zum relationalen Datenbankmodell vermittelt werden. Ziel dieses Kapitels ist, sowohl den geübten, als auch den gerade beginnenden Entwickler die Terminologie dieses Modelles zu vermitteln.

Dateisystem - Datenbanksystem

Dateisysteme, wie sie unter Cobol, Basic, Pascal, usw. verwendet werden, basieren auf der physischen Datenstruktur. Solche physischen Dateien sind mit dem Anwendungsprogramm starr verbunden.

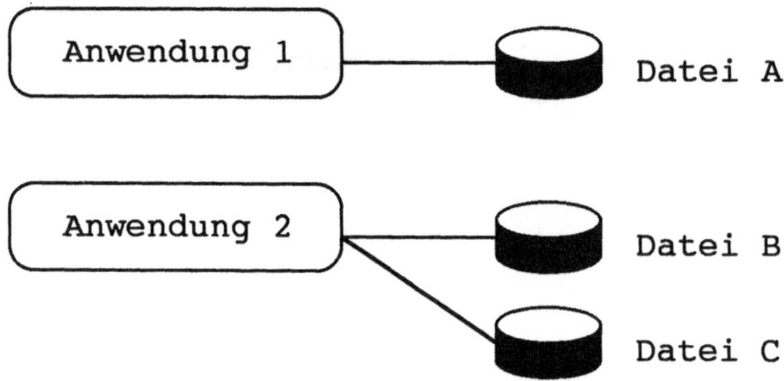

Abbildung 5.1: Schema einer dateiorientierten Anwendung

Im Gegensatz dazu unterscheidet das relationale Datenbanksystem zwischen Anwendung und physischer Datenorganisation. Eine Datenbankanwendung arbeitet auf *logischen Dateien*. So ist es jederzeit möglich, die Datenbankstruktur zu erweitern, ohne die Applikation zu verändern.

Datensätze mehrerer physischer Dateien können untereinander in Beziehung gebracht werden. Der Entwickler wird dadurch vom physischen Dateienhandling befreit und kann sich auf die logische Datenverarbeitung konzentrieren.

Hat man bisher von Dateien gesprochen, so verwenden wir hier den Begriff Relation oder auch Tabelle. Eine Datenbank ist der Oberbegriff für eine Menge von Tabellen. Da Tabellen einfachst miteinander verknüpft werden, läßt sich die Redundanz von Datenbeständen vermeiden.

Dabei können beliebig viele, von der Thematik völlig unterschiedliche, Anwendungen auf denselben Datenbestand zugreifen.

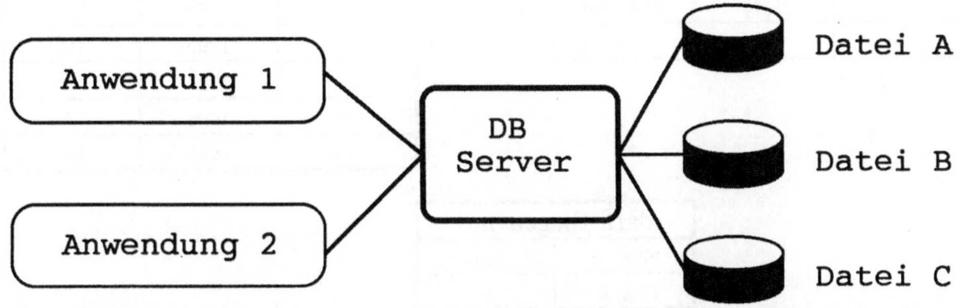

Abbildung 5.2: Datenflußkomponenten im DBMS

Das Relationenmodell

Das Relationenmodell beschreibt Objekte und Beziehungen. Dabei wird in der vereinfachten Darstellung jedem Objekt eine bzw. mehrere Tabellen zugeordnet. Jede Tabelle besteht aus mehreren Attributen (Spalten), welche das Objekt beschreiben.

Flugzeug		
Nr.	Name	Géb.Datum
1	Mayer	17.3.1957
2	Kriz	30.4.1968
3	Pils	16.1.1967

Pilot		
Nr.	Baujahr	Sitzplätze
1	1987	340
2	1992	210
3	1990	450
4	1991	215
5	1990	8
6	1988	510

Abbildung 5.3: Zwei Tabellen mit je drei Attributen

Möchten wir in der Datenbank speichern, welcher Pilot mit welchem Flugzeug fliegen darf, so verwenden wir dazu eine dritte Tabelle. Diese stellt die Beziehung *"darf fliegen mit"* dar.

Pilot		
Nr.	Name	Geb.Datum
1	Mayer	17.3.1957
2	Kriz	30.4.1968
3	Pils	16.1.1967

Flugzeug		
Nr.	Baujahr	Sitzplätze
1	1987	340
2	1992	210
3	1990	450
4	1991	215
5	1990	8
6	1988	510

darf_fliegen_mit	
Pilot.Nr.	Flugzeug.Nr.
1	2
1	3
2	5
3	4
3	6

Abbildung 5.4: Objekte mit Beziehung

Natürlich sind oben gezeigte Darstellungen der Tabellenschemata praktisch zum Verständnis, für umfangreiche Datenbanken aber ungeeignet. Deshalb wird in der Theorie zu einer vereinfachten Darstellung übergegangen.

PILOT (Nr, Name, Geburtsdatum)

FLUGZEUG (Nr, Baujahr, Geschwindigkeit)

DARF_FLIEGEN_MIT (P_Nr, F_Nr)

Um einen bestimmten Datensatz (Tupel) einer Relation zu adressieren, existieren ein oder mehrere Schlüsselfelder. Solche Schlüsselfelder können ein- oder mehrdeutig sein. Ein Schlüsselfeld ist eindeutig, wenn zu jedem Wert des Schlüsselfeldes genau ein Datentupel existiert. Existieren mehrere, so sprechen wir von einem mehrdeutigen Schlüsselfeld.

Wir kennzeichnen Schlüsselfelder durch unterstreichen.

PILOT (<u>Nr</u>, Name, Geburtsdatum)

FLUGZEUG (<u>Nr</u>, Baujahr, Geschwindigkeit)

DARF_FLIEGEN_MIT (<u>P_Nr, F_Nr</u>)

Wir erkennen sofort, daß jedem Piloten und jedem Flugzeug ein eindeutiger Schlüssel zugeordnet ist. Da ein Pilot aber möglicherweise mehrere Flugzeuge fliegen darf, reicht in der Relation *DARF_FLIEGEN_MIT* weder die Pilotennummer noch die Flugzeugnummer alleine. Um hier einen bestimmten Datensatz anzusprechen, werden beide Informationen verwendet.

Normalisierung

Mit Normalisierung bezeichnen wir den Vorgang der Transformation hierarchischer Zusammenhänge von Attributen, auf einfache Relationen (Tabellen) ohne Verlust von Information.

Ziel der Normalisierung ist es, die Redundanz so gering als möglich zu halten.

☞ Ein Datenbankentwurf ist dann als gut zu bewerten, wenn so wenig Redundanz als möglich vorhanden ist.

Hierarchische Zusammenhänge ergeben sich durch die verschiedensten Aufgabenstellungen. So sehen wir im folgenden Beispiel die Beziehung von Rechnungsbelegen und Artikelnummern. Artikelnummern werden mit verschiedenen Rechnungsnummern vergeben.

Rechnungsnummer	Artikelnummer	Anzahl
26536266	**za271888**	40
	bz275878	40
	za292888	25
26536267	**za271888**	30
	xc277162	10
26536268	xc277162	50
	ay726222	10

Abbildung 5.5: nichtnormalisierte Darstellung

Um diese Information in einem relationalen Datenbanksystem zu speichern, muß normalisiert werden. Wir transformieren die dargestellte Information so, daß sämtliche Daten als unabhängige Tupel in der Tabelle gespeichert werden können.

Rechnungsnummer	Artikelnummer	Anzahl
26536266	za271888	40
26536266	bz275878	40
26536266	za292888	25
26536267	za271888	30
26536267	xc277162	10
26536268	xc277162	50
26536268	ay726222	10

Abbildung 5.6: normalisierte Darstellung

Die Theorie kennt drei Normalformen.

☞ Eine Relation (Tabelle) ist in 1. Normalform, wenn die Wertebereiche der Attribute (Spalten) atomar sind.

Beispiel:

Mitarbeiter	*Alter*	*Abteilung*	*Sekretärin*	*Bereich*
TYL	29	EDV	Fr. Pils	Innendienst
SCHWARZ	27	EDV	Fr. Pils	Innendienst
MAYER	43	LAGER	Fr. Pils	Innendienst
KITTING	24	VERKAUF	Fr. Pils	Außendienst

Abbildung 5.7: Tabelle in 1.Normalform

Wir sehen an unserem Beispiel ganz deutlich, daß Daten redundant gespeichert sind. In der Spalte "Sekretärin" beispielsweise ist jeweils der volle Name der zugeordneten Sekretärin gespeichert.

Daraus ziehen wir den Schluß, daß die 1. Normalform nicht geeignet ist, um die Redundanz zu minimieren.

☞ Eine Relation (Tabelle) ist in 2. Normalform, wenn sie in 1. Normalform ist und jedes nicht zum Schlüssel gehörige Attribut voll vom Schlüssel abhängt.

Da diese Normalform die Gefahr von Anomalien im Datenbestand verbirgt, ist sie von keiner weiteren Bedeutung.

Wichtig ist aber letzendlich die Aussage, daß bei der 2. Normalform, Felder der Tabelle von Schlüsselteilen abhängig sind und deshalb Informationen verloren gehen können.

Beispiel:

Mitarbeiter	*Zimmer*	*Gebäude*
1	E/100	Zentrale
2	E/101	Zentrale
~~3~~	~~E/102~~	~~Filiale~~
4	3/403	Filiale

Abbildung 5.8: Anomalie beim Löschen

Am gezeigten Beispiel erkennen wir, daß durch Löschen des Mitarbeiters 3 auch die Information darüber verloren geht, in welchem Gebäude das Zimmer E/102 liegt.

Diese Information ist vom Schlüssel (hier Mitarbeiter) abhängig: **unbrauchbar**

Und schließlich...

☞ Eine Relation (Tabelle) ist in 3. Normalform, wenn sie in 2. Normalform ist und **kein** nicht zum Schlüssel gehöriges Attribut transitiv vom Schlüssel abhängt.

Betrachten wir unser Beispiel aus der 2. Normalform nun in der 3. Normalform:

Beispiel:

MITARBEITER	
Nr.	Name
1	Mayer
2	Kriz
3	Pils
4	Ruisz

BÜRO	
Nr.	Gebäude
E/101	1
E/102	1
E/102	2
3/403	2

ARBEITET_IN	
Mitarbeiter	Büro
1	E/101
1	E/102
2	E/103
3	3/403

Abbildung 5.9: Tabellen in 3.Normalform

Durch die saubere Trennung kann es hier zu keinen Löschanomalien kommen. Daten sind nicht redundant gespeichert: **optimal**

Operationen auf Relationen

Diese, von Codd 1972 entwickelte Algebra, definiert alle erlaubten Operationen. Dazu gehören im wesentlichen Selektion, Projektion, Verbund, Division sowie allgemeine Mengenoperationen.

Die Selektion

Unter der Selektion verstehen wir die Auswahl von Datensätzen (Datentupel). Wir greifen damit eine Anzahl von Datensätzen aus ein oder mehreren Tabellen heraus. Dies geschieht über Angabe von Abfragebedingungen.

Betrachten wir dazu ein Beispiel anhand der schon bekannten Relation *FLUGZEUG*. Benötigen wir alle Daten zu Flugzeugen mit mehr als 250 Sitzplätzen, so lautet unsere Bedingung *SITZPLÄTZE > 250*.

Wir erhalten die Ergebnismenge

Flugzeug (Sitzplätze > 250)		
Nr.	Baujahr	Sitzplätze
1	1987	340
3	1990	450
6	1988	510

Die Selektion kann aus mehreren Abfragebedingungen bestehen, wobei diese mit den logischen Operatoren *UND* und *ODER* verknüpft werden. Auch die Verwendung von Klammern ist erlaubt.

```
(Baujahr > 1987        UND     Baujahr < 1990)
          ODER
Baujahr = 1985
```

Abbildung 5.10: Zusammengesetzte Abfragebedingung

Um Bedingungen zu formulieren, werden Vergleichsoperatoren verwendet.

```
=       gleich,
<       kleiner,
>       größer,
<=      kleiner gleich,
>=      größer gleich,
<>      ungleich
```

Abbildung 5.11: Vergleichsoperatoren der relationalen Algebra

Verwendung der Selektion

Verwendung findet die Selektion in der SQL überall dort, wo auf eine Teilmenge
des Datenbestandes zugegriffen werden soll. Dies betrifft nicht nur den Lesebefehl
SELECT, sondern auch UPDATE zum Verändern und DELETE zum Löschen eines Datensatzes.

```
#
# Beispiele zur Selektion
#

  SELECT flugzeugnummer, baujahr
     FROM flugzeug
    WHERE
        baujahr BETWEEN 1980 AND 1990

  DELETE FROM flugzeug
    WHERE
    baujahr > 1990

  UPDATE flugzeug
     SET baujahr = 1987
    WHERE baujahr = 1986
```

Abbildung 5.12: Selektion in SQL und 4GL

Projektion

Unter der Projektion verstehen wir die An/Auswahl von Tabellenspalten. Während
im herkömmlichen Dateisystem satzweise operiert wurde, ist es uns hier gestattet,
auch attributweise Daten zu lesen oder zu verändern.

```
#
# Beispiele zur Projektion
#

  SELECT flugzeugnummer, baujahr
    FROM flugzeug
    WHERE
      baujahr BETWEEN 1980 AND 1990

  SELECT baujahr
    FROM flugzeug
```

Abbildung 5.13: Projektion im SELECT Befehl

Der Verbund (join)

Mit dem Verbund (Join) werden Tabellen untereinander verknüpft. Die eigentliche Verbindung wird über JOIN-Felder hergestellt. Dabei müssen zusammengehörige Joinattribute übereinstimmende Datentypen besitzen.

```
1.  #
2.  # Finde alle Flugzeuge zu Pilotennummer = 1
3.  #
4.    SELECT *
5.      FROM flugzeug, darf_fliegen_mit
6.      WHERE
7.        flugzeug.nr= darf_fliegen_mit.f_nr
8.        AND
9.        p_nr = 1
```

Abbildung 5.14: Beispiel eines einfachen JOINS

Durch die JOIN-Bedingung wird sichergestellt, daß in der Ergebnismenge nur solche Werte vorkommen können, wo ein Datensatz in der Tabelle *FLUGZEUG* als auch in der Tabelle *DARF_FLIEGEN_MIT* exisitiert.

Der äußere Verbund (outer join)

Datensätze, die miteinander nicht verbunden werden können, werden mit NULL[2] -Werten aufgefüllt.

<table>
<tr><th colspan="2">ARBEITET_IN</th></tr>
<tr><th>Mitarbeiter</th><th>Büro</th></tr>
<tr><td>1</td><td>E/101</td></tr>
<tr><td>1</td><td>E/102</td></tr>
<tr><td>2</td><td>E/103</td></tr>
<tr><td>3</td><td>3/403</td></tr>
<tr><td>4</td><td>X/007</td></tr>
</table>

<table>
<tr><th colspan="2">BÜROS</th></tr>
<tr><th>Nr.</th><th>Gebäude</th></tr>
<tr><td>E/101</td><td>1</td></tr>
<tr><td>E/102</td><td>1</td></tr>
<tr><td>E/102</td><td>2</td></tr>
<tr><td>3/403</td><td>2</td></tr>
</table>

Abbildung 5.15: Tabellen zum Verknüpfen

Führen wir hier die Anweisung

```
SELECT mitarbeiter, gebaeude
  FROM arbeitet_in, OUTER(bueros)
 WHERE
       arbeitet_in.buero = buero.nr
```

aus, so erhalten wir als Ergebnis...

---

[2] NULL wird verwendet, um zu repräsentieren, daß der Wert nicht bekannt ist. Der NULL-Wert ist auf keinem Fall mit 0 oder ""(dem Leerstring) zuvertauschen.

Mitarbeiter	Gebäude
1	1
1	1
2	2
3	2
4	NULL

Da der Datensatz zum Mitarbeiter 4 über das Feld Büro nicht gejoint werden kann, wird die Information NULL zurückgeliefert. Weitere Informationen finden Sie im Kapitel 15, *Der Datenbankzugriff*.

Kapitel 6

Professionelle Datenbankwartung

- ➤ Übersicht
- ➤ Einsatz von Informix-SQL
- ➤ Rapid Prototyping
- ➤ Komfortable Servicemasken
- ➤ Auswertungen
- ➤ Entwurf eines Wartungssystemes
- ➤ Übungen

Übersicht

Dieses Kapitel beschreibt den täglichen Umgang des Entwicklers bzw. Anwenders mit der Datenbank. Die dazu verwendete Schnittstelle ist in der Praxis fast ausschließlich Informix-SQL. Sollten Sie Informix-SQL noch nicht kennen, so erscheint es hier ratsam anzumerken, daß dieses Produkt nicht ausschließlich mit der normierten Datenbanksprache SQL zu tun hat, wie man vielleicht vom Produktnamen her meinen könnte.

Es vereinigt ein Masken/Reportsystem, stellt eine interaktive SQL-Schnittstelle zur Verfügung, erlaubt die menügesteuerte Definition von Datenbanken bzw. Tabellen und bietet die Möglichkeit, Masken, Reports und SQL-Skripts unter einem Menüsystem zu verwalten.

Ziel dieses Kapitels ist es, die optimale Verwendung des Produktes anhand zahlreicher Beispiele aufzuzeigen. Für das Verständnis sollten Sie mit den allgemeinen Begriffen der Datenbank und mit den Grundzügen der Structured Query Language (SQL) vertraut sein.

Für ungeübte SQL-Anwender empfehle ich zunächst das Handbuch *"A Guide to Informix-SQL"* zu lesen.

Einsatz von Informix-SQL

Informix-SQL kann von jedem Entwickler mit **isql** gestartet werden. Dabei werden alle generierten Masken- und Reportdateien im aktuellen Arbeitsverzeichnis abgelegt. Dies ist auch gut so, da in der Regel zahlreiche Masken generiert, und nur wenige Male benutzt werden. Ein gemeinsames Arbeitsverzeichnis aller Entwickler wird in der Praxis sehr schnell unübersichtlich und daher unbrauchbar. Deshalb sollte jeder Entwickler/Tester über ein persönliches Arbeitsverzeichnis verfügen.

Trotzdem spricht auch einiges für ein gemeinsames Arbeitsverzeichnis. In diesem sollten aber nur wirklich "brauchbare" Masken, Skripts und Reports gespeichert sein. Vor allem jene Masken, die wirklich überlegt wurden und nicht bloß für eine rasche Kontrollabfrage angelegt wurden, sollten zentral allen Projektbeteiligten zur Verfügung stehen. Um dies zu realisieren, schreibt man eine einfache Shellprozedur/Batchdatei, welche vor Aufruf von **isql** das Arbeitsverzeichnis mit **cd** auf ein zentrales Arbeitsverzeichnis wechselt und anschließend auf das ursprüngliche Verzeichnis zurücksetzt. Dies zu realisieren, bedarf keiner nennenswerten Programmiertätigkeit, hilft aber der Entwicklungsmannschaft den

Überblick zu bewahren.

Nun aber zur eigentlichen Datenbankdefinition. Die Datenbank wird in der Planungsphase theoretisch entworfen und muß zu Beginn der Implementierungsphase physisch angelegt werden. Dazu verwenden wir die Menüpunkte **Database** und **Table** aus dem Hauptmenü von Informix-SQL. Die genaue Verwendung entnehmen Sie bitte der *Informix-SQL User-Guide*.

```
Informix-SQL: Form  Report  Query-Language  User-menu  Database  Table  Exit
Run, Modify, Create, or Drop a form.

---------------------- hasy ------------------- Press CTRL-W for Help -------
```

Abbildung 6.1: Das Hauptmenü zu Informix-SQL

Sind Datenbank und Tabellen definiert, können Indizes und Views angelegt und Zugriffsberechtigungen definiert werden. Dazu arbeiten wir mit der interaktiven SQL-Schnittstelle (Menüpunkt **QueryLanguage**).

```
SQL:   New  Run  Modify  Use-editor  Output  Choose  Save  Info  Drop  Exit
Run the current SQL statements.

---------------------- hasy ------------------- Press CTRL-W for Help -----

DROP TABLE d_dataend;
DROP TABLE d_belkopf;
DROP TABLE d_beladr;
DROP TABLE d_belsuch;
DROP TABLE d_belpos;
DROP TABLE d_belplink;
DROP TABLE d_belart;
DROP TABLE d_belkon;
DROP TABLE d_belbew;
DROP TABLE d_bellief;
DROP TABLE d_beltextk;
DROP TABLE d_beltextl;
DROP TABLE d_belartpl;
```

Um bereits definierte Tabellen, deren Zugriffsberechtigungen, Views etc. zu überprüfen, verwenden wir entweder den Menüpunkt **Info** aus dem Informix-SQL Menü oder fragen diese Informationen über den Befehl *Info* über die QueryLanguage ab.

```
INFO {TABLES    | COLUMNS FOR tabellen-name
                | INDEXES FOR tabellen-name
                | [ACCESS|PRIVILEGES] FOR tabellen-name
                | STATUS FOR tabellen-name}
```

Abbildung 6.2: Die Syntax zum INFO Befehl

Ist die Datenbank zumindest teilweise definiert, so gilt es über den weiteren Verlauf der Entwicklung nachzudenken. Dabei unterscheiden wir zwei Fälle:

❖ Der Leistungsumfang ist bis ins Detail geplant und definiert

❖ Der Leistungsumfang steht noch nicht genau fest

Für den zweiten Fall empfiehlt die einschlägige Fachliteratur zum Softwareprojektmanagement die exzessive Verwendung von Prototypen. Damit sollen Applikationsmängel so früh als möglich erkannt und Rechtsanwaltkosten gespart werden.

Im folgenden Abschnitt wird die Verwendnung von Informix-SQL als Prototypingtool erläutert.

Rapid Prototyping

Mit einem Protoypen soll der Auftraggeber zunächst ein ungefähres Maskenlayout zu Gesicht bekommen, damit es ihm leichter fällt, seine Wünsche zu artikulieren. Besonders im Umgang mit EDV-Laien hilft diese Vorgangsweise ungemein, da der zukünftige Benutzer dabei die strukturierte Denkweise (bzw. Sichtweise des Systemes) erlernt.

Neben dem Bildschirmlayout sollen so früh als möglich auch erste Listen (Reports) produziert werden. Solche Listen, welche in der Regel einfach zu erstellen sind, liefern dem zukünftigen Benutzer erstmals etwas handgreiflich spürbares des neuen Softwaresystemes und erlaubt ihm seine Zielvorstellungen konkreter zu formulieren.

Beginnen wir mit der Erstellung von Prototypmasken. Zunächst benutzen wir Informix-SQL und generieren Standardmasken zu den Datenbanktabellen.

Die Tabelle Kunden, mit dem Aufbau...

```
TABLE kunden(
   nummer        SERIAL,
   name          CHAR(30),
   alter         SMALLINT)
```

führt zur generierten Maske...

```
DATABASE katalog

SCREEN
{
nummer              [f000       ]
name                [f001                        ]
alter               [f002   ]
}

TABLES
kunden

ATTRIBUTES

f000=kunden.nummer;
f001=kunden.name;
f002=kunden.alter;
```

Abbildung 6.3: Eine generierte Standardmaske

Eine Stärke von Informix-SQL ist es, daß so eine, in wenigen Augenblicken, generierte Maske völlig ausreicht, um auf die Datenbank im Dialog zuzugreifen. Wir verfügen automatisch über die wesentlichsten Grundfunktionen

```
PERFORM:   Query  Next  Previous  View  Add  Update  Remove  Table  Screen
Searches the active database table.              ** 1: kunden table**
nummer               [          ]
name                 [                        ]
alter                [      ]
```

Selbstverständlich modifizieren wir das Standardformat und gestalten ein optisch ansprechendes Layout. Der anzuzeigende Maskenteil der Maskendatei wird im SCREEN-Abschnitt definiert und wird von einem Paar geschwungener Klammern begrenzt. Die eigentlichen Eingabefelder, welche mit eckigen Klammern begrenzt sind, besitzen eine eindeutige Feldbezeichnung.

Verändern wir unser Layout, übersetzen die Maske und starten erneut, so wirkt unsere Maske schon etwas freundlicher.

```
PERFORM:    Query  Next  Previous  View  Add  Update  Remove  Table  Screen
Searches the active database table.              ** 1: kunden table**

Kundennummer            [          ]
Name des Kunden         [                              ]
Alter                            [      ]
```

Zu den Eingabefeldern existieren Attribute, welche folgende Eigenschaften eines Maskenfeldes bestimmen:

✦ Farbe

✦ Eingabeformat

✦ Gültigkeitsprüfung

✦ Kommentar

✦ Groß/Kleinschreibung

Hinterlegt werden diese Attribute im Attributes-Abschnitt der Maskendatei. Werden mehrere Attribute für ein Feld benötigt, so werden diese durch Beistriche getrennt.

```
database hasy
screen size 24 by 80
{
Kundennummer                  [f000         ]
Familienname des Kunden       [f001                              ]
Alter                         [f002  ]
}
end
tables
kunden
attributes

f000 = kunden.nummer,
        INCLUDE=(100000 TO 200000),
        COMMENTS "Erlaubter Nummernbereich ist 100000 bis
200000";
f001 = kunden.name,
        UPSHIFT,
        AUTONEXT;
f002 = kunden.alter;
end
```

Abbildung 6.4: Eine generierte Standardmaske

Besonderes Augenmerk bei Prototypmasken gilt der Gültigkeitsüberprüfung eines Eingabewertes. Dabei unterscheiden wir grundsätzlich zwischen unabhängigen und abhängigen Eingaben. Abhängig ist der Eingabewert dann, wenn der eingegebene Wert in einer anderen Datenbanktabelle bereits existieren muß.

Beispiele:

❖ Bei der Erfassung eines neuen Auftrages, dürfen nur Kundennummern verwendet werden, welche zuvor definiert wurden.

❖ Die Eingabe des Lieferlandes, darf nur Werte aus der Tabelle *laender* akzeptieren.

Zur einfachen Realisation dieser immer wiederkehrenden Problematik bedient sich Informix-SQL eines sogenannten *Join*-Operators. Dieser, dargestellt durch den Stern (*), erledigt die zuvor beschriebene Aufgabe und akzeptiert Eingaben nur dann, wenn der eingegebene Wert in der JOIN-Tabelle existiert. Diese Art von Verbindung wird auch Verify Join bezeichnet.

```
f000= auftrag.kunden_nummer;
    = *kunden.kunden_nummer
```

Abbildung 6.5: Der VerifyJoin in PERFORM -Masken

In unserem Beispiel wird eine Eingabe im Feld f000 nur dann akzeptiert, wenn der Wert in der Tabelle **kunden,** Spalte **kunden_nummer** existiert.

Masken mit mehreren Tabellen

Bei Bildschirmmasken, welche Daten aus mehreren Tabellen darstellen sollen, ist der Aufbau der Maskendatei identisch. Bei der Verwendung solcher Masken kann zu jedem Zeitpunkt nur eine Tabelle aktiv sein. Informix-SQL markiert die Felder der gerade aktiven Tabelle mit den schon bekannten Feldbegrenzern.

```
PERFORM:    Query  Next  Previous  View  Add  Update  Remove  Table  Screen  .
Searches the active database table.            ** 1: beleg table**
-----------------------------------------------------------------------------
          Reinhard Lebensorger Dienstleistungen in der ADV
-------------------------------------------------------------+-----------+
                                                             : Seite 1  :
          Service-Verwaltungsmaske für Abrechnung            +-----------+
          -------------------------------------------------------

id_beleg          [         ]         id_belplink    [          ]
dat_beleg         [    ]              cod_belplink
id_bezug          [         ]         dat_aend
id_vertreter      [         ]         dat_loesch

id_kondition
anz_menge
anz_preisfaktor
bet_preis                             stz_rabatt1,2,3
```

Abbildung 6.6: Die Tabelle "beleg" ist aktiv

Die aktive Tabelle kann mit dem Menüpunkt **Table** gewechselt werden.

Zur leichteren Bedienung solcher Mehrtabellenmasken stehen zwei Verbindungsmöglichkeiten (Joins) zur Verfügung.

❖ JOINS

❖ LOOKUP-JOINS

Mit einem normalen Join können zwei vom Datenytp identische Tabellenfelder durch ein gemeinsames Maskenfeld dargestellt werden. Dieses Feld ist dann automatisch aktiv, wenn eine der gejointen Tabellen aktiv ist.

```
PERFORM:   Query  Next  Previous  View  Add  Update  Remove  Table  Screen  .
Searches the active database table.              ** 1: kondition table**
----------------------------------------------------------------------------
            Reinhard Lebensorger Dienstleistungen in der ADV
-----------------------------------------------------------------+-----------+
                                                                 ¦ Seite 1 ¦
                Service-Verwaltungsmaske für Abrechnung          +-----------+
            ------------ -------------------------------------------

id_beleg                              id_belplink      [         ]
dat_beleg                             cod_belplink
id_bezug                              dat_aend
id_vertreter                          dat_loesch

id_kondition        [         ]
anz_menge           [         ]
anz_preisfaktor     [         ]
bet_preis           [         ]      stz_rabatt1,2,3  [              ]
```

Abbildung 6.7: Die Tabelle "kondition" ist aktiv

Der Feldinhalt wird beim Wechsel zu einer anderen Tabelle übernommen. Um alle Möglichkeiten genauer zu studieren, gibt es im Demonstrationsprogramm von Informix-SQL die ORDER/ENTRY-Maske, welche zum Experimentieren bestens geeignet ist.

Wenden wir uns der zweiten Verbindungsmöglichkeit zwischen Tabellen zu. Es handelt sich dabei um den LOOKUP-Join, welcher verwendet wird, um Daten aus einer Referenztabelle zu lesen und anzuzeigen. Dazu muß ein Schlüsselfeld wie auch ein Datenfeld definiert sein. Das Schlüsselfeld stellt die Verbindung zum anzuzeigenden Text her.

```
f000 = lieferadresse.code,  .
   LOOKUP f001 = bundesland.name
                    JOINING *bundesland.code
```

Abbildung 6.8: Zeige das Bundesland zum entsprechenden Code

Alle anderen Attribute seien hier nur der Vollständigkeit halber aufgezeigt. Die triviale Verwendung der Befehle entnehmen Sie bitte dem *Informix-SQL Referenzmanual.*

Anweisung	Beschreibung	4GL-Kompatibel
AUTONEXT	veranlaßt den Cursor bei erreichen des rechten Feldbegrenzers automatisch zum nächsten Eingabefeld zu springen. Dies ist vor allem dann sinnvoll, wenn die Anzahl der einzugebenden Zeichen konstant bleibt (Postleitzahlen, Codes, ...)	Ja
COLOR	definert die Farbe des Eingabefeldes	Ja
COMMENTS	mit diesem Befehl wird eine Kommentarzeile in der Maskendatei hinterlegt. Diese Kommentarzeile wird automatisch angezeigt, sobald der Cursor das Eingabefeld erreicht. Dargestellt wird diese Zeile immer in der vorletzten Bildschirmzeile.	Ja
DEFAULT	damit kann ein Vorgabewert in das Eingabefeld gestellt werden. Dies ist sinnvoll, um dem Anwender die Eingabe eines Wertes zu ersparen. So werden immer jene Werte vorgeschlagen, die am häufigsten benötigt werden. Beispiel: Währung	Ja
DOWNSHIFT	veranlaßt Informix-SQL die Eingabe des Maskenfeldes schon während der Eingabe auf Kleinbuchstaben umzuwandeln. Dies betrifft nur Buchstaben. Ziffern und Sonderzeichen werden nicht konvertiert.	Ja
FORMAT	hinterlegt zum Maskenfeld des Types DECIMAL, SMALLFLOAT, FLOAT und DATE das gewünschte Darstellungsformat.	Ja
INCLUDE	beschränkt die möglichen Eingabewerte auf die in der INCLUDE-Klausel definierten Werte.	Ja

Anweisung	Beschreibung	4GL-Kompatibel
LOOKUP	wird benutzt, um den Inhalt einer anderen Tabelle, in Ergänzung zur gerade aktiven Tabelle (bei Mehrtabellenmasken), anzuzeigen.	Nein
NOENTRY	unterbindet eine Dateneingabe während einer ADD-Operation	Ja
NOUPDATE	unterbindet eine Dateneingabe während einer UPDATE-Operation	Nein
PICTURE	definiert das Eingabeformat für Zeichenketten	Ja
QUERYCLEAR	veranlaßt Informix-SQL das Eingabefeld zu löschen, bevor mit der Eingabe von Abfragekriterien begonnen werden kann	Nein
REQUIRED	verhindert das die Eingabe der Maskenfelder abgeschlossen werden kann, ohne das in das mit REQUIRED belegte Datenfeld Daten eingegeben wurden.	Ja
REVERSE	stellt die Darstellungsart des Eingabefeldes auf Reverse um. Alle Zeichen in diesem Feld werden invertiert dargestellt.	Ja
RIGHT	veranlaßt Informix-SQL alle Eingaben nach erfolgter Plausibilitätsprüfung rechtsbündig darszustellen.	Nein
UPSHIFT	veranlaßt Informix-SQL die Eingabe des Maskenfeldes schon während der Eingabe auf Grußbuchstaben umzuwandeln.	Ja

Anweisung	Beschreibung	4GL-Kompatibel
VERIFY	verlangt vom Benutzer das er die Eingabe wiederholt. Nur wenn beide Eingaben identisch sind, wird die Eingabe in das Datenfeld akzeptiert.	Ja
WORDWRAP	ist in Verbindung mit Zeichenketten (CHAR, VARCHAR, TEXT) zu verwenden und realisiert den automatischen Wortumbruch bei Texteingaben. Dabei prüft Informix-SQL ob der Anwender das letzte Zeichen eines Eingabefeldes erreicht hat. Ist dies der Fall, so wird das begonnene Wort automatisch in die nächste Zeile gesetzt.	Ja
ZEROFILL	füllt bei numerischen Eingaben eventuelle führende Leerzeichen, nachdem der Zahlenwert rechtsbündig dargestellt wurde.	Nein

Die Kommandosprache von PERFORM

PERFORM verfügt über eine eigene Kommandosprache, welche es erlaubt, Befehlsequenzen an Datenbankoperationen anzubinden. Beispiele dafür sind Befehle wie *AFTER QUERY OF*, *BEFORE REMOVE* etc.

Da diese Befehle in dieser Form in der 4GL nicht existieren, sei der interessierte Leser hier lediglich auf das *Informix-SQL Referenzmanual* verwiesen.

Komfortable Servicemasken

Unter Servicemasken verstehen wir Masken, welche während des Betriebes zur Kontrolle von Stamm- und Betriebsdaten verwendet werden.

Beschreiben wir zunächst das Umfeld zur Verwaltung von Applikationsparametern. In der Praxis gilt es häufig Benutzerberechtigungen, Menüsteuerungen etc. auf dem installierten System einzustellen. Natürlich werden diese Verwaltungstätigkeiten mit Fortschreiten des Projektes durch komfortable 4GL-Programme ersetzt. Vor allem zu Beginn eines Softwareprojektes wird die Verwaltung oft mit Informix-SQL realisiert und der Schwerpunkt auf die eigentliche Applikation gelegt.

Hauptaufgabe bei der Gestaltung solcher Servicemasken liegt eindeutig auf der Benutzerfreundlichkeit. Betrachten wir dazu ein schlechtes und ein gutes Beispiel zur Verwaltung von 4GL-Pulldownmenüs. Die anwählbaren Menüpunkte sind dabei in einem Datenbankfeld der Länge 2000, zu je 15 Buchstaben hinterlegt. Desweiteren wird auch der zur Ausführung mögliche Hotkey in der Tabelle gespeichert.

Die generierte Defaultmaske erweist sich als unübersichtlich, da sie über mehrere Bildschirmseiten hinausgeht. Lange Zeichenketten werden grundsätzlich in Teilketten zerlegt.

```
PERFORM:Query Next  Previous View Add Update Remove Table Screen
Searches the active database table.              ** 1: menu
table**
id_mandant        [            ]
cod_sprache       [       ]
nam_menu          [             ]
txt_menu   [                                                    ]
           [                                                    ]
           [                                                    ]
           [                                                    ]
           [                                                    ]
           [                                                    ]
           [                                                    ]
           [                                                    ]
```

Um die Gesamtübersichtlichkeit zu verbessern, kann man nun alle Felder auf zumindest zwei Maskenseiten bringen. Schwierig bleibt aber nach wie vor die Grenzen der mit 15 Zeichen limitierten Menüpunkte zu sehen. Deshalb empfiehlt es sich, ein paar Gedanken in eine logisch richtig konzipierte Bildschirmmaske zu investieren.

Eine dazu gut durchdachte Verwaltungsmaske sieht folgendermaßen aus...

```
PERFORM:Query Next Previous View Add Update Remove Table Screen
Shows the next row in the Current List.      ** 1: xmenu table**
 nam_menu:[ebmen02      ] id_mfa:[-1        ] cod_sprache:[0      ]

  [11] [Lieferantenkopf]        [21] [Zustellung    ]
  [12] [Belegkopf       ]        [00] [              ]
  [13] [Artikelzeile    ]        [00] [              ]
  [14] [Text lang       ]        [00] [              ]
  [15] [teXt kurz       ]        [25] [Text lang     ]
  [16] [Zwischensum     ]        [26] [teXt kurz     ]
  [17] [Gesamtsumm      ]        [27] [Liefermenge   ]
  [18] [Übertrag        ]        [00] [              ]
  [00] [                ]        [00] [              ]
  [00] [                ]        [00] [              ]
  [00] [                ]        [00] [              ]
  [00] [                ]        [00] [              ]
```

Eine weitere häufige Verwendung von Informix-SQL Bildschirmmasken, ist den Datenbankinhalt auf Richtigkeit zu überprüfen. Dieser Umstand ist vor allem während der Testphase eines neuen Programmteiles immens wichtig und darf nicht unterschätzt werden, zumal die richtig angezeigten Bildschirmdaten einer 4GL-Applikation nicht auf die 100% Korrektheit der Datenbanktabelleninhalte schließen lassen. Denn neben der Bildschirmanzeige werden ja eine Unmenge von Kennzeichen, Ids etc. in den Tabellen abgespeichert.

Schwerpunkt bei der Realisierung solcher Servicemasken liegt auf der **logischen Gesamtheit** einer Maske. Darunter verstehen wir, daß zusammengehörige Tabellen wann immer möglich mit nur einer Maske dargestellt werden, um so den Gesamtüberblick zu wahren. Ein Beispiel dazu ist eine Auftragsmaske. Mit einer Maske sollen sowohl alle Aufträge als auch alle Auftragspositionen dazu ermittelt werden können.

Master-Detail Beziehung

Man spricht ganz allgemein von einer Master-Detail Beziehung, wenn einem Datensatz der Mastertabelle mehrere Datensätze der Detailtabelle zugeordnet sind.

Beispiel: **Einem** Artikel können **mehrere** Artikelnummern (Bestellnummer, EAN-Code, ...) zugeordnet werden. Solche Aufgaben werden in Informix-SQL realisiert, indem in der Maskendatei eine Master-Detailbeziehung hinterlegt wird. Dazu notwendig ist zumindest eine Joinspalte, über welche die beiden Tabellen miteinander verbunden sind.

Auswertungen

Auswertungen oder Listen (Reports) sind mit Informix-SQL sehr einfach zu erstellen. Dazu reicht die Kenntnis der Abfragesprache SQL und einiger trivialer Report-Funktionen.

Listen für nur eine Tabelle werden von Informix-SQL selbst generiert und können sofort gestartet werden. Dabei kann selbstverständlich nur ein Standardformat generiert werden. Diese generierten und in ASCII-Dateien abgespeicherten Quelltexte können dann nach Belieben verändert werden.

Mit Informix-SQL erstellte Reports beinhalten einen oder mehrere SELECT Befehle, welche Daten zur Darstellung aus der Datenbank selektieren. Im Unterschied dazu stehen Reports der 4GL. Da besitzt jeder Report eine Reportkopf, welcher einem Funktionsaufruf gleicht. Auszugebende Daten werden dem Report als Parameter übergeben. Aus diesem Grunde können Reports, welche mit Informix-SQL erstellt wurden, nicht direkt in die 4GL-Logik übernommen werden.

Entwurf eines Wartungssystemes

Während der gesamten Lebenszeit einer Softwarelösung wird ein Kundenbetreuer bzw. Supportingenieur mit Ausnahmesituationen konfrontiert. Wie rasch dieser mit Problemen fertig wird, hängt in der Praxis von zwei wesentlichen Faktoren ab:

1. Qualität von Datenbankdesign und Implementierung

2. Flexible Tools zur Problembehebung

zu 1.

wird schon in der Design-Phase des Softwareproduktes festgelegt und kann nach der Installation kaum mehr geändert werden.

zu 2.

verlangt nach einem "offenen" Tool, mit welchem individuelle aber auch immer wiederkehrende Aufgabenstellungen gemeistert werden. Für die Datenbankwelt bedeutet dies die Verwendung der **interaktiven** SQL-Schnittstelle, wie wir sie von Informix-SQL her kennen.

Ziel eines gut durchdachten Wartungssystemes ist es, alle notwendigen Tools, Skripts, Masken und Reports unter einer Oberfläche zu vereinen. Dies geschieht bei Informix-SQL anhand von frei definierbaren Benutzermenüs. Dazu werden sämtliche Menüpunkte mit dazugehörigem Kommando einfach in Datenbanktabellen hinterlegt. Wir unterscheiden dabei 5 Arten von Menüeinträgen.

1. Untermenüs

2. Listprogramme

3. Masken

4. abgespeicherte SQL-Skripts

5. Betriebssystemkommandos

```
       E R F A S S U N G

1. PROJEKT

2. KUNDEN

3. Bezugspersonen

4. Kundeninformation

5. Warengruppen

6. Status

7.



Use space bar, arrow keys, or type number to make selection.
Enter 'e' to return to previous menu or exit.
```

Zum Ausführen eines Benutzermenüs übergeben wir dem Aufruf von Informix-SQL mit der Option -u (Usermenu) den Namen des Benutzermenüs.

```
$ isql -u lager
```

Abbildung 6.9: Starten eines Usermenüs

Generell können einzelne Menüpunkte des Menüsystemes auch von der Aufrufzeile direkt angesprochen werden. Dazu geben wir dem Aufruf als Optionen die Anfangsbuchstaben der entsprechenden Menübefehle mit.

```
$ isql -qr script1.sql
```

Abbildung 6.10: Starten eines SQL-Skripts

Diese Anweisung entspricht der Anwahl der Menüpunkte *QueryLanguage* und *Run*.

Öfters ist es notwendig, daß SQL Befehle (z.B. ReorganisationsSkripts) automatisch von SHELL-Prozeduren gestartet werden sollen. Dazu kann Informix-SQL mit der Option -s (silent) gestartet werden, ohne das die Produktinformation (Titelbild) auf dem Schirm erscheint.

Übungen

①   Erstellen Sie Datenbank , Tabellen und Indizes nach folgendem Schema
       Datenbankname: WWS

Tabellenname	Aufbau		Index
Kunde	num_kunde	SERIAL[3]	num_kunde
	nam_kunde NULL	CHAR(30) NOT	
	betrag_umsatz	DECIMAL(14,2)	
	cod_bundesland	INTEGER	
Artikel	num_artikel	SERIAL[4]	num_artikel
	txt_artikel NULL	CHAR(30) NOT	
	betrag_preis	DECIMAL(14,2)	
	ist_teil_von	INTEGER	
Auftrag	num_auftrag	SERIAL	num_auftrag
	num_kunde	INTEGER	
	num_artikel	INTEGER	
	anzahl_artikel	SMALLINT	
	datum_auftrag	DATE	
Land	id_bundesland	INTEGER	id_bundesland
	txt_bundesland	CHAR(25)	

---

[3]   Die Kundennummer soll generell 6-stellig sein

[4]   Die Artikelnummer soll generell 7-stellig sein

②   Wie verhindern Sie, daß in der Tabelle Bundesland keine doppelten Namen im Attribut *txt_bundesland* vorkommen. Gibt es dazu unterschiedliche Möglichkeiten?

Formulieren Sie Ihre Lösungsvorschläge mittels SQL.

③   Generieren Sie zu allen Tabellen Defaultmasken.

④   Ändern Sie die Maske zur Kundentabelle dahingehend, daß nur mehr Ländercodes erlaubt sind, welche in der Tabelle *bundesland* exisitieren. Zeigen Sie zum Eingabefeld des Bundesland-Codes den dazugehörigen Text in der Maske an.

⑤   Generieren Sie eine Kundenliste, welche alle Kunden sortiert nach Kundenname und Umsatz ausgibt. Erfassen Sie mehrere Kunden.

Musterlösungen

① Erstellen Sie Datenbank , Tabellen und Indizes nach angegebenem Schema.

Keine **schriftliche** Beantwortung möglich

② Wie verhindern Sie, daß in der Tabelle Bundesland keine doppelten Namen im Attribut *txt_bundesland* vorkommen. Kennen Sie dazu unterschiedliche Möglichkeiten?

Durch Definition eines eindeutigen Index oder durch Definition eines UNIQUE CONSTRAINTS.

```
CREATE UNIQUE INDEX i_land_1 ON land (txt_bundesland)
```


③ Generieren Sie zu allen Tabellen Defaultmasken.

Keine **schriftliche** Beantwortung möglich

④ Ändern Sie die Maske zur Kundentabelle dahingehend, daß nur mehr Länder-codes erlaubt sind, welche in der Tabelle *bundesland* exisitieren. Zeigen Sie zum Eingabefeld des Bundesland-Codes den dazugehörigen Text in der Maske an.

Keine **schriftliche** Beantwortung möglich

⑤ Generieren Sie eine Kundenliste, welche alle Kunden sortiert nach Kundenname und Umsatz ausgibt. Erfassen Sie mehrere Kunden.

Keine **schriftliche** Beantwortung möglich

Kapitel 7

4GL-Konzepte

> ➤ **Übersicht**
>
> ➤ **Programmkomponenten**
>
> ➤ **Sprachelemente**

Übersicht

Dieses Kapitel soll dem Neuling die wichtigsten Begriffe der Applikationsentwicklung vermitteln. Details finden Sie dann in den folgenden Kapiteln.

Programmkomponenten

Ein 4GL-Programm besteht aus einem bzw. mehreren Quelltextdateien und den dazugehörigen Bildschirmmasken (Forms).

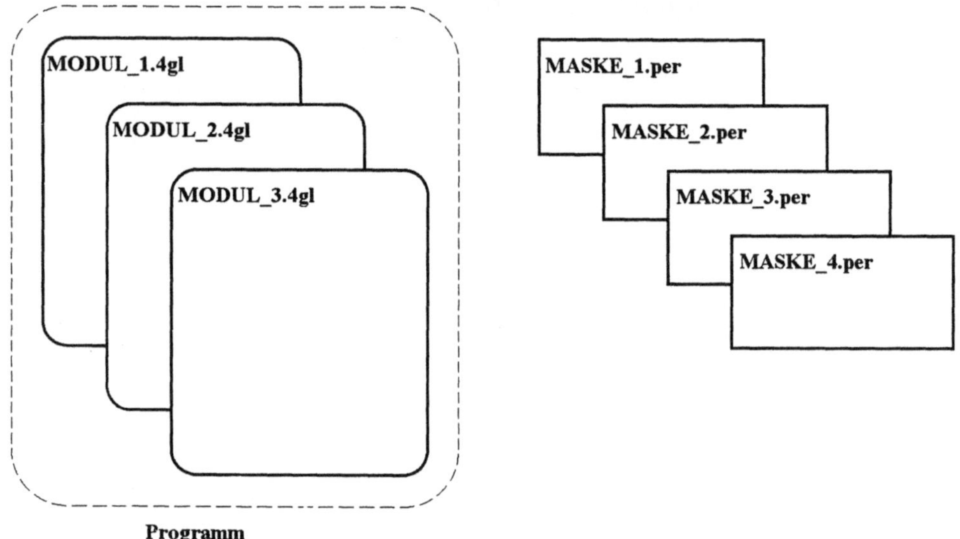

Abbildung 7.1: Applikation mit drei 4GL-Sourcemodulen und vier Bildschirmmasken

Der Sourcetext eines 4GL-Programmes wird vom 4GL-Compiler in Objektcode übersetzt. Alle Objektdateien werden dann zu einem ausführbaren Programm verbunden (gelinkt). Die Verwendung von mehreren Modulen dient der systematischen Verwaltung von Funktionen und resultiert in kürzeren Übersetzungszeiten. Wird der Inhalt eines Modules verändert, so muß nur dieses neu übersetzt und gelinkt werden. In Abhängigkeit des 4GL-Compiler bzw. 4GL-Interpretersystemes werden vom Entwicklungssystem folgende Dateien erzeugt:

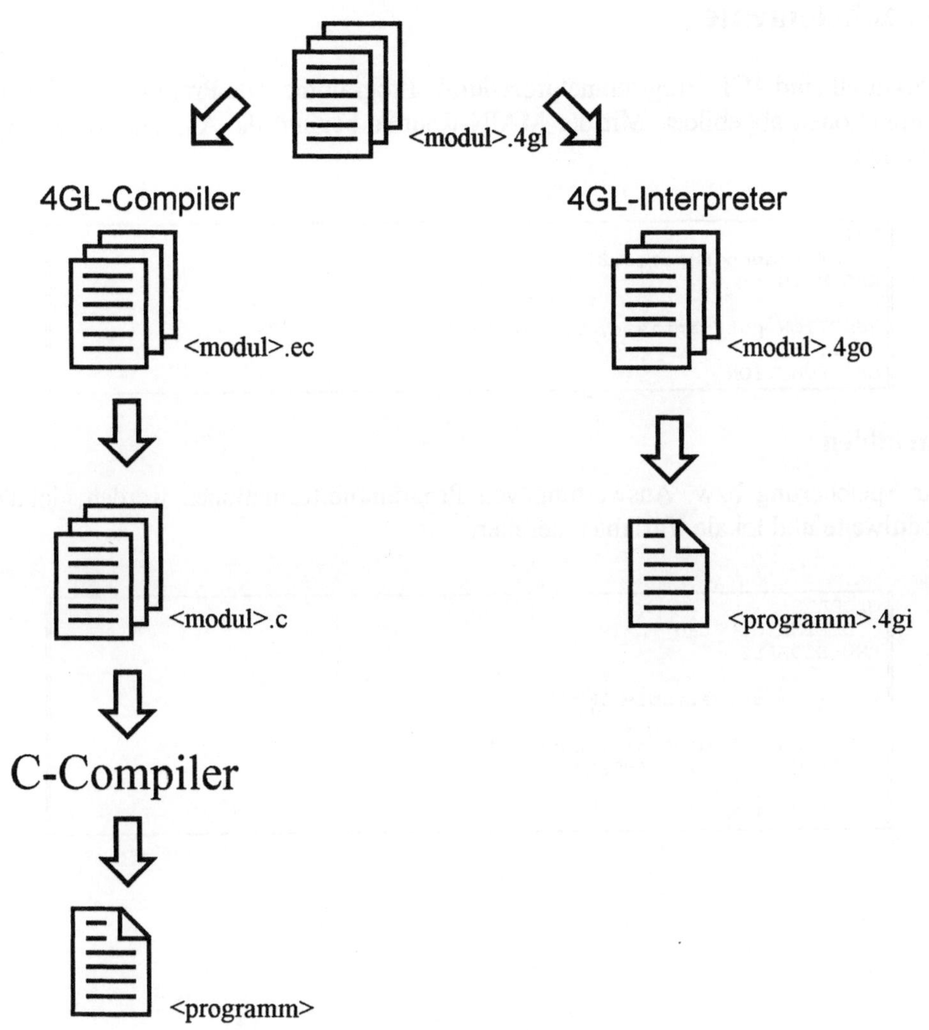

Abbildung 7.2: Der Übersetzungsvorgang

Wie schon grafisch leicht zu erkennen ist, erfolgt die Übersetzung in den Pseudocode wesentlich schneller. da der gesamte Übersetzungsaufwand des C-Compilers nicht benötigt wird.

Sprachelemente

Strukturell sind 4GL-Programme prozedurale Programme. Die Programmlogik wird
in Funktionen abgebildet. Mit der MAIN-Routine beginnt die Ausführung der Applikation.

```
MAIN
   LET ergebnis=pot(3,8)
END MAIN

FUNCTION pot(mantisse, exponent)
   ...
END FUNCTION
```

Variablen

Zur Speicherung bzw. Auswertung von Programminformationen werden globale,
modulweite und lokale Variablen definiert.

```
GLOBALS
   DEFINE dat_tag   DATE
END GLOBALS

DEFINE modulvariable INTEGER

FUNCTION pot(mantisse, exponent)
   DEFINE mantisse INTEGER
   ...
END FUNCTION
```

Programmflußbefehle

Der Programmfluß wird durch übliche Befehlskonstrukte wie IF, CASE, WHILE, CALL, usw. gesteuert.

```
WHILE ende <> 1

  FETCH NEXT artikel INTO sel_artikel

  CASE sqlca.sqlcode
    WHEN 0
    ...
    WHEN NOTFOUND
      ...
    OTHERWISE
      IF anzahl = 0
      THEN
        EXIT WHILE
      END IF
  ...
  END CASE

END WHILE
```

Funktionen bzw. auch der MAIN-Routine können Parameter übergeben werden. Diese müssen dann lokal definiert sein.

SQL

Sämtliche Befehle des ANSI LEVEL II stehen mit der 4GL zur Verfügung. Einige Befehle wurden von Informix erweitert. Datenbanken können so justiert werden, daß nur „reine" ANSI Befehle akzeptiert werden (MODE ANSI DATABASE).

Menüs

Informix-4GL unterstützt das Konzept der Ringleistenmenüs. Dabei sind zwei Zeilen zur Anzeige von Menüpunkten und einem optionalen Text reservierbar. Damit können auch benutzerabhängige Menüs realisiert werden.

```
MENU "Kunden"
  COMMAND "Erfassen" "Neuaufnehmen von Kunden"
    ...
  COMMAND "Suchen" "Suchen mit Suchmuster"
    ...
  COMMAND "Zurück" "Verlassen des aktuellen Menüs"
    EXIT MENU
END MENU
```

Die Benutzerschnittstelle

Die Benutzerschnittstelle wird mit den Befehlen INPUT, INPUT ARRAY und DISPLAY ARRAY realisiert. Dort werden alle Regeln zur Benutzung hinterlegt. Beispiele dafür sind Anweisungen wie BEFORE FIELD x (bevor der Cursor in das Feld x wandert), AFTER FIELD x (wenn der Cursor das Feld x verläßt), ON KEY *taste* (wenn die Taste *taste* gedrückt wird) usw.

```
INPUT num_kunde FROM scr_num_kunde

  ON KEY(F1)
    ...
  AFTER FIELD num_kunde
    ...
  BEFORE FIELD num_kunde
    ...
  AFTER INPUT
    ...
END INPUT
```

SQL Befehle werden direkt im Quellcode hinterlegt, wobei auf Variablen der Applikation zugegriffen werden kann. Ein Cursor dient als Datenbuffer zwischen dem Datenbankprozeß und den 4GL-Variablen, wenn mehrere Datensätze zur Applikation zurückgeliefert werden.

Hilfesysteme

Ein eigenes Hilfesystem ermöglicht die einfache Hinterlegung von Hilfeinformationen in ASCII-Dateien, sodaß lediglich jene Stellen im Programm, wo ein Aufruf erfolgen darf (soll), und die dazugehörigen Hilfetextnummern definiert werden müssen.

```
MENU "Kunden"
  COMMAND "Erfassen" "Neuaufnehmen von Kunden" HELP 101
    ...
  COMMAND "Suchen" "Suchen mit Suchmuster" HELP 102
    ...
  COMMAND "Zurück" "Verlassen des aktuellen Menüs" HELP 103
    EXIT MENU
END MENU
```

Eine vorgefertigte Schnittstelle steht zur Anzeige des Hilfetextes zur Verfügung.

Fehlerbehandlung

Die Fehlerbehandlung kann auf eigene Fehlerroutinen umgelenkt werden. Fehler können in Fehlerdateien mitprotokolliert werden. Details lesen Sie bitte im *Reference Manual* zur 4GL nach.

Bildschirmfenster

Informix-4GL übernimmt die Steuerung von Bildschirmfenstern, wobei beliebig viele Fenster geöffnet werden dürfen. Die gesamte Steuerung wird durch triviale Befehle realisiert.

Bildschirmmasken

Masken sind von der Applikation getrennte Quellmodule. Eine Maske entspricht dabei einem Quellmodul. Die Verbindung wird über sogenannte SCREEN-RECORDS hergestellt. Diese definieren Ein/Ausgabeblöcke, wobei jeder Maske beliebig viele dieser Blöcke zugeordnet werden dürfen. Die Ein/Ausgabe Befehle der 4GL verwenden dann den gewünschten SCREEN-RECORD.

```
DATABASE fibu
SCREEN
{
   Kundennummer [f000          ]
}
TABLES
   kunden
ATTRIBUTES
   f000 = kunden.nr
INSTRUCTIONS
   SCREEN RECORD scr_kunde (kunden.nr)
```

Listen

Informix-4GL verfügt über eine eigene Listenkommandosprache. Listen werden ähnlich wie Funktionen abgebildet. Zu druckende Daten werden dem Report als Parameter übergeben

```
REPORT lieferanten(num_liefer)

  FIRST PAGE HEADER
    . . .

  ON EVERY ROW
    . . .

  AFTER GROUP OF
    . . .
END REPORT
```

Datensets

Informix-4GL unterstützt die CURSOR-Technik. Darunter verstehen wir die mengenorientierte Verwaltung der vom Datenbankserver gelieferten Ergebnisdatensätze.

```
FOREACH mitarbeiter INTO sel_mitarbeiter
  . . .
END FOREACH
```

Transaktionen

Zur konsistenten Verarbeitung der Informationen werden Transaktionen unterstützt. Mit den Befehlen BEGIN WORK und COMMIT WORK bzw. ROLLBACK WORK werden mehrere logisch zusammengehörende Teiloperationen zu einer Operation zusammengefaßt, die entweder komplett ausgeführt wird oder gar nicht.

```
#
# Start der Transaktion
#
BEGIN WORK
  UPDATE konten SET wert=wert-500
    WHERE kontonr = 100000;

  IF sqlca.sqlcode < 0
  THEN
    # Fehler, Transaktion abbrechen
    ROLLBACK WORK
    RETURN -1
  END IF

  UPDATE konten SET wert=wert+500
    WHERE kontonr = 20000

  IF sqlca.sqlcode < 0
  THEN
    # Fehler, Transaktion abbrechen
    ROLLBACK WORK
    RETURN -1
  END IF

COMMIT WORK
```

StoredProcedures

Mit Release 5.00 der Datenbankserver unterstützt Informix auch das Konzept der StoredProcedures (im Server abgelegte Kommandofolgen). Der Vorteil liegt darin, daß solche Kommandofolgen (Prozeduren) einmal übersetzt und dann in kompilierter Form verwendet werden.

Preparen von Anweisungen

Unter dem preparen von Anweisungen verstehen wir, daß diese syntaktisch geprüft und dann in kompilierter Form zur Ausführung bereit stehen. Die Ausführung eines preparten Befehles ist dadurch schneller. Vorteilhaft ist diese Methode bei Befehlen, die öfters (speziell in Schleifen) ausgeführt werden. Eine nicht preparte Anweisung würde dann bei jedem Durchlauf neu übersetzt werden.

Ein weiterer Aspekt ist die Tatsache, daß preparte Befehle zunächst in einer Zeichenkette abgelegt werden. Diese Zeichenkette enthält dann also den zu übersetzenden Befehl. Durch verschiedene Stringoperationen kann ein Befehl auf diese Weise erst zur Laufzeit zusammengesetzt werden. Dies wird immer dann verwendet, wenn beispielsweise der Benutzer nach Datensätzen sucht und dazu seine Kriterien in einer Bildschirmmaske eingibt. Je nach Eingaben wird dann der eigentliche Lesebefehl erzeugt.

```
LET select_string="SELECT nam_kunde FROM kunden WHERE ",
                  "kundennr >= ", von_kunde,
                  " AND ",
                  "kundenr <= ", bis_kunde
PREPARE id_lies_kunden FROM select_string
```

Es dürfen dabei auch mehrere Befehle zu einem preparten Statement zusammengefaßt werden.

```
LET anlegen="INSERT INTO kunden VALUES(?,?,?);",
            "INSERT INTO adresse VALUES(?,?,?)"

PREPARE id_anlegen FROM anlegen
```

Da diese Befehle erst zur Laufzeit mit Werten versorgt werden können, stellen wir
zunächst an jene Stellen, die zur Laufzeit konkrete Werte erhalten sollen, Fragezei-
chen als Platzhalter. Ausgeführt wird dann durch Angabe der zu verwendeten Werte
(Variablen)

```
EXECUTE id_anlegen
  USING nr, name, alter, ort, strasse, telefon
```

Simple Ein/Ausgaben

Darunter verstehen wir Befehle oder Befehlsfolgen, die zeilenorientiert abgewickelt
werden. Im Unterschied dazu stehen Ein/Ausgaben, wie sie über Bildschirmmasken
durchgeführt werden.

Wir definieren dazu Bildschirmzeilen, die dann implizit über einen Befehl verwendet
werden. Als Beispiel dient uns der einfache ERROR Befehl, der einen Text invers
dargestellt auf der ERROR LINE ausgibt.

```
#
# Definition der ERROR LINE
#
OPTIONS
  ERROR LINE LAST -1
...
#
# Ausgabe auf der ERROR LINE
#
IF sqlca.sqlcode = NOTFOUND
THEN
  ERROR "Artikel nicht vorhanden"
END IF
```

Werteformatierung

Selbstverständlich kann die Darstellung von Zahlen und Datumsangaben nach Belieben definiert werden. Dazu werden entweder Umgebungsvariablen verwendet oder die Formatierung wird beim Ausgabebefehl fix hinterlegt.

Die Formatierung hat auf die Speicherung der Werte keinen Einfluß.

Datentypen	
CHAR, CHARACTER	Zeichenketten
SMALLINT	Ganze Zahlen -32.767 bis +32.767
INT, INTEGER	Ganze Zahlen von -2.147.483.647. bis +2.147.483.647
NUMERIC, DEC, DECIMAL	Dezimalzahlen
FLOAT	Fließkommazahlen
MONEY	Geldbeträge
SERIAL	Fortlaufende Zahl
DATE	Datum
DATETIME	Zeitmoment
INTERVAL	Zeitspanne
TEXT nur unter OnLine	ASCII-Dokument
BYTE nur unter OnLine	Dokument in beliebigem Zahlenformat
VARCHAR nur unter OnLine	variable Character

Kapitel 8

Die Cursortechnik

- ➢ Übersicht
- ➢ Generelle Verwendung
- ➢ Cursor und preparte Befehle
- ➢ INSERT Cursor
- ➢ Cursor und Transaktionen
- ➢ Cursor in Stored Procedures
- ➢ Übungen

Übersicht

Cursor stellen eine Technik zur Verfügung mit der es gelingt, Datenmengen zu verwalten, die erst zur Laufzeit gebildet werden. Die programmtechnische Verarbeitung von Datenmengen erfolgt grundsätzlich satzweise. Cursor werden immer dann benötigt, wenn aus der Datenbank mehr als ein Ergebnisdatensatz zurückerwartet wird.

Generelle Verwendung

Cursor müssen vor der Verwendung deklariert werden. Dabei werden Cursor an einen SELECT Befehl (bzw. INSERT Befehl) gebunden. Der Cursor kann nur solche Datenwerte liefern, die der damit verbundene SELECT Befehl aus der Datenbank ermittelt.

```
#
# Deklariere Cursor
#
DECLARE c_mitarbeiter FOR
  SELECT nam_mitarbeiter
    FROM mitarb
   WHERE
         dat_loesch IS NULL
```

Abbildung 8.1: Cursor über Mitarbeiter

Bei dieser Deklaration wird der SELECT Befehl lediglich auf syntaktische Richtigkeit geprüft. Es werden noch keine Datensätze gelesen.

 Cursornamen müssen modulweit eindeutig sein

Zur Verarbeitung der erwarteten Ergebnisdatensätze gibt es mehrere Alternativen.

```
1.  #
2.  # Verarbeitung mit OPEN, FETCH & CLOSE
3.  #
4.  OPEN c_mitarbeiter

5.  FETCH c_mitarbeiter INTO sel_nam_mitarbeiter

6.  IF sqlca.sqlcode = NOTFOUND
7.  THEN
8.   ERROR "Keine weiteren Daten vorhanden"
9.  END IF
10. ...
11. CLOSE c_mitarbeiter
```

Abbildung 8.2: OPEN, FETCH & CLOSE

Der Zugriff erfolgt durch Öffnen des Cursors (OPEN). Mit jedem darauf folgenden FETCH wird ein Datensatz aus dem Cursor geliefert. Sind keine Daten mehr vorhanden, so liefert der Server den Wert NOTFOUND (=100) in der globalen Variable **sqlca.sqlcode**. Standardmäßig fragen wir deshalb nach jedem FETCH auf diesen Wert ab. Wird der Cursor nicht mehr benötigt, so schließen wir diesen (CLOSE). Erst dann darf der Cursor erneut geöffnet werden. Der FETCH Befehl kennt eine Reihe von zusätzlichen Schlüsselwörtern, die wie folgt definiert sind:

FETCH NEXT	Holt den nächsten Datensatz
FETCH PREVIOUS oder FETCH PRIOR	Holt den vorigen Datensatz
FETCH ABSOLUT *position*	Hole den Datensatz an der *position*ten Stelle
FETCH RELATIVE *wert*	Holt den Datensatz, der vom aktuellen Datensatz *wert* Datensätze entfernt liegt. Die Angabe *wert* kann dabei positive (=Vorwärtsrichtung) oder negative (=Rückwärtsrichtung) Werte annehmen
FETCH FIRST	Holt den ersten Datensatz
FETCH LAST	Holt den letzten Datensatz

Möchte man Klauseln wie FETCH ABSOLUT, RELATIVE usw. verwenden, so muß der Cursor als SCROLL CURSOR deklariert sein. Bei einem „normalen" Cursor ist nur der FETCH NEXT Befehl erlaubt. Zur Steuerung über den ersten und letzten Datensatz verwenden wir beim SELECT Befehl die ORDER BY Klausel, um Daten sortiert auszuwerten.

```
#
# Verarbeitung mit der FOREACH-Schleife
#
LET anzahl=0

FOREACH c_mitarbeiter INTO sel_nam_mitarbeiter
  LET anzahl=anzahl+1
  ...
END FOREACH

IF anzahl = 0
THEN
  ERROR "Keine Mitarbeiter gefunden"
END IF
```

Abbildung 8.3: Cursor über Mitarbeiter

Die FOREACH Anweisung holt zum angegebenen Cursor den ersten Datensatz und stellt die gelieferten Werte in die dafür angegebenen Variablen. In unserem Beispiel heißt diese Variable *sel_nam_mitarbeiter*. Die Anzahl der hier hinterlegten Variablen muß der Anzahl der selektierten Datenfelder im SELECT Befehl entsprechen. Werden im SELECT drei Datenfelder selektiert, so müssen auch drei Variablen zum Auffangen dieser Datenwerte bereitgestellt sein.

Danach werden alle Anweisungen innerhalb des FOREACH Blockes abgearbeitet und mit dem nächsten Datensatz fortgesetzt. Sind keine Daten vorhanden, so wird der FOREACH Block verlassen und mit dem Befehl, der der END FOREACH Anweisung folgt, fortgefahren.

☞ Nach der END FOREACH Anweisung ist der **sqlca.sqlcode** nie NOTFOUND. Es kann auf diesem Wege deshalb nicht festgestellt werden, ob überhaupt Daten zum Cursor vorhanden sind.

Die FOREACH Anweisung wird dann verwendet, wenn alle Datensätze des Cursors bearbeitet werden. Um programmtechnisch zu prüfen, ob überhaupt Datensätze gefunden wurden, lassen wir einen Schleifenzähler mitlaufen.

Cursor und preparte Befehle

Unter einem *preparten* Cursor verstehen wir solche, die mit bereits kompilierten Anweisungen verknüpft werden. Wir kennen die Technik des *preparens* von Anweisungen schon aus dem Kapitel der 4GL-Konzepte.

Jede PREPARE Anweisung liefert eine eindeutige Kennung zum übersetzten Statement. Wir können zu einer solchen eindeutigen Kennung auch Cursor deklarieren.

```
#
# Prepare zunächst den eigentlichen Befehl
#
LET prep_string="SELECT UNIQUE(dat_neu) FROM ",
                tabellenname CLIPPED

PREPARE id_dat_angelegt FROM prep_string
IF sqlca.sqlcode <> 0
THEN
   ERROR "Fehler bei PREPARE"
END IF


#
# Verknüpfe nun das preparte Statement mit einem Cursor
#
DECLARE c_dat_angeleg CURSOR FOR id_dat_angelegt
...
```

Abbildung 8.4: Cursor mit preparten Anweisungen

INSERT Cursor

Auch zum Einfügen von größeren Datenmengen kann ein als Zwischenspeicher verwendet werden. Hier werden mehrere Datensätze zunächst in einem Cursor gesammelt und anschließend gemeinsam physisch geschrieben. Die Verarbeitung erfolgt dadurch rascher. Wir deklarieren solch einen INSERT-Cursor wieder mit dem DECLARE Befehl.

```
#
# Verknüpfe den INSERT Befehl mit einem Cursor
#
DECLARE c_ins_bons CURSOR FOR
  INSERT INTO kassa_bons VALUES(sel_num_bon, sel_betrag)
...
```

Abbildung 8.5: Cursor mit INSERT Anweisung

Bei dieser Deklaration können Programmvariablen verwendet werden. Diese sind zum Zeitpunkt der Deklaration meist noch nicht mit den entsprechenden Werten gefüllt. Das muß auch nicht so sein, denn erst mit dem **PUT** Befehl werden Daten aus den Programmvariablen in den Cursor hineingestellt. Mit der PUT-Anweisung wird also nur der Wert aus den Programmvariablen in den Cursor geschrieben.

Nun kann man es der Applikation überlassen, wann der Puffer geleert, sprich die Daten physisch in die Datenbank geschrieben werden. Meist möchte man aber an bestimmten Programmstellen diese Gewißheit haben. Mit FLUSH *cursorname* wird die Entleerung des Cursors explizit angestoßen. Da die Anweiungen PUT und FLUSH auch mit der Datenbank kommunizieren, wird der sqlca-Record mit dem Statuscode der Anweisung initialisiert.

Cursor und Transaktionen

Cursor werden standardmäßig bei den Kommandos COMMIT WORK und ROLLBACK WORK automatisch geschlossen. Der Zugriff auf diese Daten ist dann zunächst beendet. Erst ein erneutes Öffnen stellt die Verbindung zum Cursor wieder her. Daten müssen in diesem Falle auch neu gelesen werden. Möchte man diesen Umstand der automatischen Schließung von geöffnetem Cursor zum Transaktionsende umgehen, so ist der CURSOR als CURSOR WITH HOLD zu deklarieren. Bei dieser Art von Cursor wird der Cursor nur durch eine explizite CLOSE *cursorname* Anweisung bzw. durch END FOREACH geschlossen.

Cursor in Stored Procedures

Auch in Stored Procedures können Cursor verwendet werden. Die Syntax entspricht dabei voll der des 4GL-Cursors. Es können somit schon alle gefundenen Datensätze auf der Serverseite aufbereitet werden. Die Übergabe an ein 4GL-Programm erfolgt dann ebenfalls über einen Cursor

Übungen

Formulieren Sie Antworten zu den Aufgaben:

①   Erklären Sie den Begriff Cursor.

②   Was ist ein SCROLL Cursor?

③   Beschreiben Sie das Verhalten der Cursor in Bezug auf Transaktionen.

④   Was verstehen wir unter einem INSERT Cursor?

⑤   Können Cursor auch mit preparten Befehlen verknüpft werden? Wie?

        Ja ❏   Nein ❏

____

____

____

⑥   Können Cursor auch in Stored Procedures verwendet werden?

        Ja ❏   Nein ❏

⑦   Beschreiben Sie die Schnittstelle zwischen Cursordaten und der 4GL-Applikation.

____

____

____

Musterlösungen

①   Erklären Sie den Begriff Cursor.

Ein Cursor dient als Datenbuffer zwischen dem Datenbankprozeß und dem Anwendungsprozeß.

②   Was ist ein SCROLL Cursor?

Unter Verwendung des SCROLL Cursor können wir auch gezielt absolut oder relativ Datensätze aus dem Puffer selektieren.

③   Beschreiben Sie das Verhalten der Cursor in Bezug auf Transaktionen.

Generell werden Cursor bei Transaktionsende geschlossen. Ein CURSOR WITH HOLD bleibt auch über das Transaktionsende hinaus aktiv.

④   Was verstehen wir unter einem INSERT Cursor? Vorteil?

Ein INSERT Cursor ist ein Datenpuffer, der es ermöglicht, eine Datenmenge, die in die Datenbank eingefügt werden sollen, in einem Cursor zu puffern und in einer physischen Operation zu schreiben.

Der Vorteil: Geschwindigkeitsgewinn.

⑤   Können Cursor auch mit preparten Befehlen verknüpft werden? Wie?

         Ja ☒   Nein ❑

Indem anstatt der SELECT-Anweisung die Identifikation der preparten Anweisung angegeben wird.

⑥   Können Cursor auch in Stored Procedures verwendet werden?

         Ja ☒   Nein ❑

⑦ Beschreiben Sie die Schnittstelle zwischen Cursordaten und der 4GL-Applikation.

Programmvariablen

Kapitel 9

Bildschirmfenster

- ➢Überblick
- ➢Neuigkeiten
- ➢Windowmanagement
- ➢Sichtbarkeit
- ➢Praxistips
- ➢Übungen

Überblick

In diesem Kapitel beschäftigen wir uns mit dem Bildschirmfensterkonzept der 4GL.
Bildschirmfenster dienen der besseren Übersichtlichkeit. Verwendet werden diese,
wo Information auf dem Bildschirm dargestellt werden soll, ohne das der aktuelle
Bildschirminhalt verloren geht.

Neuigkeiten

Mit dem Produkt Informix-4GL/GX ist es möglich, 4GL-Applikationen in grafische
Benutzeroberflächen zu integrieren, ohne den 4GL-Programmcode zu ändern.

Dabei wird ein UNIX-ASCII-Fenster, als echtes grafisches Fenster geöffnet. Die
Eingabesequenzen bleiben aufrecht, vordefinierte Tastenkombinationen werden auf
Mausbuttons umgelegt. Natürlich dauert das Öffnen eines Grafikwindows im Ge-
gensatz zu den herkömmlichen ASCII-Windows um ein vielfaches länger.

Definition Window

Unter einem Window verstehen wir einen rechteckigen Bildschirmbereich. Es dürfen
beliebig viele Windows geöffnet werden, jedoch gibt es zu jedem Zeitpunkt nur ein
aktiviertes Bildschirmfenster. Aktiviert bedeutet hier, daß sämtliche
Ein/Ausgabeoperationen in diesem Bildschirmbereich erfolgen. Ein Window ist mit
einer Bildschirmmaske nicht zu vergleichen. Ein Window stellt lediglich einen
Bildschirmausschnitt zur Darstellung zur Verfügung. Selbstverständlich dürfen
Windows einander überlagern. Die Restaurierung eines verdeckten
Bildschirmbereiches wird von der 4GL automatisch durchgeführt.

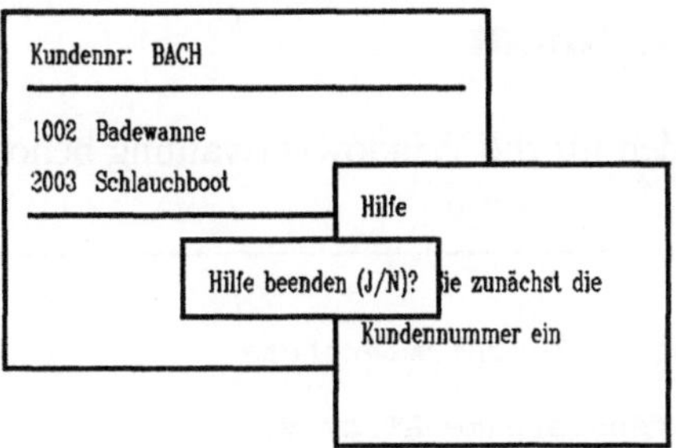

Abbildung 9.1: Überdeckende Bildschirmfenster

 Die Fenstertechnik steht ausschließlich mit den 4GL-Produkten zur Verfügung.

Das Windowmanagement

Ganze vier Befehle werden für die Windowverwaltung benötigt.

```
1.  #
2.  # Öffnen eines Bildschirmfensters
3.  #
4.  OPEN WINDOW fenstername AT x, y
5.     WITH z ROWS, s COLUMNS
6.     ATTRIBUTES (fensterattribute)

7.  #
8.  # Löschen eines Fensterbereiches
9.  #
10. CLEAR WINDOW fenstername

11. #
12. # Toggel
13. #
14. CURRENT WINDOW IS fenstername

15. #
16. # Schließen des Fensters
17. #
18. CLOSE WINDOW fenstername
```

Abbildung 9.2: Befehle zur Fensterverwaltung

Wir öffnen ein Bildschirmfenster mit dem *OPEN WINDOW* Befehl. Dabei ist dem Fenster ein applikationsweit eindeutiger Name zuzuordnen.

Die Größe eines Windows kann sowohl statisch im Programmcode festgelegt als auch dynamisch zur Laufzeit bestimmt werden. Verwendet man die „statische" Methode, so wird beim OPEN WINDOW Befehl die gewünschte Zeilen- und Spaltenanzahl hinterlegt. Dynamisch wird die Fenstergröße durch Angabe einer Maskendatei bestimmt. Das Fenster wird dabei so groß dimensioniert, daß die gewünschte Bildschirmmaske dargestellt werden kann.

```
#
# Windowdimension durch Spalten, Zeilen
#
OPEN WINDOW eins AT 1,1
   WITH 10 ROWS, 60 COLUMNS

#
# Windowdimension anhand einer Maskendatei
#
OPEN WINDOW zwei AT 1,1
   WITH FORM "make_zwei"
```

Abbildung 9.3: Möglichkeiten zur Windowdimensionierung

Der Vorteil der „dynamischen" Methode liegt darin, daß bei einer Größenänderung der Bildschirmmaske kein Eingriff in den Programmquellcode zu erfolgen hat. Dabei muß lediglich die Maskendatei wie gewünscht verändert und übersetzt werden.

Jedoch sollen in einem Fenster manchmal auch verschiedene Masken hintereinander dargestellt werden. Mit dem OPEN WINDOW Befehl wird die Größe des Fensters aber nur unter Berücksichtigung der in der WITH FORM-Klausel angegebenen Maskendatei eruiert. Soll zu einem späteren Zeitpunkt eine Maske mit größeren Abmessungen dargestellt werden, so erhalten wir eine Fehlermeldung. Man sollte deshalb lediglich dort die WITH FORM-Klausel verwenden, wo von vornherein feststeht, daß in diesem Fenster keine andere, möglicherweise größere, Maske dargestellt wird.

Da mit der WITH FORM-Klausel, die Bildschirmmaske automatisch geladen wie auch dargestellt wird, benötigt die Ausführung des Befehles zumindest theoretisch etwas länger.

Fensterattribute

Jedes Window ist als unabhängiger Bildschirmbereich zu betrachten und verfügt als solcher über *private* Darstellungsattribute. Diese beeinflussen die Darstellung eines einzelnen Windows in den folgenden Bereichen:

- ❖ Rahmen

- ❖ Ein/Ausgabezeilen

- ❖ Farbdarstellung

Ohne Angabe eines Attributes wird ein Fenster ohne Rahmen gezeichnet. Sämtliche Ein/Ausgabezeilen wie *COMMENT LINE, FORM LINE, MESSAGE LINE* und *PROMPT LINE* werden auf vordefinierte Werte gelegt:

Ein/Ausgabezeile	vordefinierte Zeile
Comment Line	23 (LAST-1)
Form Line	3
Message Line	2
Prompt Line	1 (FIRST)

Fenster mit Rahmen

Um ein Fenster mit einem Rahmen zu versehen, schreiben wir das Schlüsselwort **BORDER** in die ATTRIBUTE-Klausel. Die Rahmenfarbe entspricht dabei der aktuellen Vordergrundfarbe.

```
1.  #
2.  # Fenster mit Rahmen
3.  #
4.  OPEN WINDOW mozart AT 3,3
5.    WITH 5 ROWS, 8 COLUMNS
6.    ATTRIBUTE (BORDER)
```

Abbildung 9.4: Fenster mit Rahmen

Ein/Ausgabezeilen

Wir kennen diese Zeilen schon aus den vorigen Abschnitten. Die Definition erfolgt in gleicherweise. Wiederum können wir zur Zeilenangabe die Konstanten **FIRST** und **LAST** verwenden.

```
1.  #
2.  # Fenster mit umdirigierter FORM LINE
3.  #
4.  OPEN WINDOW mozart AT 1,1
5.    WITH FORM "noten"
6.    ATTRIBUTE (BORDER, FORM LINE FIRST)

7.  #
8.  # Fenster mit zusammengelegten Ein/Ausgabezeilen
9.  #
10. OPEN WINDOW bach AT 3,3
11.   WITH FORM "noten"
12.   ATTRIBUTE ( BORDER,
13.               FORM LINE FIRST+2,
14.               MESSAGE LINE LAST -1,
15.               COMMENT LINE LAST -1,
16.               PROMPT  LINE LAST -1,
17.            )
```

Abbildung 9.5: Frei definierte Ein/Ausgabezeilen

Unterschiedliche Ein/Ausgabezeilen können zusammen auf eine Zeile gelegt werden. Lediglich die *ERROR LINE* kann nicht pro Fenster definiert werden. Meldungen mit dem ERROR Befehl werden ja immer auf dem eigentlichen SCREEN ausgegeben.

☞ Unter Verwendung des Befehles OPEN WINDOW WITH FORM werden die aktuellen Einstellungen der **FORM** und **COMMENT LINE** berücksichtigt. Die Größe des Fensters kann daher um die Anzahl der FORM LINE-Zeilen + 1 COMMENT LINE -Zeile von der eigentlichen Maskengröße abweichen.

Farbdarstellung

Zur Farbgestaltung von Windows stehen uns die schon bekannten Farbattribute zur Verfügung. Zusätzlich kann die Darstellung mit dem Schlüsselwort **REVERSE** invertiert werden.

Ein Farbattribut bestimmt die Vordergrundfarbe des darzustellenden Zeichens. Alle Ausgaben in diesem Fenster werden mit der spezifizierten Farbe dargestellt. Farbangaben in INPUT oder DISPLAY-Anweisungen werden aber favorisiert.

```
1.   #
2.   # Fenster
3.   #
4.   OPEN WINDOW bach AT 1, 1
5.    WITH FORM "r.oten"
6.    ATTRIBUTE (BORDER, RED)
8.
```

Abbildung 9.6: Fenster mit Farbe

Zur 4GL sind 8 Farben bzw. Farbwerte definiert.

WHITE	0
YELLOW	1
MAGENTA	2
RED	3
CYAN	4
GREEN	5
BLUE	6
BLACK	7

Die englischen Farbnamen können "eingedeutscht" werden. Da diese neuen Namen lediglich in der 4GL und nicht in den Masken verwendet werden dürfen, lohnt der Aufwand nicht.

Sind mehrere Windows gleichzeitig geöffnet, so kann mit dem CURRENT WINDOW Befehl ein Fenster als das momentan aktive deklariert werden.

Frage: Wer bestimmt welches Fenster über bzw. unter anderen liegt?

Dies geht durch die Reihenfolge der Eröffnung von Fenstern hervor. Dabei bleibt das zuletzt geöffnete Fenster solange das Aktuelle, bis ein weiteres geöffnet wird, bzw. bis das Fenster geschlossen wird. Die Verwaltung der Sichtbarkeit erfolgt nach dem Stapelprinzip.

Bildschirmfenster werden mit dem CLOSE WINDOW unter Angabe des gewünschten Fensternamens geschlossen. Der von diesem Fenster überdeckte Bildschirmbereich wird automatisch restauriert.

Standardfehler

Obwohl die Befehle zur Fenstertechnik einfachst zu verstehen sind, passiert es dem unbedarften Entwickler immerzu, daß er versucht, ein Fenster an den Rand des Bildschirmes zu legen, obgleich auch ein Rahmen gezeichnet werden soll. Dabei ist es nützlich darauf hinzuweisen, daß die Koordinaten der linken oberen Fensterecke nicht die Position zur Darstellung des Fensters angeben, sondern die Position des aktiven Fensterbereiches, also exklusive Rahmen.

```
1.    #
2.    # ungültige Anweisung
3.    #
4.    OPEN WINDOW falsch AT 1,1
5.      WITH FORM "test"
6.      ATTRIBUTE (BORDER)
```

Abbildung 9.7: Falsche Koordinaten verursachen eine Fehlermeldung zur Laufzeit

Ein weiterer „logischer" Fehler tritt bei der Interaktion mit dem MENU Befehl auf. Ein Ringmenü wird immer in das *aktuelle*-Bildschirmfenster gezeichnet. So muß durch Programmlogik sichergestellt sein, daß vor Anzeige des Menüs das dafür bestimmte Fenster auch aktiviert ist.

Praxistips

In der Praxis sollte auch die Eröffnung von Bildschirmfenstern über die **STATUS**-Variable überprüft werden. Die Abfrage des **SQLCA**-Recods hat in diesem Falle keinen Sinn, da dieses nur bei Kommunikation mit dem Server aktualisiert wird und die Fenstertechnik sinnvollerweise nur durch den Frontendprozeß bedient wird.

Der Versuch, ein schon geöffnetes Fenster erneut zu öffnen, wie dies bei einem neuerlichen Funktionseintritt der Fall sein könnte, verursacht eine Fehlermeldung. Deshalb vergeben wir zu jedem Fenster eine Modulvariable, die uns zeigt, ob das dazugehörige Fenster schon offen ist, sodaß wir es nur als das Aktuelle deklarieren müssen. Die Verwendung einer Modulvariable drängt sich hier auf, da das Öffnen und Schließen nicht immer über dieselbe Funktion erfolgen muß und der Inhalt einer lokalen Variable bei Verlassen der Funktion verloren geht.

```
FUNCTION auftrags_position(p_id_auftrag, p_x, p_y)

 #Parameter
 DEFINE
   p_id_auftrag          LIKE auftrag.id_auftrag,
   p_x                   SMALLINT,
   p_y                   SMALLINT


 ...
 IF m_auftrag_offen
 THEN
   CURRENT WINDOW IS position
 ELSE
   OPEN WINDOW position AT p_x, p_y
     WITH FORM "auftrag"
     ATTRIBUTES (BORDER)
   IF STATUS = 0
   THEN
     LET m_auftrag_offen = 1
   ELSE
     RETURN
   END IF
 END IF
 ...
END FUNCTION
```

Abbildung 9.8: Fenster mit Modulvariable

Da im Laufe eines Projektes Fenster an den verschiedensten Bildschirmpositionen verwendet werden, sollten die Fensterkoordinaten grundsätzlich als Parameter übergeben werden. Ein nachträgliches Hinzufügen der Parameter gestaltet sich mit fortschreitender Dauer des Projektes schwieriger, da jeder Funktionsaufruf angepaßt werden muß.

Sollten Funktionen, welche Masken verwenden, häufig aufgerufen werden, kann eine Optimierung des Laufzeitverhaltens durchgeführt werden, indem das Laden der Bildschirmmaske ebenfalls mit einer Modulvariable versehen wird und nur mehr in wenigen Fällen die Maskendatei vom Betriebssystem gelesen werden muß.

```
FUNCTION auftrags_position(p_id_auftrag, p_x, p_y)

  #Parameter
  DEFINE
    p_id_auftrag        LIKE auftrag.id_auftrag,
    p_x                 SMALLINT,
    p_y                 SMALLINT


  ...
  IF m_auftrag_offen
  THEN
    CURRENT WINDOW IS position
  ELSE
    OPEN WINDOW position AT p_x, p_y
      WITH 10 ROWS, 70 COLUMNS
      ATTRIBUTES (BORDER)
    IF STATUS = 0
    THEN
      LET m_auftrag_offen = 1
      IF NOT m_maske_geladen
      THEN
        OPEN FORM auftrag FROM "auftrag"
        IF STATUS <0
        THEN
          CLOSE WINDOW position
          LET m_auftrag_offen=0
          RETURN
        ELSE
          LET m_maske_geladen=1
          DISPLAY FORM auftrag
        END IF
      END IF
    ELSE
      RETURN
    END IF
  END IF
  ...
END FUNCTION
```

Da eine Vielzahl geöffneter Bildschirmfenster den Anwender meist überfordern, ist darauf zu achten, das wo immer möglich, nur die aktuell benötigten Fenster angezeigt werden. Auch sollen Fenster nicht wahllos übereinander gelegt werden. Es sollte vor Beginn der Implementierung auf eine möglichst einheitliche und vor allem eindeutige Bildschirmdarstellung geachtet werden, sodaß der Anwender sofort erkennt, in welchem Fenster er sich gerade befindet.

Sollte die Komplexität der Anwendung eine Vielzahl von Bildschirmfenstern verlangen, so sollte man in Erwägung ziehen, die Benutzerschnittstelle kurzzeitig mit
einem alles überdeckenden Fenster zu bereinigen.

Ein Beispiel dazu wäre der Einstieg aus dem Auftragssystem in die Stammdatenverwaltung. Da die Stammdatenverwaltung seinerseits etliche Fenster benötigt, legen wir ein Fenster ohne Inhalt und ohne Rahmen über den aktuellen
Bildschirminhalt. Dieser wird daher nur virtuell (scheinbar) gelöscht und steht nach
dem Verlassen der Stammdaten unverändert zur Verfügung.

Übungen

① Welche Operationen mit Bildschirmfenstern kennen Sie?

____

____

____

② Welche Möglichkeiten zur Größenangabe von Fenstern gibt es?

____

____

____

③ In welcher Zeile eines Fensters wird mit der Maskendarstellung begonnen?

____

____

____

④ Ein Fensterinhalt soll gelöscht werden (CLEAR WINDOW...). Muß dazu mit dem CURRENT WINDOW Befehl das zu löschende Fenster *aktiviert werden?*

❏ JA   ❏ NEIN

⑤ Worauf ist bei Fenstern mit Rahmen zu achten?

____

____

____

⑥   Markieren Sie aus der folgenden Liste alle Ihnen korrekt erscheinenden Befehlsfolgen. Gehen Sie dabei von der Standardbildschirmgröße 25 Zeilen zu je 80 Zeichen aus. Begründen Sie Fehler bei nicht korrekten Anweisungen.

Sollten Sie noch keine Informix-Programmiererfahrung haben, so lesen Sie bevor Sie diese Übung absolvieren, die Syntax zu den besprochenen Befehlen im *Reference Manual (Teil 2)* nach.

```
☐         OPEN WINDOW win1 AT 3,3
                  WITH FORM "maske.frm"
                  ATTRIBUTE (BORDER,
                      PROMPT LINE LAST)


☐         OPEN WINDOW win2 AT 3,3
                  WITH 10 ROWS, 15 COLUMNS
                  ATTRIBUTE (BORDER)


☐         OPEN WINDOW win3 AT 5,5
                  WITH FORM "maske"
                  ATTRIBUTE (REVERSE)


☐         OPEN WINDOW win4 AT 20,20
                  WITH 3 ROWS, 10 COLUMNS


☐         OPEN WINDOW win5 AT 20,20
                  WITH 10 ROWS, 10 COLUMNS
                  ATTRIBUTE (RED)


☐         OPEN WINDOW status AT 1,1
                  WITH 10 ROWS, 20 COLUMNS


☐         OPEN WINDOW win7 AT 1,1
                  WITH 5 ROWS, 78 COLUMNS
                  ATTRIBUTE (GREEN, BORDER)
```

Musterlösungen

① Welche Operationen mit Bildschirmfenstern kennen Sie?

Öffnen (OPEN WINDOW...)

Löschen des Fensterbereiches (CLEAR WINDOW...)

Aktualisieren (CURRENT WINDOW...)

Schließen (CLOSE WINDOW...)

② Welche Möglichkeiten zur Größenangabe von Fenstern gibt es?

Verwendung einer Maskendatei (WITH FORM...)

Angabe von Zeilen & Spalten (WITH z ROWS, s COLUMNS...)

③ In welcher Zeile eines Fensters wird mit der Maskendarstellung begonnen?

Abhängig von der aktuellen FORM LINE

④ Ein Fensterinhalt soll gelöscht werden (CLEAR WINDOW...). Muß dazu mit dem CURRENT WINDOW Befehl das zu löschende Fenster *aktiviert* werden?

❏ JA　　　　　　　　　　☒ NEIN

⑤   Worauf ist bei Fenstern mit Rahmen zu achten?

Das die Positionsangabe der linken oberen Ecke (AT x,y...) mindestens 2,2 betragen muß, da ansonst kein Rahmen gezeichnet werden kann!

⑥   Markieren Sie aus der folgenden Liste alle Ihnen korrekt erscheinenden Befehlsfolgen. Gehen Sie dabei von der Standardbildschirmgröße 25 Zeilen zu je 80 Zeichen aus. Begründen Sie Fehler bei nicht korrekten Anweisungen.

Die falschen Teile der Befehle sind fett hervorgehoben.

```
☐        OPEN WINDOW win1 AT 3,3
                 WITH FORM "maske.frm"
                 ATTRIBUTE (    BORDER,
                     PROMPT LINE LAST)


☒        OPEN WINDOW win2 AT 3,3
                 WITH 10 ROWS, 15 COLUMNS
                 ATTRIBUTE (BORDER)


☒        OPEN WINDOW win3 AT 5,5
                 WITH FORM "maske"
                 ATTRIBUTE (REVERSE)


☒        OPEN WINDOW win4 AT 20,20
                 WITH 3 ROWS, 10 COLUMNS


☐        OPEN WINDOW win5 AT 20,20
                 WITH 10 ROWS, 10 COLUMNS
                 ATTRIBUTE (RED)


☐        OPEN WINDOW status AT 1,1
                 WITH 10 ROWS, 20 COLUMNS


☐        OPEN WINDOW win7 AT 1,1
                 WITH 5 ROWS, 78 COLUMNS
                 ATTRIBUTE (GREEN, BORDER)
```

Kapitel 10

Menüsteuerungen & Informix-Menus

- ➢ Überblick
- ➢ Ringmenüs
- ➢ Pull-Down Menüs
- ➢ Praktische Organisation
- ➢ Effiziente Implementierung
- ➢ Informix-Menus

Überblick

Das folgende Kapitel beschäftigen sich mit der Thematik Menüprogrammierung. Dabei wird die von Informix unterstützte Philiosophie der Ringleistenmenüs vorgestellt.

Ein Abschnitt beschäftigt sich mit der Realisierung von Pull-Down Menüstrukturen, wobei besonderes Augenmerk auf Benutzerfreundlichkeit und effiziente Implementierung gelegt wird. Auch Vor- bzw. Nachteile beider Menüstrukturen werden dargelegt. Abschließend besprechen wir die sinnvolle Verwendung von Informix-Menus.

Ringmenüs

Unter Ringmenüs verstehen wir die Verwendung **einer** Bildschirmzeile zur Anzeige aller möglichen Menüpunkte. Dabei wandert der Cursor durch Betätigung der Cursortasten bzw. der Leertaste zum nächsten bzw. vorigen Menüpunkt weiter. Eine direkte Anwahl kann auch durch die Eingabe des ersten Menüpunktbuchstabens (oder einer alternativen Taste) erfolgen.

```
ORDERS:    Add-order   Update-order   Find-order   Delete-order   Exit
Enter new order to database and print invoice
-----------------------------------------------------------------------
                             ORDER FORM
-----------------------------------------------------------------------
Customer Number:[           ]  Contact Name:[              ]
   Company Name:[                      ]
       Address:[                      ][              ]
          City:[           ] State:[  ] Zip Code:[     ]
     Telephone:[                      ]
-----------------------------------------------------------------------
Order No:[          ]    Order Date:[         ]   PO Number:[      ]
     Shipping Instructions:[                              ]
-----------------------------------------------------------------------
Item No.  Stock No.  Code   Description   Quantity   Price    Total
[      ] [       ] [    ] [          ] [      ] [      ] [      ] [
[      ] [       ] .[   ] [          ] [      ] [      ] [      ] [
[      ] [       ] [    ] [          ] [      ] [      ] [      ] [
[      ] [       ] [    ] [          ] [      ] [      ] [      ] [
            Running Total including Tax and Shipping Charges:[
=======================================================================
```

Abbildung 10.1: Ringleistenmenü aus der Demoapplikation

Die Standardposition des Ringleistenmenüs ist die erste Bildschirm bzw. Fensterzeile, jedoch kann auch jede andere Bildschirmzeile dazu verwendet werden. Definiert wird die gewünschte Darstellungszeile mit...

```
OPTIONS
  MENU LINE zeilen_nummer
```

Abbildung 10.2: Definition der Menüzeile

Zur Positionierung können auch die Schlüsselwörter *FIRST* und *LAST* in Verbindung mit einer relativen Zeilenangabe verwendet werden.

Zur Darstellung einer Menüleiste wird eine zweite Zeile zur Anzeige des Kurzbeschreibungstextes verwendet. Deshalb ist die Definition der letzten Bildschirmzeile nicht sinnvoll.

Texte zu Menüpunkten bzw. Beschreibungszeilen können seit Release 4.1 auch in der Datenbank hinterlegt sein. Auch die Möglichkeit von benutzerabhängigen Menüpunkten ist gegeben.

```
MENU "BEARBEITEN"
 COMMAND "Abfrage" "Auswertungen zum Kunden"
   CALL abfragen_kunden()

 COMMAND "Weiter" "Zeige nächsten Datensatz"
   CALL zeige_kunden(+1)

 COMMAND "Neustart" "Zeige ersten Datensatz"
   CALL zeige_kunden(0)

 COMMAND "Verändern" "Ändern des aktuellen Datensatzes"
   CALL upd_kunden()
   NEXT OPTION "Zurück"

 COMMAND "Löschen" "Löschen des aktuellen Kunden"

   IF del_kunden() = 1
   THEN
     CALL nachricht(5003)
     OPEN c_kunden
     FETCH NEXT c_kunden INTO gr_kunden.*
   END IF
   NEXT OPTION "Zurück"

  COMMAND "Drucken" "Statistiklisten drucken"
    START REPORT kunde
      OUTPUT TO REPORT kunde(gr_kunden.*)
    FINISH REPORT kunde
    NEXT OPTION "Zurück"

  COMMAND "Zurück" "Verlassen des aktuellen Menüs"
    CLEAR FORM
    EXIT MENU

 COMMAND KEY ("!")
   CALL unix_shell()

END MENU
```

Abbildung 10.3: Beispiel eines Ringleistenmenüs

Auch die Realisierung *unsichtbarer* Menüpunkte ist möglich. Diese Möglichkeit wird oft zur Realisierung eines Betriebssystemaufrufes verwendet. Unter UNIX wird dafür meist das Ausrufezeichen verwendet. Wie definieren zu diesem Menüpunkt keinen Menütext, sondern legen nur das Ausrufezeichen als Auslöser fest.

Eine weitere Anwendungsmöglichkeit wäre, einen Schaltmechansimus zu implementieren, wo beispielsweise mit dem Buchstaben "H" die Hilfeinformation aufgerufen werden kann, ohne das der Menüpunkt im Menü angezeigt wird. Weiterhin wäre ein automatisches Blättern zwischen mehreren geöffneten Fenstern denkbar.

In unserem Beispiel sind Menüpunkte und Menütexte starr in der Applikation hinterlegt. Von dieser Vorgangsweise ist aus Gründen der Wartbarkeit zumindest bei Standardpaketen abzusehen

Pull Down-Menüs

Die Struktur von Pulldown-Menüs wird von der 4GL nicht unterstützt. Die durch Windows mittlerweile zum Benutzerstandard avancierte Menüform lassen Ringmenüs eher alt aussehen, obwohl die Verwendung von Ringmenüs auch Vorteile bringt.

Einer eigenen Implementierung von Pulldownmenüs mit der 4GL steht eigentlich nichts im Wege, wobei mit einigen technischen Tricks auch Strukturen, wie sie unter Windows existieren, realisiert werden können.

```
1 STAMMDATEN 2 VERKAUF    3 LAGER    4 EINKAUF   5 UTILITIES  6 EARBEITEN
---------+--------------- ------------+---------------------------------------
         :   Vkf_beleg erf.   :
         :   Fakt. erstellen  :
         :   Sofortfaktura    :
         :   Nacherfassung    :
         :   verBuchung       :
         :   statistikUpdate  :
         :   Druck belege     :
         :   Ende druck       :
         :   (Q)Auswertungen  :
         :                    :
         +--------------------+
```

Abbildung 10.4: Pulldownmenü

Nahezu jedes Softwarehaus, welches seine Produkte auch mit dem Datenbanksystem Informix vertreibt, besitzt eine umfangreiche Funktionsbibliothek, wo meist auch die Realisierung von Pulldownmenüs enthalten ist. Vor allem zu Beginn von Datenbankprojekten, insbesonders wenn noch keine praktische Erfahrung vorliegt, gilt es nach bereits vorhandenen Funktionsbibliotheken Ausschau zu halten, zumal damit vor allem Zeit (wahrscheinlich auch Kosten) gespart werden kann.

Die folgende Tabelle versucht für beide Implementierungsvarianten Argumente aufzuzeigen.

Argument	*Ringmenü*	*Pulldownmenü*
"Ruhiger" Bildschirm	☒	☐
Bessere Gesamtübersichtlichkeit	☒	☐
Bessere Menüübersichtlichkeit	☐	☒
Für Anwender durch Windows vertraut	☐	☒

Abbildung 10.5: Argumente zur Entscheidung der Menüstruktur

Praktische Organisation

Bei Erwerb einer Standardsoftware wie FIBU, KORE, PPS, WWS werden heute meist folgende Anforderungen an die Benutzerschnittstelle gestellt:

- ❖ Benutzerabhängige Menüs
- ❖ Direktanwahl des Menüpunktes
- ❖ Unterstützung von Hot-Keys
- ❖ Mehrsprachenfähigkeit für Landesgrenzen überschreitende Konzerne
- ❖ online-Hilfesystem

Benutzerabhängige Menüs

Benutzerberechtigungen werden meist in Form von Benutzergruppen definiert. Dabei sollen Menüpunkte, welche für die aktuelle Benutzergruppe nicht erlaubt sind, auf dem Bildschirm auch nicht angezeigt werden. Benutzerberechtigungen werden laufend geändert bzw. ergänzt, sodaß die eigentliche Information der Berechtigungen sicher in der Datenbank abgespeichert wird.

Direktanwahl des Menüpunktes

Ein Menüpunkt soll auch ohne Cursorwanderungen aufrufbar sein, sodaß Tastenkombinationen eine Direktanwahl ermöglichen sollen.

Unterstützung von Hot-Keys

Mit Hot-Keys bezeichnen wir Tasten mit einer fixen funktionalen Belegung. Im Unterschied zur vorgenannten Direktanwahl muß hier das Menü nicht aktiv auf dem Bildschirm sichtbar sein. Meist werden dazu Funktionstasten benutzt. So erhält die 1. Funktionstatse (kurz F1) oft die Funktion der Hilfetaste. Nun soll es jederzeit möglich sein, in zunehmendem Maße auch kontextsensitiv, mit der F1-Taste, das Hilfesystem aufzurufen. Weitere Beispiele für die Verwendung von Hot-Keys sind Funktionen wie *Neuanlegen*, *Löschen*, *Ändern* oder *Suchen*.

```
1.   INPUT num_kunde   WITHOUT DEFAULTS
2.    FROM scr_num_kunde

3.    ON KEY (F1) # Hilfe
4.      CALL hilfe()

5.    ON KEY (F3) # Suchen
6.      IF menu_berecht(nam_menu, suchen)
7.      THEN
8.         CALL suchen()
9.      END IF

10.   ON KEY (F4) # Neuanlegen
11.     IF menu_berecht(nam_menu, neuanlegen)
12.     THEN
13.        CALL neu()
14.        EXIT INPUT
15.     END IF

16.    ON KEY (F10) # Menue
17.      CALL menu(nam_menu)
18.      IF cod_menu != cod_weiter
19.      THEN
20.         EXIT INPUT
21.      END IF

22.    ON KEY (ESC,INTERRUPT) # Abbrechen
23.      IF menu_berecht(nam_menu, unterbrechen)
24.      THEN
25.         EXIT INPUT
26.      END IF
27. END INPUT
```

Abbildung 10.6: Saubere Implementierung mit Benutzerberechtigungen

Ist es dem Benutzer aus dem Menü heraus nicht gestattet den Datensatz zu löschen, so darf auch der dazugehörige Hot-Key nicht ausgewertet werden. Da es unsinnig wäre die Benutzerberechtigungen sowohl für Hot-Keys als auch das Menüsystem doppelt abzuspeichern, muß es eine Verbindung zwischen dem Menüsystem und der Hot-Key Funktion geben. Es ist deshalb eine eigene Funktion zur Prüfung der Berechtigungen zu implementieren, die auf die Erlaubnis einer bestimmten Aktion abprüft. In unserem gezeigten Beispiel erledigt dies die Funktion *menu_berecht()*.

Organisation der Berechtigungstabellen

Für die Organisation von Berechtigungen bzw. Menüstrukturen steht nun wieder eine Reihe von Ansätzen zur Verfügung.

Neben der eigentlichen Implementierung des Menüsystemes gilt es auch die Wartung des Systemes zu überlegen. Dazu wichtig ist auch die Entscheidung, ob der Endanwender selbst Berechtigungen verstellen darf.

Praktische Tips zur Realisierung

Die Größe des aktuellen Pulldown-Fensters sollte stets der Anzahl von aktiven Menüpunkten entsprechen. Da wir beim *OPEN WINDOW* Befehl zur Größendefinition des Fensters auch Variablen verwenden können, bedeutet dies für die Implementierung keine Schwierigkeiten, sieht aber schon optisch professioneller aus.

Grundsätzlich wird zur Programmierung von Übersichten der *DISPLAY ARRAY* Befehl verwendet. Dieser ist durch den *INPUT ARRAY* zu ersetzen, sobald man die Realisierung einer Direktanwahl des Menüpunktes z.B. durch den ersten Buchstaben des jeweiligen Menüpunktes realisieren möchte.

In diesem Falle besitzt unsere dazu notwendige Bildschirmmaske zwei Eingabefelder pro Auswahlzeile, wobei das Feld zur Anzeige des Menüpunktes mit dem Attribut *NOENTRY* versehen wird.

```
DATABASE formonly

SCREEN
{
[e|txt_menu        ]
[e|txt_menu        ]
[e|txt_menu        ]
[e|txt_menu        ]
[e|txt_menu        ]
[e|txt_menu        ]
}
END

ATTRIBUTES
 e =               formonly.zeichen TYPE CHAR;
 txt_menu =        formonly.nam_menu TYPE CHAR;
END

INSTRUCTIONS
 DELIMITERS " "
```

Abbildung 10.7: Maske zur Realisierung von Pulldownmenüs

Vergessen Sie nicht die Feldbegrenzer durch Leerzeichen zu ersetzen, so bleibt das eigentliche Eingabefeld unsichtbar. Um die Optik des Fensters durch das zusätzliche Feld nicht allzusehr zu beeinträchtigen, soll dieses nur ein Zeichen breit sein. Auch kann zwischen den Feldern anstatt zweier aufeinanderfolgender Feldbegrenzer "][" einfach das *Pipezeichen* "|" verwendet werden, sodaß zwischen den Eingabefeldern nur eine Zeichenposition zur Begrenzung benötigt wird.

Ein Pulldownmenü besteht aus einer Menüzeile (z.B. Datei, Bearbeiten, Hilfe), die sämtliche Menügruppen anzeigt, und den eigentlichen Menüpunkten (z.B. Laden, Speichern, Beenden).

Zunächst muß eine Menügruppe gewählt werden, darauf erscheinen alle zu dieser Menügruppe möglichen Menüpunkte. Da diese Menügruppenzeile nach dem Prinzip eines Ringleistenmenüs arbeitet, kann der einfache *MENU* Befehl der 4GL verwendet werden.

Informix-Menus

Dieses Produkt ist eigentlich nur peripher mit der 4GL in Verbindung zu bringen. I-Menus stellt keine eigentliche 4GL-Komponente dar, sondern wird eher für Integrationen von Teilsystemen auf der Shellebene verwendet. Dazu besitzt I-Menus eine shellkonforme Sprache, mit der Teilkomponenten unter eine einheitliche Oberfläche gelegt werden.

Kapitel 11

Bildschirmmasken & Informix 4GL-Forms

- ➢ Überblick
- ➢ Perform
- ➢ Maskenhandling
- ➢ Ein/Ausgaben mit 4GL
- ➢ Array-Masken
- ➢ Variable Feldbezeichnung
- ➢ Query by Example
- ➢ Informix 4GL-Forms
- ➢ Übungen

Überblick

Im folgenden Kapitel beschäftigen wir uns mit der Maskentechnik der 4GL. Im ersten Abschnitt lernen wir die Funktionalität der Maskenbeschreibungssprache zum Maskencompiler *Perform* kennen. Dabei wird die Verwendung der einzelnen Feldattribute in Bezug auf Wartbarkeit und Programmierrichtlinien besprochen.

Der zweite Abschnitt beschäftigt sich mit dem Einsatz von I-4GL Forms zur Erstellung einer gesamten Wartungslogik aus der Definition von einzelnen Bildschirmmasken heraus.

Perform

Mit *Perform* wird der Maskencompiler der 4GL bezeichnet. Eine Maske entspricht einer physischen Datei, wobei jede Maske einzeln übersetzt werden kann. Die Maske ist also getrennt vom eigentlichen Programm abgespeichert.

Die Beschreibung einer Bildschirmmaske erfolgt im Texteditor und besteht aus definierten Abschnitten

- ❖ DATABASE
- ❖ SCREEN
- ❖ TABLES
- ❖ ATTRIBUTES
- ❖ INSTRUCTIONS

Zumindest die Abschnitte DATABASE, SCREEN und ATTRIBUTES sind zur Beschreibung unbedingt notwendig.

In der Praxis verwenden wir den Maskengenerator der Entwicklungsumgebung um eine Standardmaske zu generieren. Dazu sind nur wenige Eingaben (Maskenname, Datenbank & Tabellennamen) notwendig. Als Feldbezeichner dienen dabei die Attributnamen der Datenbanktabellen.

```
database hasy
screen size 24 by 80
{
id_artikel          [f000           ]
cod_artikeltext     [f001 ]
cod_bestand         [f002 ]
cod_bewertung  ·    [f003 ]
cod_db              [f004 ]
cod_evidenz_vk      [f005 ]
jn_charge           [f006 ]
jn_setartikel       [f007 ]
jn_zusartikel       [f008 ]
jn_skonto           [f009 ]
nam_suchbegriff     [f010           ]
unt_mwst            [f011       ]
unt_rabattgruppe    [f012       ]
dat_loesch          [f013     ]
dat_aend            [f014               ]
id_mitarb           [f015       ]
dat_neu             [f016                 ]
}
end

tables
artikel
attributes
f000 = artikel.id_artikel;
f001 = artikel.cod_artikeltext;
f002 = artikel.cod_bestand;
f003 = artikel.cod_bewertung;
f004 = artikel.cod_db;
f005 = artikel.cod_evidenz_vk;
f006 = artikel.jn_charge;
f007 = artikel.jn_setartikel;
f008 = artikel.jn_zusartikel;
f009 = artikel.jn_skonto;
f010 = artikel.nam_suchbegriff;
f011 = artikel.unt_mwst;
f012 = artikel.unt_rabattgruppe;
f013 = artikel.dat_loesch;
f014 = artikel.dat_aend;
f015 = artikel.id_mitarb;
f016 = artikel.dat_neu;
end
```

Abbildung 11.1: Generierte Maskenbeschreibungsdatei

Der DATABASE-Abschnitt

In diesem Abschnitt wird die verwendete Datenbank spezifiziert. Diese Datenbank. Werden keine Daten aus der Datenbank angezeigt, so ist auch die Eingabe des Schlüsselwortes *FORMONLY* erlaubt.

Der SCREEN-Abschnitt

Im SCREEN-Abschnitt wird das Bildschirmlayout der Maske definiert. Anfang und Ende des Abschnittes werden durch ein Paar geschwungener Klammern gekennzeichnet. Alle Zeichen zwischen diesem Klammernpaar werden bis auf eine Ausnahme direkt auf dem Bildschirm ausgegeben.

Diese Ausnahme sind die Feldbegrenzer der Eingabefelder, dargestellt durch ein Paar eckige Klammern. Der Abstand zwischen den Feldbegrenzern definiert somit die Anzahl der erlaubten Eingabezeichen des Eingabefeldes.

Zwischen den Feldbegrenzern werden Feldbezeichner hinterlegt. Diese Feldbezeichner stellen die Verbindung zum Attributes-Abschnitt her, wo Attribute zu den Eingabefeldern hinterlegt werden.

Grafiksymbole in Masken

Prinzipiell steht dem Programmierer zur Gestaltung seiner Bildschirmmasken der gesamte ASCII-Zeichensatz (8-bit) zur Verfügung. Somit können auch diverse Rahmen gezogen werden, um die Maske klarer zu strukturieren. Da viele UNIX-Editoren aus welchen Gründen auch immer Probleme haben, solche Zeichen eingeben zu lassen, verfügt Informix-4GL über eine eigene Rahmentechnik. Dabei entspricht jede Ecke eines Rahmens einem Buchstaben.

Für vertikale bzw. horizontale Linien werden das Minuszeichen bzw. das Pipezeichen verwendet. Dargestellt wird dieses Rechteck dann als durchgehender Rahmen, wenn vor einer gewünschten durchgehenden Linie der Grafikmodus mit der Sequenz \g eingeschalten wird.

Der Quellcode...

```
. . .
SCREEN
{
\gp-------------\gKundenverwaltung\g--------------------q\g
\g|                                                    |\g
\g|                                                    |\g
\g|                                                    |\g
\g|                                                    |\g
\g|                                                    |\g
\gb--------------------------------------------------d\g
}
. . .
```

liefert auf dem Bildschirm...

Der TABLES-Abschnitt

In diesem Abschnitt werden die in der Maske verwendeten Tabellen angegeben. Befindet sich die Datenbank im ANSI-Betrieb, so muß zu jeder Datenbanktabelle auch der Eigentümer angegeben sein. Dabei können in der Maskendatei *aliasnamen* zu den Tabellen vergeben werden, welche im weiteren Verlauf für die weitere Referenzierung maßgeblich sind.

```
. . .
TABLES
   kunden = hubert.kunden,
   auftrag = manfred.auftrag
. . .
```

Abbildung 11.2: Der TABLES-Abschnitt in Betriebsart ANSI

Der ATTRIBUTES-Abschnitt

Hier werden einerseits die Verbindungen der Ein/Ausgabefeldern zu Datenbankfeldern festgelegt, als auch individuelle Attribute zu den einzelnen Bildschirmfeldern festgelegt.

Mehrdeutige Spaltennamen

Bei Masken, welche mehrere Tabellen verwenden, muß zu einem Maskenfeld nicht nur das Tabellenattribut, sondern auch der Tabellenname, hinterlegt werden. Dies ist notwendig, damit der Maskencompiler eine eindeutige Zuordnung treffen kann.

```
tables
        auftrag,
        artikel

attributes
f000 = auftrag.dat_neu;
f001 = artikel.dat_neu;
...
end
```

Abbildung 11.3: Eindeutigkeit durch Tabellennamen

Feldattribute

Das Maskensystem kennt eine Menge von Feldattributen, welche in den folgenden Tabellen kurz beschrieben werden. Zunächst wollen wir aber klären, wo und wie wir diese Attribute plazieren.

Dies geschieht im Attribut-Abschnitt und zwar unmittelbar nach dem Verweis auf die Tabellenspalte. Mehrere Attribute werden durch Kommata voneinander getrennt aufgelistet.

```
a40=FORMONLY.stz_mwst TYPE DECIMAL, FORMAT="--&.&&",
        NOENTRY, COLOR=YELLOW;
a41=FORMONLY.bet_mwst TYPE DECIMAL, NOENTRY, COLOR=YELLOW;
a42=FORMONLY.bet_brutto TYPE DECIMAL, COLOR=YELLOW;
```

Abbildung 11.4: Hinterlegung mehrerer Feldattribute

Neben der Eintragung der Attribute in die Maskendatei gibt es auch die Möglichkeit, Attribute im Data Dictionary festzuhalten und bei Bedarf diese Eintragungen
zu referenzieren. Dazu aber im Anschluß an die folgende Tabelle.

Attribut	*Beschreibung, Bemerkungen*
AUTONEXT	veranlaßt den Cursor bei Erreichung der letzten Zeichenposition eines Eingabefeldes automatisch in das nächste Feld zu springen
COLOR	Mit COLOR definieren wir die Bildschirmfarbe zum Eingabefeld. Dazu wird auf TERMCAP/TERMINFO-Einträge zugegriffen. Um Farbkonflikte zu vermeiden, sollte man für jede Plattform eine Standard-Termcapdatei definieren. Die Farbdarstellung kann auch in Abhängigkeit der Benutzereingaben erfolgen (WHERE -Bedingung)
COMMENTS	Mit der COMMENTS-Anweisung kann zum Eingabefeld ein Eingabekommentar(Hilfetext) hinterlegt werden. Dieser Text wird automatisch eingeblendet, wenn der Cursor das entsprechende Bildschirmfeld erreicht. Von der Hinterlegung solcher Texte in den Maskenbeschreibungsdateien ist aber aus einigen Gründen abzusehen. Texte sollten generell nicht redundant abgespeichert werden, um die konsistente Benutzerführung zu gewährleisten. Bei Applikationen, die unterschiedliche Sprachen unterstützen sollen, erhöht sich dadurch der Übersetzungsaufwand. In diesem Falle ist eine Lösung mit Hinterlegung des Kommentares in der DB aus Wartungsgründen vorzuziehen.
DEFAULT	DEFAULT dient zur Hinterlegung eines Defaultwertes zum Eingabefeld.

Attribut	Beschreibung, Bemerkungen
FORMAT	Dieses Attribut beeinflußt die Darstellung von Zehleninformationen auf dem Bildschirm. Dazu wird ein Formatierungsstring, welcher aus bestimmten Zeichen definert sein muß, verwendet. # - steht für eine Ziffer . - entspricht dem Dezimalpunkt alle anderen Zeichen werden 1:1 wiedergegeben Auch Datumswerte werden mit diesem Attribut formatiert. dd - Tag in Ziffern ddd - Tag in Kurzschreibweise (Mon, Tue, ... **englisch!**) mm - Monat in Ziffern mmm - Monat in Kurzschreibweise (Jan, Feb, ... **englisch!**) yy - Jahreszahl zweistellig (89, 90, 91, ...) yyyy - Jahreszahl vierstellig Der Formatstring dient lediglich zur Darstellung. Der abgespeicherte Wert wird dabei nicht verändert.
INCLUDE	Mit INCLUDE definieren wir zu einem Eingabefeld erlaubte Eingabewert. Dazu können wir die erlaubten Werte durch Aufzählung oder aber durch Bereichsangaben bzw. gemischt festlegen. Das Maskensystem prüft bei Ausstieg des Benutzers aus dem Eingabedialog, ob alle Werte in den definierten Bereichen liegen und verhindert einen Ausstieg aus dem Maskensystem, solange ein Feld dem geforderten Wertebereich nicht entspricht.
NOENTRY	Verhindert die Anwahl des Maskenfeldes durch den Benutzer

Attribut	**Beschreibung, Bemerkungen**

PICTURE	Formatierungsanweisung für Zeichenketten
	
	    # - steht für eine Ziffer
	
	    A - steht für einen Buchstaben
	
	    X - steht für ein Zeichen
	
	Diese Definition gilt nicht rein zur Darstellung, sondern dient auch als Eingabefilter. Alle Zeichen der PICTURE-Anweisung werden in der Datenbank mitgespeichert.

PROGRAM	Mit diesem Attribut wird eine Verbindung zu einem Anwendungsprogramm hergestellt. Damit kann während einer Maskeneingabe in diese Anwendung verzweigt werden, der BLOB wird der Anwendung zur weiteren Bearbeitung übergeben.
REQUIRED	Eingabezwang
REVERS	Revers-Darstellung des Eingabefeldes
UPSHIFT & DOWNSHIFT	Automatische Konvertierung von Groß- auf Kleinbuchstaben und umgekehrt
VERIFY	Verlangt nach doppelter Eingabe. Die beiden Eingaben werden miteinander verglichen und erst bei Gleichheit akzeptiert. Zur Anwendung kommt dieses Attribut bei Eingaben, die große Konsequenzen nach sich ziehen.

Hinterlegung im Data-Dictionary

Die Erfassung sämtlicher Attribute erfolgt mit dem Dienstprogramm *upscol*. Dieses ist ein fixer Bestandteil des 4GL-Produktes. Auf diese Einträge wird bei der Übersetzung einer Maskendatei zugegriffen. Für den Fall, daß in der Maskenbeschreibungsdatei zusätzliche Einträge vorhanden sind, so haben diese Einträge höhere Priorität.

```
ATTRIBUTE:   Blink  Color  Fmt  Left  Rev  Under  Where  Discrd_Exit  Exit_Set
Set Field blinking attribute.

----------- wawi:kunden:kurzbez ----------- Press CTRL-W for Help --------


         Blink: y
         Color: Magenta
         Underline: n
         Left Justified: y
         Reverse: y
         default format:

         where:
            kurzbez = "INTERN"
```

Abbildung 11.5: Das Dienstprogramm upscol

Der INSTRUCTIONS-Abschnitt

Dieser Abschnitt stellt die Verbindung zur eigentlichen Programmlogik her. Dazu werden sogenannte SCREEN-RECORDS definiert, welche vom 4GL-Programm als Datenschnittstelle zur Ein/Ausgabe fungieren.

Es dürfen beliebig viele SCREEN-RECORDS definiert werden. Die Definition erfolgt durch Auflistung aller für die Eingabe gewünschten Datenfelder.

```
...
INSTRUCTIONS

SCREEN RECORD scr_kunde (num_kunde, nam_adresse1, nam_adresse2,
nam_plz)
SCREEN RECORD suche_kunde (num_kunde, nam_adresse, nam_plz)
...
```

Abbildung 11.6: Definition von SCREEN RECORDS

Für die Eingabe in Tabellenform wird der Screenrecord mit einem Index versehen, welcher die Anzahl der Bildschirmzeilen zur Eingabe festlegt.

```
DATABASE hasy


SCREEN
{
 Kunde                    Belegnr Belegdatum Belegtext
-------------------------------------------------------------------
[f|nam_rs1               |num_bel|dat_beleg |txt_beleg                ]
[f|nam_rs1               |num_bel|dat_beleg |txt_beleg                ]
[f|nam_rs1               |num_bel|dat_beleg |txt_beleg                ]
[f|nam_rs1               |num_bel|dat_beleg |txt_beleg                ]
[f|nam_rs1               |num_bel|dat_beleg |txt_beleg                ]
[f|nam_rs1               |num_bel|dat_beleg |txt_beleg                ]
[f|nam_rs1               |num_bel|dat_beleg |txt_beleg                ]
[f|nam_rs1               |num_bel|dat_beleg |txt_beleg                ]
[f|nam_rs1               |num_bel|dat_beleg |txt_beleg                ]
[f|nam_rs1               |num_bel|dat_beleg |txt_beleg                ]
}
END


TABLES
  adresse
  belkopf
  belsuch
END
ATTRIBUTES

  f =            formonly.txt_frei;
  nam_rs1 =      adresse.nam_rs1, NOENTRY;
  num_bel =      belkopf.num_beleg, NOENTRY;
  dat_beleg =    belkopf.dat_beleg;
  txt_beleg =    formonly.txt_beleg, NOENTRY;

END
INSTRUCTIONS
  SCREEN RECORD s_jvbu[10](formonly.txt_frei
                     thru
                     formonly.txt_beleg)
END
```

Abbildung 11.7: Maske zur Beleganwahl

Es existiert zu jeder Maske mit nur einer Tabelle ein Default-Screenrecord, der nicht definiert werden muß. Dieser umfaßt alle Felder der Maske und ist nach der Tabelle benannt.

Maskenhandling

Dieser Abschnitt beschäftigt sich mit den Möglichkeiten zur Realisierung der Benutzerschnittstelle mit dem 4GL-System.

☞ Die Programmierung der Benutzerschnittstelle verursacht meist den größten Teil der Entwicklungskosten (Programmieraufwand, Testaufwand !). Deshalb gilt es gerade dieser Aufgabe bei Beginn eines Projektes große Aufmerksamkeit zu widmen. Wichtige Überlegungen zur Planung finden Sie im Kapitel 17, *Minimierung der Entwicklungskosten.*

Befehle zur Maskenbearbeitung	
OPEN FORM	Liest eine Maskendatei von der Platte in den Hauptspeicher ein. Gleichzeitig wird ein logischer Maskenname zugeordnet. Einer Maske können beliebig viele logische Namen zugeordnet werden.
DISPLAY FORM	Zeigt eine zuvor gelesene Bildschirmmaske auf den aktuellen Bildschirmbereich. Dieser kann der SCREEN oder ein gewünschtes Bildschirmfenster sein.
CLEAR FORM	Löscht den Inhalt der Eingabefelder.
CLOSE FORM	Gibt den durch das Einlesen der Maske reservierten Speicher wieder frei[5]

Abbildung 11.8: Eröffnen, anzeigen, löschen & schließen von Masken

Die genaue Syntax entnehmen Sie bitte dem *4GL-Reference Manual.* Wichtig für die Programmierung ist die Tatsache, daß die Maske zum Zeitpunkt der Aufgabe *aktiv* sein muß. Welche Maske aktiv ist, wird einerseits von der Reihenfolge des

---

[5] Die Freigabe der Resourcen erfolgt zwar automatisch, wenn ein 4GL-Programm beendet wird, jedoch ist eine Implementierung der Freigabe auf jeden Fall sauberer und somit empfehlenswert.

Anzeigens von Masken, als auch andererseits vom verwendeten Bildschirmfenster bestimmt. Eine Maske kann immer nur dann aktiv sein, wenn auch das dazugehörige Fenster aktiv ist.

Eine Maske muß vor der Anzeige auf dem Bildschirm mit der *OPEN FORM* Anweisung gelesen werden. Eine Alternative dazu stellt die Maskendarstellung in Kombination mit einem Bildschirmfenster dar. Dabei kann dem OPEN WINDOW Befehl der Maskenname übergeben werden, welcher die Bildschirmmaske bei Eröffnung des Fensters automatisch anzeigt. Beim Schließen des Fensters wird die Maskenresource automatisch freigegeben.

Jede dieser beiden Varianten besitzt Vorteile. Betrachten wir die saubere Implementierung beider Varianten

```
#
# Variante 1
#
FUNCTION open_var_1()
 IF wa_grund_geo = 0
 THEN
   OPEN WINDOW wa_grund  AT 4,2
      WITH 12 ROWS, 50 COLUMNS
      ATTRIBUTE ( FORM LINE 1,
                  PROMPT LINE LAST,
                  MESSAGE LINE LAST,
                  COMMENT LINE LAST,
                  BORDER )
   IF status < 0
   THEN
     LET g.cod_return = rc_unterbr
     RETURN
   END IF
   IF wa_gr_geladen = 0
   THEN
     OPEN FORM wa_grund  FROM "stamm/wart_grund"
   END IF
   IF status < 0
   THEN
     CLOSE WINDOW wa_grund
     LET g.cod_return = rc_unterbr
     RETURN
   ELSE
     LET wa_gr_geladen = 1
   END IF
   DISPLAY FORM wa_grund
   IF status < 0
   THEN
     CLOSE WINDOW wa_grund
     LET g.cod_return = rc_unterbr
     RETURN
   END IF
   LET wa_grund_geo = 1
  END IF
END FUNCTION
```

```
FUNCTION close_var_1()
  IF wa_grund_geo = 1
  THEN
    CLOSE WINDOW "wa_grund"
  END IF
END FUNCTION

FUNCTION close_mask_var_1()
  IF wa_gr_geladen = 1
  THEN
    CLOSE FORM wa_grund
  END IF
END FUNCTION
```

Abbildung 11.9: Maske wird explizit gelesen

Diese Variante der Implementierung hat den Vorteil, daß die Maskendatei nur einmal von der Platte gelesen werden muß. Dazu wird eine Modulvariable (*wa_gr_geladen*) verwendet, die den *Lesestatus* der Maske enthält. Zusätzlich muß hier eine Function implementiert werden, welche die Freigabe der Maskenressource erledigt. Nachteilig bei dieser Variante ist die Tatsache, daß eine Größenänderung der Bildschirmmaske einen Eingriff in den 4GL-Quellcode verlangt. Diesen Umstand umgehen wir mit Variante 2.

```
#
# Variante 2
#
FUNCTION open_var_2()
  IF wa_grund_geo = 0
  THEN
    OPEN WINDOW wa_grund  AT 4,2
      WITH FORM "stamm/wa_grund"
       ATTRIBUTE ( FORM LINE 1,
                   PROMPT LINE LAST,
                   MESSAGE LINE LAST,
                   COMMENT LINE LAST,
                   BORDER )
    IF status < 0
    THEN
      LET g.cod_return = rc_unterbr
      RETURN
    ELSE
      LET wa_grund_geo = 1
    END IF
  END IF
END FUNCTION

FUNCTION close_var_2()
  IF wa_grund_geo = 1
  THEN
    CLOSE WINDOW "wa_grund"
  END IF
END FUNCTION
```

Abbildung 11.10: Maske wird implizit geladen, angezeigt und freigegeben

Bei dieser Variante wird die Größe des Bildschirmfensters erst zur Laufzeit in Abhängigkeit der verwendeten Maske bestimmt. Auch die Steuerung sieht hier einfacher aus. Zwar ist diese Variante zumindest bei wiederholtem Einblenden etwas langsamer, in der Praxis aber aus Gründen der Wartbarkeit auf jeden Fall vorzuziehen.

Ein/Ausgaben mit 4GL

Eingaben mit Bildschirmmasken werden mit der INPUT Anweisung programmiert. Der Befehl verbindet die in der Maskenbeschreibungsdatei definierten SCREEN RECORDS mit den eigentlichen Programmvariablen. Für Ausgaben steht dann der DISPLAY Befehl zur Verfügung.

Informix 4GL unterscheidet zwischen feldorientierten und zeilenorientierten Eingaben. Mit zeilenorientierten Eingaben können ganze Arrays eingegeben werden. Die Befehle dazu lauten dann INPUT ARRAY und DISPLAY ARRAY.

Array-Masken

Unter ARRAY-Masken verstehen wir solche, welche eine tabellarische Eingabe oder Übersicht gestatten. Beispiele: Selektionen, Erfassung von Auftragspositionen.

```
Lieferdatum  Zeit   PLZ   Baustelle/Kunde                  Belegnr Transgrp.
-------------------------------------------------------------------------------
1993-10-19 14:00 110)     Lebensorger Reinhard             810254 LKW
1993-11-17 nachm 120)     Buchberger Gerald                800284 LKW
           13:00 230)     Bauhof Oberlaa/Krenn Baldur      810030 Tank
```

Abbildung 11.11: Maske zur Auswahl von Lieferterminen

Hier müssen alle anzuzeigenden Werte zuvor in ein Programmvariablenarray eingelesen sein. Der Inhalt wird dann über den *SCREEN RECORD* zur Anzeige gebracht. Damit der Entwickler auf verschiedene Ereignisse zeilenabhängig reagieren kann, stellt die 4GL einige Standardfunktionen zur Verfügung.

Funktion	Erklärung	Anwendungen
scr_line()	liefert die aktuelle Bildschirmzeile des Cursors	Wenn die aktuelle Bildschirmzeile optisch verändert werden soll. **Beispiel**: bei Anwahl mit <RETURN> soll die gewählte Zeile revers dargestellt werden
arr_curr()	liefert den aktuellen Arrayindex	Wenn auf das augenblicklich auf dem Schirm angezeigte Variablenelement zugegriffen werden soll. **Beispiel**: Returniere die gewählte Kundennummer
arr_count()	liefert die Anzahl der im Array belegten Records	Wenn festgestellt werden muß, wieviele Elemente in einem Porgrammarray vorhanden sind. **Beispiel**: Bei der Erfassung von Auftragspositionen sollen nur jene Zeilen gespeichert werden, welche auch tatsächlich erfasst wurden.

Abbildung 11.12: Funktionen zur Array-Verwaltung

Variable Feldbezeichnung

Vor allem internationale Datenbanklösungen verlangen nach variablen Maskenfeldbezeichnungen. Hier gibt es wieder zwei alternative Wege zur Auswahl. Entweder man erzeugt die Maskenbeschreibungsdateien für jede Sprache individuell, oder man holt auch die Maskenfeldnamen aus der Datenbank.

Sollten Sie sich für die Variante mit je einer Maskenbeschreibungsdatei pro Sprache entscheiden, so bedenken Sie auch, bei der Anforderung des Dolmetschers, einen mit *vi*-Kenntnissen zu bestellen. Derer gibt es gar nicht so viele...

Werden auch Feldbezeichnertexte aus der Datenbank gelesen, so sollte bei der Gestaltung auf den folgenden Umstand Rücksicht genommen werden.

In der Maskenbeschreibungsdatei muß jedes Ein/Ausgabefeld durch die Feldbegrenzer "[" bzw. "]" begrenzt sein. Nun würde es wohl unmöglich aussehen, wenn diese Klammern auch um die Feldtexte dargestellt werden würden...

```
[Kundennummer    ] [              ]
[Kundenname      ] [             ]
[Telefonnummer   ] [             ]
```

Abbildung 11.13: Feldtexte aus der Datenbank

Die Feldbegrenzer (Delimiter) können zwar in der Maskenbeschreibungsdatei im INSTRUCTIONS-Abschnitt umdefiniert werden, jedoch gelten diese dann generell. Daher entweder Feldbegrenzer immer sichtbar oder immer unsichtbar.

In der Praxis werden Feldbegrenzer häufig durch Leerzeichen ersetzt.

```
...
INSTRUCTIONS
  DELIMITERS "  "
...
```

Abbildung 11.14: Feldbegrenzer werden nicht angezeigt

Query by Example

Unter *Query by example* (QBE) verstehen wir die Technik, Daten mit Abfragekriterien zu suchen. Diese Abfragekriterien werden in der Maske hinterlegt. Es kommt also zu einer *Suche nach Musterdaten*. Informix-4GL stellt dazu den CONSTRUCT Befehl zur Verfügung. Dieser generiert zur Bildschirmeingabe eine WHERE-Bedingung, die wir in einem folgenden Select Befehl zur Eingrenzung der zu lesenden Datensätze verwenden.

Zur Eingabe des Suchmusters unterstützt der CONSTRUCT Befehl einige Operatoren, welche zur Angabe von Bereichen, Mengen etc. dienen. In der folgenden Abbildung sehen wir einen aktiven CONSTRUCT, wobei das aktuelle Feld automatisch erweitert wird, wenn die Definition der Suchkriterien mit der Standardfeldbreite nicht auskommt. Diese Erweiterung erfolgt immer in der letzten Fensterzeile.

```
    Kundennummer        [1000000:2]
    Kundenname          [A*                    ]
    Telefonnummer       [                      ]

[1000000:2000000                                                    ]
```

Abbildung 11.15: Erweiterung des aktuellen Bildschirmfeldes

Der CONSTRUCT Befehl liefert dazu den String...

```
num_kunde BETWEEN 1000000 AND 20000000 AND nam_kunde MATCHES
"A*"
```

...den wir im Programm zum SELECT Befehl hinzufügen...

```
DEFINE where_klause    CHAR(500)
...
CONSTRUCT BY NAME where_klause ON kunden.*

# Hat der Anwender unterbrochen ?
IF INT_FLAG = TRUE THEN
  LET INT_FLAG = FALSE
  CALL fehler(6020)     # CTRL-C gedrueckt
  RETURN
END IF

LET select_string = "SELECT * FROM kunden WHERE ",
                    where_klause CLIPPED,
                    " ORDER BY 1"

PREPARE select_kunden FROM select_string
DECLARE c_kunden CURSOR WITH HOLD FOR select_kunden

# Cursor eröffnen
OPEN c_kunden
...
```

Abbildung 11.16: Beispiel zur CONSTRUCT-Verwendung

Leider ist dieser Befehl nur für **eine** Tabelle zu verwenden. Außerdem erlaubt es
das relationale Datenbankschema nicht, Daten redundant zu speichern, welches der
CONSTRUCT eigentlich voraussetzt. Zum besseren Verständnis betrachten wir ein

Beispiel:

Zu einem Kunden soll das Heimatland gespeichert werden. Sicher wird in der Tabelle nicht einfach das Wort "Österreich" oder "BRD" abgelegt werden. Die Information wird vielmehr in Stammdatentabellen hinterlegt, jedes Land erhält einen

Code. z.B. Österreich=1, BRD=2 usw, welcher in der Kundentabelle hinterlegt wird. Nun gelingt es dem CONSTRUCT nicht, die Beziehung zwischen der Kunden & Stammdatentabelle herzustellen. Der CONSTRUCT könnte hier nur über den Code eingrenzen, der Anwender sieht diese Codes aber nicht. Es ist mit dem Umfang größerer Applikationen auch gar nicht zumutbar, daß der Anwender solche Codes auswendig weiß, da es sich dabei meist um einige Tausend handelt.

Aus Gründen einer konsistenten Benutzerführung sollten wir nicht in Versuchung kommen, überall dort, wo der CONSTRUCT ausreicht, diesen auch zu verwenden und an allen anderen Stellen selbst auszuprogrammieren.

Hier muß wohl an einem allgemein verwendbaren Konzept gearbeitet werden. Ein solches Konzept wollen wir in den folgenden Abschnitten besprechen. Wie schon zuvor besprochen, sollen Daten nicht redundant, sondern mit Codes abgespeichert werden.

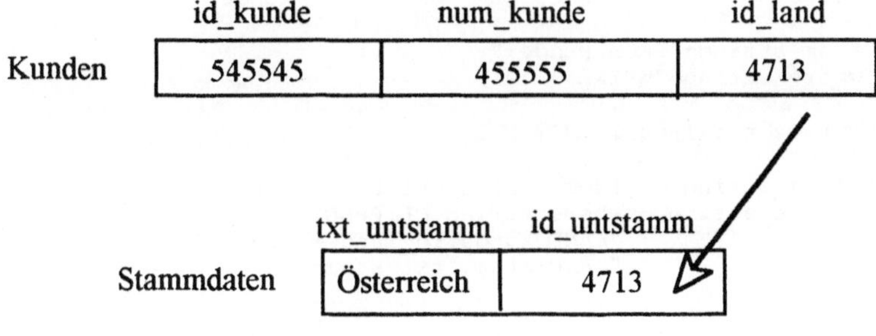

Abbildung 11.17: Verknüpfung von Tabellen

Unsere Suchfunktion soll es dem Benutzer gestatten, Kundendaten nach der Kundennummer **oder/und** nach dem Land einzuschränken. Unsere SELECT-Anweisung muß wie folgt aussehen...

```
SELECT kunde.*
  FROM kunde, OUTER (stamm)
 WHERE
       kunde.num_kunde = abfrage.num_kunde
       AND
       kunde.id_land = stamm.id_stamm
       AND
       stamm.txt_stamm = abfrage.txt_land
```

Abbildung 11.18: Der gesuchte Select

Wir programmieren einen ganz normalen INPUT. Daten stehen nach der Eingabe in den Variablen abfrage.num_kunde & abfrage.txt_land zur Verfügung. Ziel ist es, mit diesen Variablen einen String mit allen Bedingungen zu erzeugen. Dieser wir anschließend prepared und zur Ausführung gebracht.

Definieren wir je einen String für die Select, From und Where-Klausel. Der Select-Klausel werden die zu lesenden Datenfelder angegeben. Bei der From-Klausel gilt es zunächst zu entscheiden, welche Tabellen benötigt werden.

Konkret für unser Beispiel:

Die Tabelle *stamm* wird nur benötigt, wenn im INPUT ein Land vorgegeben wurde. Wir prüfen, ob ein Wert für das Land eingegeben wurde, und entscheiden damit, ob wir die Verbindung von der Kundentabelle in die Stammtabelle benötigen.

```
...
LET select_string= "SELECT num_kunde, tel_kunde "

LET from_string="FROM kunde "
LET where_string="WHERE "

IF abfrage.txt_land IS NOT NULL
THEN
 LET from_string  = from_string CLIPPED, ", stamm"
 LET where_string = where_string CLIPPED,
                    " AND kunde.id_land = stamm.id_stamm ",
                    " AND stamm.txt_stamm = ", abfrage.txt_stamm
END IF

LET select_string = select_string CLIPPED, " ",
                    from_string CLIPPED, " ",
                    where_string CLIPPED

PREPARE select_kunden FROM select_string
DECLARE c_kunden CURSOR WITH HOLD FOR select_kunden

 # Cursor eröffnen
 OPEN c_kunden
...
```

Abbildung 11.19: Zusammensetzen eines SELECT-Strings

Das "Zusammenstückeln" des Selects muß nun für jedes Abfragefeld durchgeführt werden. Bei Zuweisungen von Textstrings an die 3 Klauseln muß man beobachten, daß die SELECT-Syntax nicht verletzt wird. Durch die concatenatin von Strings werden Häufig die für die Syntax notwendige Leerzeichen übersehen.

```
1. IF abfrage.txt_land IS NOT NULL
2. THEN
3.    LET from_string  = from_string CLIPPED, ", stamm"
4.    LET where_string = where_string CLIPPED,
5.       "AND kunde.id_land = stamm.id_stamm",
6.       "AND stamm.txt_stamm = ", abfrage.txt_stamm
7. END IF
```

Abbildung 11.20: Syntaktische Fehler durch Stringoperationen

Zeile 5 endet ohne Leerzeichen, Zeile 6 beginnt ohne Leerzeichen. Dies verursacht einen syntaktischen Fehler, welcher erst zur Laufzeit auftritt. Solche Programmteile sind deshalb sehr genau zu testen. Dabei sollten alle möglichen Kombinationen von konkatenationen ausgetestet werden.

Bei komplexeren Abfragen kommt es öfters auch deshalb zu syntaktischen Fehlern, da der SELECT-String zu kurz definiert wird und die max. Länge bei Eingabe vieler Abfragekriterien überläuft. Speziell bei jeder Erweiterung der Abfragekriterien gilt es die Gesamtlänge des Strings zu prüfen.

Informix 4GL-Forms

Das Produkt I-4GL-Forms wurde von der Firma FourGen (USA) entwickelt und wird seit Auslieferung der Version 4.00 zum Kauf angeboten. Bei diesem Produkt handelt es sich einserseits um eine Ergänzung der von Informix definierten Maskensprache, als auch andererseits um ein Werkzeug, das versucht, die Entwicklungszeit von Bildschirmmasken und den damit vorhandenen INPUT-Anweisungen zu verkürzen.

Folgende Komponenten stehen mit 4GL-Forms zur Verfügung:

❖ Maskeneditor (Formpainter)

❖ Codegenerator

❖ Hilfstexteditor

Wir werden anhand einiger Bildschirmmasken die Einsatzmöglichkeiten bzw. den damit verbundenen Aufwand kennenlernen, um so die praktische Verwendbarkeit in anderen Projekten abschätzen zu können.

Organisatorisches Umfeld für I-Forms

Um einen optimalen Ablauf zu gewährleisten, sollte ein 4GL-Projekt wie folgt organisiert sein:

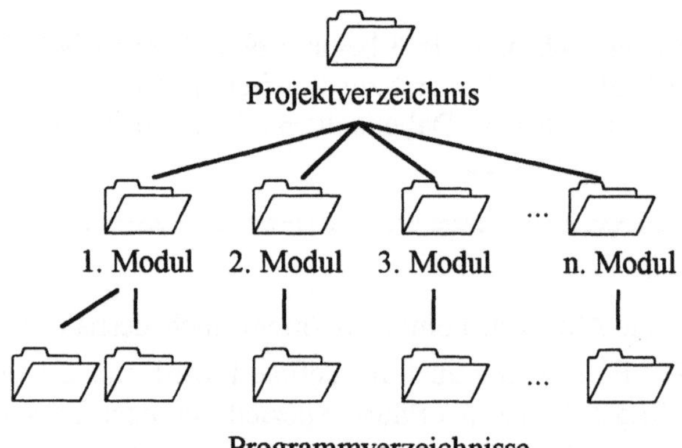

Abbildung 11.21: Empfehlenswerte Dateistruktur

Jedem 4GL-Projekt wird ein eigenes Projektverzeichnis zugeordnet. Der Quellcode wird hierarchisch abgelegt. Zur besseren Übersichtlichkeit empfiehlt es sich, den Quellcode einzelnen "logischen" Modulen (Einkauf, Verkauf, Lager, ...) zuzuordnen. Programmverzeichnisse enden auf *.4gs*, Modulverzeichnisse auf *.4gm*.

☞ In der Entwicklungsumgebung der 4GL besteht ein Programm aus mehreren Modulen. Hier besteht ein "logisches" Modul (Einkauf, Verkauf, Stammdaten, ..) aus den dazugehörigen Programmen.

Unter der Annahme, daß unsere Applikation *wawi* aus den "logischen" Modulen Stammdaten, Einkauf, Lager und Verkauf besteht, erhalten wir folgende Struktur:

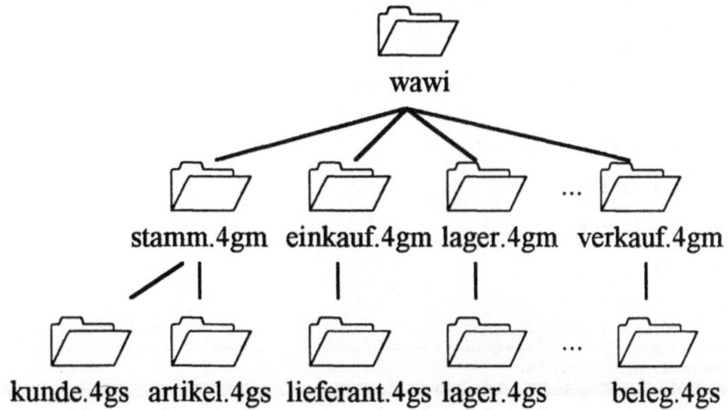

Abbildung 11.22: Dateistruktur

Die Unterteilung in einzelne Module bringt vor allem eine bessere Übersichtlichkeit.

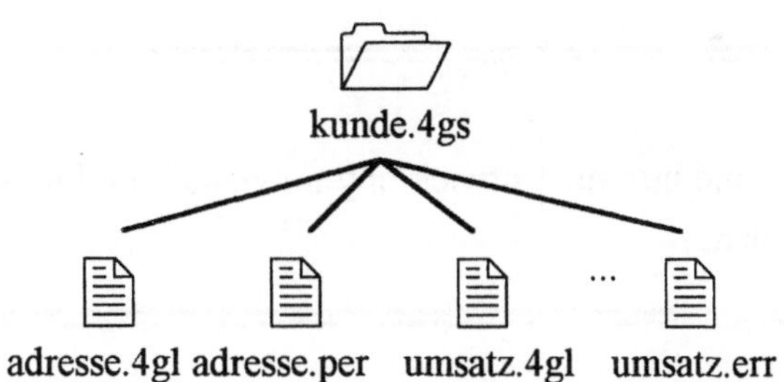

Abbildung 11.23: Inhalt eines Programmverzeichnisses

Das Programmverzeichnis zum Quellcode dient auch als Arbeitverzeichnis. So werden auch Fehlermeldungsdateien des Compilers bzw. erzeugter Quellcode in diesen Verzeichnissen abgelegt.

Definieren wir Bildschirmmasken, so wird auf die obgenannte Struktur zugegriffen.

```
 Enter the Database and Program Environment
 Press: [ESC] to Select  [DEL] to Cancel
 ===========================================================================
 ------------------------- Database Selection ---------------------------

    Database    : wawi

 --------------------- Application/Program Selection --------------------


    Application : /usr/informix5.0/wawi

    Module      : einkauf

    Program     : liefer

    Arguments   :


 ------------------------------------------------------------------------
 Enter command line arguments.
```

Abbildung 11.24: Festlegung des Zielverzeichnisses

Der Quellcode wird einer Datenbank zugeordnet. Dieser Datenbank werden bei der Erstellung der ersten Maske ca. 35 Tabellen hinzugefügt. Dabei handelt es sich um keine Datenbanksystemtabellen, sondern um benötigte Verwaltungstabellen zu 4GL-Forms.

☞ Diese Tabellen sind nur zur Entwicklung notwendig und müssen beim Kunden nicht installiert werden.

Zur Definition der Programmlogik steht die Bildschirmmaske = Benutzerschnittstelle im Mittelpunkt. Generell wird versucht, sich bei der Entwicklung auf die Definition der Benutzerschnittstelle zu beschränken und lediglich das vorgegebene Programmsystem mit Einschränkungen, konkreten Werten, Sortierkriterien etc. zu versorgen.

```
Action:     Form    Edit   Define    Run    Help    Quit
                  +---------------------+
==================| !Edit               |====================================
                  | !Undo         ^U    |
                  | !Cut          ^T    |
                  | !Copy         ^V    |
                  | !Paste        ^P    |
                  | !Clear Form         |
                  | ------------------- |
                  | !Mark         ^V    |
                  | !Center             |
                  | ------------------- |
                  |  Novice Mode        |
                  |  Clipboard          |
                  +---------------------+
```

Abbildung 11.25: Der Maskeneditor

Die Erstellung des Maskenlayouts erfolgt in einem Maskeneditor, der mit verschiedenen Cut&Paste Funktionen ein komfortables Maskenzeichnen erlaubt. Alle *Per-
form-Attribute* werden im Dialog hinterlegt.

```
Form Editor:  [ESC] or [DEL] Command Line              [CTRL]-[w] Help
Press [CTRL]-[z] to update definition for field "num_liefer"
=====+---------------------------------------------------------+30)===
     | Update: [ESC] to Store, [DEL] to Cancel        Help:    |
 Lie| Enter changes into form                        [CTRL]-[w] |
     |===============================================(Zoom)==|
 Lan|                      Define Fields                       |
     |---------------------------------------------------------|
 Bes| Table Name :  liefer                Input Area :  1 |
     | Column Name:  num_liefer            Entry ?    :  Y |
     | Field Type :  char(7)               Autonext ? :  Y |
     | Message    :  Lieferantennummer     Downshift ?:  N |
     | Picture    :                        Upshift ?  :  N |
     | Display Fmt:                        Verify ?   :  N |
     | Validate   :                        Required ? :  Y |
     | Default    :                                         |
     |---------------------------------------------------------|
     | Enter table name (or 'formonly').                       |
     +---------------------------------------------------------+


Lieferantennummer
```

Abbildung 11.26: Eingaben zur Definition der Lieferantennummer

4GL-Forms generiert dazu den Quellcode...

```
{###############################################################
# Copyright (C) 1991 Informix Software, Inc.
# Copyright (C) 1988-1991 FourGen Software, Inc.
# Sccsid:  @(#)  .../screen.4gm/painter.4gs/cgs_init.4gl  1.18
Delta:
###############################################################
# Screen Generator version: 4.00.UC1 }
DATABASE wawi
SCREEN
{

  Lieferantennummer: [A1      ]

  Land:              [A2                                 ]

  Bestellrythmus:    [A3                                 ]
}

TABLES
    liefer
    FORMONLY

ATTRIBUTES
A1 = liefer.num_liefer, autonext, comments =
"Lieferantennummer";
A2 = FORMONLY.land, comments = "Heimatland des Lieferanten";
A3 = FORMONLY.best_rythmus, comments = "";

INSTRUCTIONS
screen record s_liefer (liefer.num_liefer, FORMONLY.land,
    FORMONLY.best_rythmus)
delimiters "  "
{
##################################################################
FOURGEN
##################################################################

defaults
    module     = einkauf
    type       = header
    init       = 1=0
    attributes = border, white
    location   = 2, 3
input 1
    table  = liefer
    filter = 1=1
    default = land = Österreich
    nonull = num_liefer, land
}
```

Abbildung 11.27: Generierter Quellcode zur Lieferantenmaske

Der eigentliche Aufbau der Maskenbeschreibungsdateien wird durch 4GL-Forms nicht verändert. Zusätzliche Funktionalität wird für den Informix-Maskencompiler *Perform* unsichtbar in Kommentarklammern hinterlegt. Der 4GL-Forms Abschnitt gliedert sich in einen *Defaults* und einen *Input*-Abschnitt. In den folgenden Tabellen wird versucht, die möglichen Attribute aufzuzeigen, als auch einen praktischen Anwendungsfall zu nennen.

Der DEFAULT-Abschnitt		
Attribut	*mögliche Werte*	*praktischer Einsatz*
type	**header** einfache Maske zu *einer* Tabelle	Wartungstabelle zu einer Tabelle
	header/detail Maske mit Vater/Sohn - Beziehung	Auftrag - Auftragspositionen
	add-on Masken zur Realisierung mehrerer Screens	
	browse Auswahlfenster zur *aktuellen* Tabelle	z.B. Kundenauswahl, Artikelauswahl, etc.
	zoom Auswahlfenster zu einer *Fremdtabelle*	Anzeige alle möglichen Werte
init	1 = 0 Beim Eröffnen des Fensters werden keine Daten geladen	Neuanlage von Daten
	1 = 1 Beim Eröffnen des Fensters werden alle vorhandenen Datensätze zu der Maske gelesen	Suchfenster
	filter-bedingung Alle Datensätze, welche die Filterbedingung erfüllen, werden gelesen	Suche mit Abfragebedingung

Der DEFAULT-Abschnitt		
order	**order by - bedingung**	Sortierreihenfolge bei Such-fenstern
attributes	**farbe, rahmen** Aussehen des Maskenfensters	
location	**x, y** Koordinaten des Bildschirmausschnittes, wo die Maske angezeigt werden soll	
returning	**feldname** Rückgabeparameter eines Auswahlfensters (zoom)	

Der INPUT-Abschnitt		
Attribut	*mögliche Werte*	*praktischer Einsatz*
table	***tabellen-name*** Festlegung des Tabellennamens zur Maske	
key	***feld-name*** Feldname(n) des Tabellenkeys	
join	***join-Bedingung*** Joinbedingung für Vater/Sohn-Beziehung oder Zooms	Zoomwindows
filter	***where-Bedingung*** Filter für die Sohntabelle	z.B. Einschränkung auf Löschkennzeichen etc.

Der INPUT-Abschnitt		
depend	***maskenfeld-namen*** Hinterlegung von Feldabhängigkeiten	z.B. Bei Änderung der Hauptwarengruppe wird auch das Feld Unterwarengruppe gelöscht
arr_max	***ganze Zahl*** Max. Größe des Programmvariablenarrays	z.B. Es werden max. 300 Lieferanten angezeigt, bei der Länderauswahl genügen aber max. 50 Werte. Die Größe des Arrays beeinflußt den Speicherbedarf eines 4GL Programmes.
autonum	***ganze Zahl*** Nummerierung für Sortierung	z.B. Belegpositionen müssen immer in der Reihenfolge der Erfassung angezeigt werden.
math	*math. Formel mit +, -, /, *, MOD(), ...* Hinterlegung einer mathematischen Formel	z.B. Summenberechnung einer Rechnung
blobdef	*Programmname* Hinterlegung von Programmnamen, welche aus der Maske heraus zur Editierung von BLOBs verwendet werden.	z.B. WingZ
lookup	*lookup* Hinterlegung von Lookupkriterien	jedes Auswahlfenster
zoom	*zoom* Joinbedingung für automatisches Zoomen	
defaults	*Konstanten* Hinterlegung von Standardwerten	
nonull	*no null* Definiert welche Felder unbedingt eingegeben werden müssen	Sortierreihenfolge bei Suchfenstern

Generierung von Benutzereingaben

Aus den bei der Definition der Benutzerschnittstelle eingegebenen Daten generiert 4GL-Forms eine standardisierte komplette Datenwartung. Zu den Standardoperationen gehören Einfügen, Suchen, Löschen, Updaten, Blättern.

Die automatische Generierung von 4GL-Quellcode kann durch Hinterlegung von Triggerdateien modifiziert und ergänzt werden. In den Triggerdateien befinden sich wiederum 4GL-Anweisungen.

Mit der Definition solcher Trigger wird versucht, eine händische Editierung des generierten Quelltextes zu umgehen, da ansonst Änderungen bei einer Neugenerierung verloren gehen. Triggerdateien werden dazu verwendet, um individuelle Programmteile zu implementieren und diese Logik bei erneuter Übersetzung einzubinden. Mit dieser Technik kann auch die Funktionalität bestehender Triggerdateien erweitert werden.

Interessant ist auch die Definition kundenspezifischer Triggerdateien. Das System unterscheidet grundsätzlich 3 Triggerstufen

- ❖ Basistrigger
- ❖ Applikationstrigger
- ❖ kundenspezifische Trigger

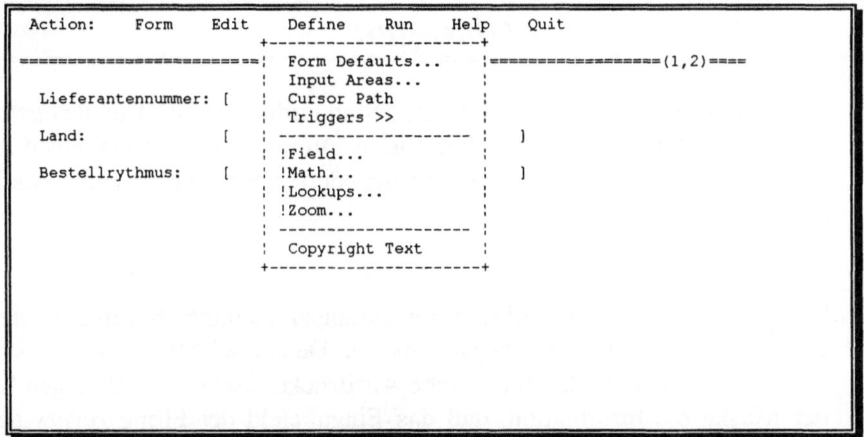

Abbildung 11.28: Menügesteuerte Logikdefinition

Zusammenfassung

Der Einsatz von 4GL-Forms erweist sich vor allem bei neuen Projekten als überlegenswert, jedoch sollte anhand einer Testapplikation die mit diesem Tool mögliche ProgrammFunktionalität auf eigene Anforderungen überprüft werden.

Vor der Einsatzscheidung sollte der Rat eines geübten Programmierers hinzugezogen werden, da der sinnvolle Einsatz auch von einigen Rahmenbedingungen des Projektes abhängt (Benutzerschnittstelle, Wartung, Modifizierbarkeit, ...).

Bei fortgeschrittenen Projekten wurde die Funktionalitätserweiterung meist schon selbständig implementiert, sodaß die Wartung eigener Programme günstiger esrcheint. Auf jeden Fall sollte das Produkt vor dem Einsatz durchtrainiert werden, da es sich dabei nicht um eine reine Sprachenerweiterung, sondern auch um eine Logikerweiterung handelt, die den eigentlichen Applikationsablauf entscheidend beeinflußt (Organisation, Modifikation, Einarbeitungskosten, ...).

Erweiterungen des Standardquellcodes sind natürlich nur durch ein Studium des Sourcecodes realistisch. Zur Wartung ist anzumerken, daß die verwendeten Standardquellcodes als auch der generierte Quellcode editierbar sind.

Übungen

① Definieren Sie mit Informix-SQL eine Standardmaske zur Tabelle *customer* der Demodatenbank *stores*. Üben Sie die Verwendung der einzelnen Attribute. Verwenden Sie zum Test der geänderten Sourcen ebenfals das Produkt Informix-SQL.

② Starten Sie die Informix-4GL Entwicklungsumgebung. Verändern Sie das Layout der Maske *customer.per* aus der Demoapplikation, indem Sie die englischen Feldtexte durch deutsche Ausdrücke ersetzen. Hinterlegen Sie in der Maske die Information, daß das Eingabefeld der Firma *revers* dargestellt wird. Übersetzen Sie diese Maske und starten Sie die Demoapplikation erneut.

③ Definieren Sie Attribute zu Feldern aus der *customer.per* Maske mit dem Dienstprogramm *upscol*. Übersetzen Sie die Maske erneut.

④ Erklären Sie die Verbindung zwischen dem SCREEN und dem ATTRIBUTES Abschnitt.

Musterlösungen

①

```
database stores
screen size 24 by 80
{
Kundennummer        [f000        ]
Name1               [f001          ]
Name2               [f002          ]
Firma               [f003            ]
Addresse            [f004            ]
                    [f005            ]
Ort                 [f006          ]
Land                [a0]
Postleitzahl        [f007 ]
Telefon             [f008              ]
}
end
tables
customer
attributes
f000 = customer.customer_num;
f001 = customer.fname,
        REQUIRED,
        COLOR="YELLOW";
f002 = customer.lname;
f003 = customer.company,
        UPSHIFT;
f004 = customer.address1,
        REQUIRED,
        COMMENTS="Bitte auf Großkleinschreibung achten";
f005 = customer.address2,
        COMMENTS="Bitte auf Großkleinschreibung achten";
f006 = customer.city,
        UPSHIFT;
a0 = customer.state;
f007 = customer.zipcode;
f008 = customer.phone;
end
```

② & ③ Keine **schriftliche** Beantortung möglich.

④ Erklären Sie die Verbindung zwischen dem SCREEN und dem ATTRIBUTES Abschnitt.

Die Verbindung wird über einen Feldbezeichner hergestellt.

Kapitel 12

Reports

Überblick

Reports stellen einen gewichtigen Bestandteil jeder Datenbankapplikation dar. Listen können in wenigen Minuten oder aber auch in mehreren Wochen entwickelt werden. Vergleichen wir dazu einfache Listen wie Kunden- oder Mitarbeiterlisten mit Rechnungsformularen.

Einfach bleiben Listen immer dann, wenn der Datenbestand aus nur wenigen Tabellen gelesen werden kann. Dies entspricht einer üblichen Kundenliste, wo die Kundennummer die Adresse etc. angedruckt wird. Auf einer Rechnung werden neben der Anschrift noch Artikel, Mengen, Preise, Zahlungskonditionen, Werbetexte, uvm angedruckt. Eng verknüpft mit der eigentlichen Liste ist die Benutzereingabe, welche die auf der Liste zu erscheinenden Daten definiert.

Generell sollte auch eine Druckjobverwaltung in der Applikation realisiert sein. Damit werden Prioritäten, Formulare, Ausgabeeinheiten etc. gesteuert. Diese Aufgaben werden in einem später folgenden Abschnitt besprochen.

Grundlagen

Reports werden im Quellcode ähnlich wie Funktionen abgebildet. Funktionen und Reports können in der Quelltextdatei gemischt werden.

```
FUNCTION berechne_preis(p_kundennr)
  DEFINE
    p_kundennr  LIKE kunden.nr
  ...
END FUNCTION

REPORT kund_liste(p_nr, p_name, p_umsatz)
  DEFINE
    p_nr     LIKE kunden.nr,
    p_name   LIKE kunden.name,
    p_umsatz LIKE umsatz.wert
  ...
END REPORT
```

Abbildung 12.1: Funktionen und Reports

 Reports dürfen nicht wie vorhandene Funktionen benannt werden.

Daten, die auf der Liste erscheinen, sollen werden grundsätzlich als Parameter übergeben. Jeder Parameter muß, wie schon von der Funktion bekannt, definiert werden und ist nur innerhalb des Reports sichtbar. Es handelt sich dabei also um lokale Variablen.

Die Ein/Ausgabe zu einem Report muß ein/ausgeschalten werden. Mit dem ausschalten wird die Bearbeitung abgeschlossen und das Ergebnis zum Druck freigegeben. Die Datenübergabe geschieht durch den Befehl *OUTPUT TO REPORT*.

```
FUNCTION umsatzliste(p_von_kunde, p_bis_kunde)
  DEFINE
    p_von_kunde  LIKE kunden.nr,
    p_bis_kunde  LIKE kunden.nr

  DEFINE
    kundennr     LIKE kunden.nr,
    umsatz       LIKE umsatz.wert

  START REPORT umsatz
    ...
    OUTPUT TO REPORT umsatz(kundennr, umsatz)
    ...
  FINISH REPORT umsatz

END FUNCTION
```

Abbildung 12.2: Starten und Beenden der Reportausgabe

Mit dem Starten eines Reports kann auch die Ausgabeeinheit bestimmt werden. Zur Verfügung stehen Bildschirm, Datei, Drucker oder pipes[6], wobei ohne Auswahl einer Ausgabeeinheit der Bildschirm verwendet wird.

---

[6]   Eine Pipe ist ein Mechanismus um Daten an einen anderen Prozeß zu senden.

```
START REPORT [TO FILE "dateiname"|
             TO PRINTER|
             TO PIPE prozeßname]
```

Abbildung 12.3: Ansteuerung der Ausgabeeinheit

Druckbildgestaltung

In diesem Abschnitt lernen wir Möglichkeiten zur Gestaltung einer Liste kennen.
Dabei gilt es gleich vorweg anzumerken, daß innerhalb der ReportFunktion alle Befehle des Informix-4GL Wortschatzes verwendet werden dürfen. So können beispielsweise auch Select Befehle innerhalb eines Reports plaziert werden.

Eine Reportbeschreibungsdatei wird in vier Abschnitte unterteilt.

```
REPORT kunden_liste(parameter)

   # Definition von Variablen
   DEFINE parameter
   ...
   # Definition Seitenformat, Ränder, Ausgabe
   OUTPUT
   ...
   # Definition der Sortierreihenfolge
   ORDER
   ...
   # Definition des Listbildes
   FORMAT
   ...

END REPORT
```

Abbildung 12.4: Die Reportbeschreibungsdatei

Im DEFINE-Abschnitt werden alle im Report verwendeten bzw. an den Report übergebenen Variablen definiert. Im Report können auch Modulvariablen oder globale Variablen ausgegeben werden. Diese besitzen aber dann die Einschränkung, daß dazu keine Summen, Gruppensummen, Mittelwerte usw. errechnet werden können. Die Verwendung von ReportFunktionen wie SUM(), AVG() usw. setzt die Übergabe als Parameter voraus. Die Definition von Variablen erfolgt in gleicher Weise wie in der 4GL.

Der OUTPUT-Abschnitt enthält Anweisungen, die das Papierformat der auszugebenden Liste sowie das Ausgabemedium definieren.

Anweisungen des OUTPUT-Abschnittes	
REPORT TO PRINTER,	Ausgabe auf den Standarddrucker
REPORT TO "/usr/tmp/druck"	Ausgabe in Betriebssystemdatei
REPORT TO PIPE "pg"	Ausgabe über Pipe
	Wird keine der genannten REPORT TO-Klauseln angegeben, so erfolgt die Ausgabe auf dem Bildschitm.
PAGE LENGTH	Zeilenanzahl (Vorgabewert=66 Zeilen oder 11 Zoll)
LEFT MARGIN	Linker Rand (Standardwert=5 Zeichen)
RIGHT MARGIN	Rechter Rand (Standardwert=5 Zeichen)
TOP MARGIN	Rand oben (Standard=3 Zeilen)
BOTTOM MARGIN	Rand unten (Standard=3 Zeilen)

Mit der Anweisung REPORT TO PRINTER wird die Listenausgabe auf den Standardsystemdrucker gedruckt. Möchte man einen anderen Drucker verwenden, so kann dieser über die Umgebungsvariable DBPRINT festgelegt werden. Reicht es nicht aus lediglich einen Drucker anzusteuern, so muß ein eigenes Spoolingsystem implementiert werden.

Der ORDER BY-Abschnitt realisiert die Sortierung der übergebenen Datensätze. Da zunächst nicht erkannt werden kann, wieviele Datensätze noch in den Report gesendet werden, erfolgt hier die Ausgabe erst nach dem FINISH REPORT Befehl. Erst wenn alle Datensätze übergeben wurden, kann entsprechend der ORDER BY-Anweisung sortiert und gedruckt werden.

Verwenden wir den ORDER BY Befehl nicht, so erfolgt die Aufbereitung Satzweise, unmittelbar nach der Übergabe an den Report. Wir sprechen hier von einem *one-pass report*, also einem Report, der in einem Durchgang ausgeführt wird. Bei der Verwendung der ORDER BY-Anweisung, wie oben beschrieben, sprechen wir dann von einem *two-pass report*, dem Report, der durch zwei Durchläufe 1. Lauf = sortieren, 2. Lauf = drucken.

Die unterschiedliche Abarbeitung des Reports wird im Debugger sichtbar. Haben wir keine ORDER BY-Anweisung verwendet, so können wir durch den Report *steppen* (=schrittweise durchwandern). Mit einer solchen Anweisung springt der Debugger lediglich die Reportkopfzeile an, um die Übergabe zu symbolisieren.

Die Sortierung kann auch außerhalb des Reports, bei der SELECT-Anweisung erfolgen. In diesem Falle ist es nicht sinnvoll, die erhaltenen Daten im Report erneut zu sortieren.

Bevor wir nun zur Listengestaltung kommen, betrachten wir noch kurz den eigentlichen Druckbefehl *PRINT*. Dieser Befehl erlaubt die Ausgabe von Konstanten, Variablen und steuert die Positionierung des zu druckenden Textes.

```
1.   PRINT COLUMN 2,"Kundennummer:", p_kundennr,
2.        COLUMN 30,"Kunde seit:", p_dat_neu

3.   PRINT "Führerscheinkategorie:", 5 Spaces, p_kat

4.   PRINT p_lieferzeit USING "DD:MM",",", 1 SPACE,
5.        p_transportmittel CLIPPED, ",", 1 SPACE,
6.        p_lkw_nr USING "####"
```

Abbildung 12.5: Beispiele zu PRINT-Kommandos

Die Positionierung von Text kann durch 2 Befehle beeinflußt werden.

❖ SPACES

❖ COLUMN

Während der COLUMN Befehl immer absolut zum linken Rand positioniert, fügt der SPACES Befehl auf der aktuellen Position beginnend die gewünschte Anzahl von Leerzeichen ein. Die Position wird somit relativ zur aktuellen Position angegeben.

Die Verwendung des SPACES-Kommandos ist deshalb nur dort zu empfehlen, wo der Text vor dem SPACES-Kommando eine konstante Länge besitzt oder wo bewußt ab der aktuellen Position Leerzeichen eingefügt werden.

```
1.  PRINT "Auftrag:", 2 SPACES, p_auftragnr

    produziert die Liste:

    Auftrag:  193827
    Auftrag:  377273
    Auftrag:  374673
    Auftrag:  999383

2.  PRINT p_kundenname1, 2 SPACES, p_kundennr

    produziert die "verwackelte" Liste:

    Himmel  68273627
    Lebensorger  62736233
    Klockenbusch  62737273
    Fedtke  86276373

3. PRINT p_kundenname1, COLUMN 15, p_kundennr

    produziert die Liste:

    Himmel        68273627
    Lebensorger   62736233
    Klockenbusch  62737273
    Fedtke        86276373
```

Abbildung 12.6: Richtige bzw. falsche Verwendung der SPACES-Anweisung

Zur Darstellung eines gewünschten Formates steht uns die USING-Anweisung für Zahlenwerte bzw. die FORMAT-Anweisung für Zeichenketten und Datumsangaben zur Verfügung. Diese Formatierungsanweisungen entsprechen denen der Bildschirmmasken.

Jede PRINT-Anweisung steht für eine Zeile auf dem Report. Sollen ganze Zeilen übersprungen werden so verwenden wir den SKIP Befehl. Mit der SKIP TO TOP OF PAGE springen wir zum Beginn der folgenden Seite.

```
...
  SKIP 2 LINES
  PRINT "Ausstellungsdatum: ", TODAY
  SKIP TO TOP OF PAGE
...
```

Abbildung 12.7: Beispiele des SKIP Befehles

Mit der Anweisung **PRINT FILE** *"dateiname"* wird der Inhalt einer ASCII-Datei ausgegeben. So kann der Text zum Serienbrief mit der Textverarbeitung erstellt werden, sodaß nur die Adressen aus der 4GL-Applikation benötigt werden. Die Textdatei muß dazu im ASCII-Format gespeichert werden.

```
...
  ON EVERY ROW
    PRINT COLUMN 4, p_name1
    PRINT COLUMN 4, p_name2
    SKIP 1 LINES
    PRINT COLUMN 4, p_anschrift
    PRINT COLUMN 4, p_plz_ort

    PRINT FILE "/usr/text/einladung"
    SKIP TO TOP OF PAGE
...
```

Abbildung 12.8: Verwendung der PRINT FILE-Anweisung

Der FORMAT-Abschnitt

Im FORMAT-Abschnitt wird das eigentliche Layout festgelegt. Dabei können wir folgende Anweisungsblöcke definieren.

Seitenorientiert	FIRST PAGE HEADER PAGE HEADER PAGE TRAILER
Zeilenorientiert	ON EVERY ROW ON LAST ROW
Gruppenorientiert	BEFORE GROUP OF AFTER GROUP OF

Mit einem **PAGE HEADER** legen wir Kopfzeilen fest, welche auf jeder Seite erscheinen. Soll die erste Seite eine andere Kopfzeile bzw. keine Kopfzeile erhalten, so definieren wir einen **FIRST PAGE HEADER**.

```
REPORT kunden_umsatz(p_kunden_umsatz)
 DEFINE
   p_kunden_umsatz   MONEY(13,2)

 OUTPUT
   REPORT TO PRINTER

 FIRST PAGE HEADER
    PRINT COLUMN 30, "Jahresumsatzliste NORD"
    PRINT COLUMN 70, TODAY
    SKIP 2 LINES
    PRINT COLUMN 15, "Kundennummer",
         COLUMN 45, "Jahresumsatz"
    PRINT linie_80

 PAGE HEADER
    PRINT COLUMN 15, "Kundennummer",
         COLUMN 45, "Jahresumsatz"
    PRINT linie_80
    SKIP 1 LINE
 ON EVERY ROW

    ...
END REPORT
```

Abbildung 12.9: PAGE HEADER & FIRST PAGE HEADER

Beginnt die Ausgabe einer spaltenorientierten Liste schon auf der ersten Seite, so ist die Spaltenbenennung sowohl im **FIRST PAGE HEADER** als auch im **PAGE HEADER** zu definieren.

In der **ON EVERY ROW** Anweisung legen wir das Ausgabeformat pro Datensatz fest. Diese Ausgabe ist nicht etwa auf eine Druckzeile eingeschränkt. Es dürfen beliebig viele Zeilen zur Darstellung eines Datensatzes verwendet werden.

```
REPORT kunden_liste(p_kunde)
  DEFINE
    p_kunde RECORD LIKE kunden.*
  ...
  ON EVERY ROW
    NEED 3 LINES
      PRINT COLUMN 2,"Kundennummer:",
            SPACES, p_kunde.nr,
            COLUMN 40, p_kunde.name1 CLIPPED,
                       p_kunde.name2
      PRINT COLUMN 2, "Anschrift:",
            COLUMN 40, p_kunden.anschrift,
            COLUMN 70, p_kunden.plz
      PRINT COLUMN 2, "Telefon:", 2 SPACES,
            p_kunde.telefon,
            COLUMN 40, "Telefax:", 2 SPACES,
            p_kunde.telefax
END REPORT
```

Abbildung 12.10: Ausgabe mit 3 Zeilen je Datensatz

Mit der *NEED 3 LINES*-Anweisung wird sichergestellt, daß stets alle 3 Zeilen per Datensatz zusammenhängend auf einer Seite angedruckt werden. Wäre diese Anweisung nicht vorhanden, so könnte es vorkommen, daß die Zeile mit der Kundennummer noch in der letzten Zeile angedruckt wird, die dazugehörigen Addresszeilen aber auf der nächsten Zeile angedruckt werden und so die Optik getrübt wäre.

Die *NEED anzahl LINES*-Anweisung kann auch in allen anderen Abschnitten wie PAGE HEADER, AFTER GROUP OF, usw. verwendet werden. Anweisungen die nach dem letzten übergebenen Datensatz ausgeführt werden sollen, werden im *ON LAST ROW* Abschnitt hinterlegt. Dieser Abschnitt wird häufig verwendet um Summenwerte anzuzeigen. Die 4GL verfügt über folgende Statistikfunktionen:

MIN(ausdruck)	Minimum
MAX(ausdruck)	Maximum
AVG(ausdruck)	Durchschnittswert
SUM(ausdruck)	Summe
COUNT(*)	Anzahl der Datensätze
PERCENT(*)	Prozentueller Anteil in Bezug auf die Gesamtzahl der gedruckten Datensätze

Diese statistischen Funktionen können mit einer WHERE-Bedingung verknüpft werden, sodaß diese nur auf gewünschten Datensätzen evaluiert werden.

```
REPORT kunden_liste(p_kunde)

DEFINE
 p_kunde RECORD LIKE kunden.*

...

ON LAST ROW
 PRINT COUNT(*) WHERE cod_mwst=standard,
       COLUMN 10, "Inlandskunden"

 PRINT "Durchschnittsumsatz",
       AVG(umsatz) WHERE cod_mwst=standard

END REPORT
```

Abbildung 12.11: Statisikfunktionen in Reports

Gruppenoperationen *(für Tommi)*

Wie jede kommerzielle Programmiersprache verfügt auch die 4GL über die oft verwendeten Gruppenoperationen. Darunter verstehen wir Operationen, die auf definierbaren Gruppen von Datensätzen erfolgen. So können beispielsweise auch die zuvor beschriebenen StatistikFunktionen auf Gruppen angewandt werden.

Gruppen werden durch Gruppierungsmerkmale zusammengefaßt. Wesentlich für die Gruppenverarbeitung ist die Bedingung, daß alle Datensätze entsprechend den Gruppierungsmerkmalen sortiert verarbeitet werden. Die eigentliche gruppenspezifische Verarbeitung wird im Report dann in den Abschnitten *BEFORE GROUP OF*, bzw. *AFTER GROUP OF* hinterlegt.

Zur weiteren Erklärung wird der folgende Datenbestand herangezogen:

```
kundennummer   kontonr   belegnummer    betrag
==========================================================
    1           81235      9200002        2.000
    2           81235      9200003       11.000
    2           81242      9200003       89.000
    1           81235      9200002        7.000
    2           81235      9200004        1.000
```

Abbildung 12.12: Beispieldaten für Gruppenoperationen

Unsere Aufgabenstellung lautet nun, daß zur Überleitung in die Finanzbuchhaltung Datensätze benötigt werden, die eine Summe je Kundennummer, Kontonummer und Belegnummer enthalten.

Sortieren wir zunächst den Datenbestand nach den Gruppierungsmerkmalen *kundennummer*, *kontonr* und *belegnummer*.

```
kundennummer    kontonr   belegnummer      betrag
=================================================
1               81235     9200002          2.000
1               81235     9200002          7.000
2               81235     9200003         11.000
2               81235     9200004          1.000
2               81242     9200003         89.000
```

Abbildung 12.13: Sortierung vor Gruppierung

Zeilen, die in allen Gruppierungseigenschaften übereinstimmen, werden dann als Gruppe verarbeitet.

Wir sprechen von einem Gruppenwechsel, wenn sich zumindest ein Gruppierungsmerkmal ändert.

```
kundennummer    kontonr   belegnummer      betrag
=================================================
- Gruppenwechsel
1               81235     9200002          2.000
1               81235     9200002          7.000
- Gruppenwechsel
2               81235     9200003         11.000
- Gruppenwechsel
2               81235     9200004          1.000
- Gruppenwechsel
2               81242     9200003         89.000
- Gruppenwechsel
```

Abbildung 12.14: Sortierung vor Gruppierung

Man darf nun nicht einfach hergehen und zu jedem Gruppierungsmerkmal eine AFTER GROUP bzw. BEFORE GROUP-Anweisung programmieren, wie in der folgenden Abbildung dargestellt.

```
REPORT fibu_summen()
  ...
  AFTER GROUP OF kundennummer
    PRINT GROUP SUM(betrag)

  AFTER GROUP OF kontonr
    PRINT GROUP SUM(betrag)

  AFTER GROUP OF belegnummer
    PRINT GROUP SUM(betrag)
  ...
END REPORT
```

Abbildung 12.15: falsche Verwendung der Gruppenoperationen

Diese Programmzeilen bedeuten nämlich nicht nur eine Ausgabezeile je Gruppe, sondern gleich drei. Die Ursache dafür liegt in der Tatsache, daß ein Gruppenwechsel, egal durch welches Gruppierungskriterium ausgelöst, automatisch auch den Gruppenwechsel für alle niedrigeren Gruppierungskriterien auslöst.

Die Lösung zu dem in der letzten Abbildung gezeigten Verhalten heißt, daß die AFTER GROUP-Anweisung nur bei einem Gruppierungskriterium implementiert werden muß.

Um der Sortieranforderung gerecht zu werden, können Datensätze nun einerseits schon beim Lesen aus der Datenbank durch die ORDER BY-Klausel des SELECT Befehles, oder innerhalb des Reports im ORDER BY-Abschnitt sortiert werden.

```
#
# Externe Sortierung
#
  SELECT *
    INTO sel_umsatz.*
    FROM statistik
   ORDER BY umsatz
   ...
  OUTPUT TO REPORT statistik_liste(sel_umsatz.*)
   ...


REPORT statistik_liste(p_listdat)
   ...
  BEFORE GROUP OF cod_mwst
    SKIP 2 LINES

  AFTER GROUP OF cod_mwst
    PRINT "========================================="
    PRINT COLUMN 40, GROUP SUM(umsatz)
   ...
END REPORT

#
# Interne Sortierung
#
REPORT statistik_liste(p_listdat)
ORDER BY cod_mwst
   ...
  BEFORE GROUP OF cod_mwst
    SKIP 2 LINES

  AFTER GROUP OF cod_mwst
    PRINT "========================================="
    PRINT COLUMN 40, GROUP SUM(umsatz)
   ...
END REPORT
```

Abbildung 12.16: Datensortierung zur Gruppierung

Reports von Informix-SQL

Auch Reports, die mit Informix-SQL erstellt wurden, können in die Applikation eingebettet werden. Reports können generell von der Kommandoshell ausgeführt werden, wenn sie in kompilierter Form vorhanden sind. Der Aufruf erfolgt dann mit

```
#
# Aufruf aus der Shell
#
$ sacego reportname

#
# Aufruf aus der 4GL
#
RUN "sacego reportname"
```

Abbildung 12.17: Einbettung von SQL-Reports

Soll ein mit Informix-SQL erstellter Report aber auf die 4GL umgeschrieben werden, so muß man zunächst die Unterschiede beider Reportvarianten kennen.

```
DATABASE projekt END
DEFINE
   VARIABLE von_kunde, bis_kunde        INTEGER
END

INPUT
   PROMPT FOR von_kunde USING "Kundennummer von:"
   PROMPT FOR bis_kunde USING "Kundennummer bis:"
END

OUTPUT
   REPORT TO PRINTER
   PAGE LENGTH 68
END

SELECT *
   FROM kunden
   WHERE
         kundennr <= $von_kunde
         AND
         kundennr >= $bis_kunde

FORMAT
   PAGE HEADER
      PRINT "Kundenliste vom ", TODAY

   ON EVERY ROW
      PRINT kundennr, name1, name2

END
```

Abbildung 12.18: Beispiel eines SQL-Reports

Die wohl markantesten Unterschiede sind, daß Reports unter Informix-SQL einen eigenen Abschnitt für Benutzereingaben besitzen sowie den Lesebefehl für die auszugebenden Daten.

In der 4GL werden Benutzereingaben üblicherweise extern in 4GL-Funktionen erledigt. Für Daten, die an den Report übergeben werden müssen, wird ein CURSOR definiert und jeder gefundene Satz an den Report übergeben. Der zuvor gezeigte SQL-Report erhält in der 4GL das Aussehen...

```
DATABASE projekt

DEFINE
  von_kunde, bis_kunde    INTEGER

FUNCTION dialog_zum_report()

  INPUT von_kundennr, bis_kundennr, ...

  DECLARE c_kunden CURSOR FOR
    SELECT *
      FROM kunden
     WHERE
           kundennr >= von_kunde
           AND
           kundennr <= bis_kunde

  START REPORT kundenliste
    FOREACH c_kunden INTO sel_kunden.*
      OUTPUT TO REPORT kundenliste(sel_kunden.*)
    END FOREACH
  FINISH REPORT kundenliste

END FUNCTION

REPORT kundenliste(p_kundendaten)
DEFINE
  p_kundendaten LIKE kunden.*

OUTPUT
  REPORT TO PRINTER
  PAGE LENGTH 68

FORMAT
  PAGE HEADER
    PRINT "Kundenliste vom ", TODAY

  ON EVERY ROW
    PRINT kundennr, name1, name2
END
```

Abbildung 12.19: Der adäquate 4GL-Report

Bei Reports gibt es zwischen Informix-SQL und Informix-4GL folgende Unterschiede:

DEFINE ASCII	DEFINE ASCII wird benötigt, um den Dateiaufbau einer zu ladenden Datei zu definieren. Dies ist mit Informix-4GL nicht möglich. **Achtung:** Informix-4GL verwendet das Schlüsselwort ASCII zur Ausgabe von ASCII-Sequenzen, wie sie z.B. bei speziellen Druckeransteuerungen benötigt werden.
DEFINE PARAM	PARAM wird in Informix-SQL benötigt, um Reportparameter zu definieren, welche von der Kommandoebene an den Report selbst übergeben werden können. Diese Parameter werden in Informix-4GL durch die Funktion *argval()* realisiert.
DEFINE VARIABLE	VARIABLE wird in INFORIX-SQL benötigt, um Variablen zu definieren. Die genormte Abfragesprache SQL kennt prinzipiell keine Variablen. Für Reports sind diese aber unumgänglich. Variablen werden in 4GL mit dem üblichen DEFINE Befehl deklariert.
INPUT Befehlsblock	Dieser existiert in 4GL nicht. Dort können mittels der üblichen 4GL Befehle auch im Report Benutzereingaben realisert werden.
SELECT Befehlsblock	Mit dem SELECT Befehlsblock werden Daten für den Informix-SQL Report definiert. Bei Informix-4GL geschieht dies generell anders, indem Daten als Aufrufparameter übergeben.
READ Befehlsblock	Mit dem READ Befehlsblock können Daten von Betriebssystemdateien zur Ausgabe im Report importiert werden. Bei Informix-4GL ist dies in dieser Form nicht möglich. Daten müssen dort zunächst in eine Datenbanktabelle geladen werden.
PAUSE	Informix-SQL verwendet diesen Befehl, um den Report bei Ausgabe auf den Bildschirm solange anzuhalten, bis die <RETURN>-Taste gedrückt wird. Wird in 4GL mit dem PROMPT Befehl realisiert.
TOTAL	wird in Informix-SQL verwendet, um die Summe von Reportdaten zu berechnen. In 4GL entspricht diesem Schlüsselwort die Funktion **SUM**.
BEGIN END	wird in Informix-SQL verwendet, um Befehlsblöcke zu kennzeichnen. In Informix-4GL nicht unterstützt bzw. notwendig.

Abbildung 12.20: Syntaktische Unterschiede zw. Informix-SQL & Informix-4GL

Zahlenformatierung

Zur Darstellung von Zahlenwerten steht uns die USING-Klausel zur Verfügung. Diese folgt dem auszugebenden Zahlenwert bzw. der dazu verwendeten Variable und enthält einen Formatierungsstring. Dieser setzt sich aus folgenden Zeichen zusammen:

Symbol	*Definition*
#	Druckt Leerzeichen, wenn keine Ziffer diesen Platz benutzt.
&	Druckt die Ziffer 0, wenn keine Ziffer diesen Platz benutzt.
-	Druckt führende Minuszeichen, wenn die Position von keiner Ziffer besetzt ist.
<	Gibt den Zahlenwert linksbündig aus.
*	Druckt führende Sternchen für alle Position, die von keiner Ziffer besetzt sind.

Abbildung 12.21: Formatierungssysmbole

Bei negativen Zahlenwerten kann das Minuszeichen entweder fix positioniert (= ein Minuszeichen in der USING-Anweisung) oder fließend dargestellt werden. Bei der fließenden Darstellung müssen alle Positionen mit dem Minuszeichen aufgefüllt werden.

```
#
# Die fließende Minusdarstellung
#
PRINT soll_ist USING "---.---.---,--"

liefert
  bei -123500                    -123.500,00
  bei    -900                       -900,00
#
# Feste Positionen des Minuszeichen
#
PRINT soll_ist USING "-##.###.###,##"

liefert
  bei -123500              -   123.500,00
  bei    -900              -       900,00

PRINT soll_ist USING "###.###.###,##-"

liefert
  bei -123500                    123.500,00-
  bei    -900                        900,00-
```

Abbildung 12.22: Formatierung von neg. Zahlenwerten

Variables Druckbild

Unter einem variablen Druckbild verstehen wir die Definition des Listbildes mit einem Musterformular. Dabei werden Platzhalter verwendet, die vom Entwickler oder auch Anwender selbst definiert werden können. Dazu wird entweder ein eigener Formulareditor implementiert oder der Standardtexteditor verwendet.

Beide Varianten gemeinsam haben die grundsätzliche Idee, daß jedes mögliche anzudruckende Feld mit einer eindeutigen Kennung identifiziert wird.

```
.ERSTE_SEITE

.name1
.name2

.anschrift
.plz_ort


                                                       .datum


Gemäß unseren allgemeinen Geschäftsbedingungen
bieten wir wie folgt an.

.DATENSATZ

.menge          .artikeltext1          .preis     .gesamt
                .artikeltext2

.SEITENENDE

                                            --------
                                            .SUM(gesamt)

.ALLG_BEDINGUNGEN
```

Abbildung 12.23: Beispiel eines variablen Druckformulares

Die Realisierung einer offenen, variablen Drucksteuerung nimmt vorerst einigen Entwicklungsaufwand in Anspruch, wird für Standardapplikationen aus wartungstechnischer Sicht aber empfohlen. In der Praxis steht man bei diversen Kundenwünschen zunächst vor der Frage: ist es sinnvoller, alle individuellen Kundenwünsche in einem Quelltextmodul „hineinzuprogrammieren" oder wird die Standardliste kopiert und erhält jeder Kunde seinen eigenen Reportquellcode?

Für ein Hineinprogrammieren der Kundenwünsche spricht vor allem die bessere logische Gesamtübersicht des Quellcodes, auch wenn die Quelldatei immer größer wird. Wird der Standardreport für jeden Kunden kopiert und modifiziert, so ergibt sich bei generellen Listenänderungen ein nicht zu unterschätzender Änderungsaufwand. Dieser Änderungsaufwand stellt bei Multiuserentwicklungsumgebungen auch ein logistisches Problem dar. Ändert vielleicht gerade ein Kollege den Quellcode, der für diese Änderungen auch benötigt werden würde, ...

Variabler Druck bedeutet auch Rücksicht auf die verwendete Benutzersprache zu nehmen. Unterstützt die Anwendung Fremdsprachen, so ist insbesondere bei den *konstanten Texten* darauf Rücksicht zu nehmen. Konstante Texte sind Texte, die unabhängig vom gelesenen Datenwert angedruckt werden. Ein Beispiel dafür ist das Wort *Seite* zur Nummerierung. Weiterhin zählen dazu Listennamen („Umsatzliste",

„Kundenliste" usw.) und Listfeldbezeichner („Kundennummer", „Postleitzahl:" usw.). Diese Texte heißen in Abhängigkeit der verwendeten Sprache unterschiedlich.

Gelöst wird diese Problematik einfach durch eine Datenbanktabelle, wo konstante Texte für jede Sprache abgelegt und über einen Sprachcode ausgelesen werden. Vergessen Sie dabei nicht die max. Anzahl von erlaubten Buchstaben des Wortes (bzw. der Zeichenkette) in der Datenbank abzuspeichern, da der Platz für kontstante Texte im Listbild aus Platzgründen streng limitiert werden muß. Diese Information benötigt dann auch der Übersetzer, der in jeder Sprache mit dieser max. zulässigen Buchstabenanzahl auskommen muß.

Variabler Druck bedeutet im Extremfall, daß auch der Zeichensatz und dessen Größe frei definiert werden kann. Da uns UNIX ohne einer grafischen Oberfläche, ja mit der Wahl des Zeichensatzes ohnehin nicht verwöhnt, möchte ich darüber auch nicht allzuviele Worte verlieren.

Standarddruckeransteuerungen wie Fettdruck, Schmaldruck etc. sollten aber vorhanden sein. Da das Listenprogramm von der eingesetzten Hardware, speziell den verwendeten Druckern, meist unabhängig sein muß, sind diese Ansteuerungssequenzen auch in der Datenbank zu hinterlegen.

Zur eigentlichen Druckeransteuerung verwenden wir ebenfalls den PRINT Befehl.

```
REPORT kunden_liste(p_kunde)
DEFINE
  p_kunde RECORD LIKE kunden.*
...
FIRST PAGE HEADER
  PRINT schmaldruck_ein

ON EVERY ROW
  NEED 3 LINES
    PRINT COLUMN 2,"Kundennummer:",
          SPACES, p_kunde.nr,
          COLUMN 40, p_kunde.name1 CLIPPED,
                p_kunde.name2

PAGE TRAILER
  PRINT schmaldruck_aus
END REPORT
```

Abbildung 12.24: Ansteuerung mit ESCAPE-Sequenzen

Zwar setzen die meisten UNIX-Umgebungen den Drucker nach Erledigung eines Druckjobs in den Standardmodus zurück, um darauf nicht vertrauen zu müssen, heben wir am Ende des Reports den eingeschalteten Betriebsmodus wieder auf.

Druckjobverwaltung

Die Druckjobverwaltung stellt einen weiteren existentiell wichtigen Bestandteil jedes Mehrbenutzersystemes dar. Darunter wird nicht nur die *Verwaltung der eigentlichen Druckaufträge* verstanden. Dazu zählen ebenso Dinge wie Formularsteuerung, Druckumlenkung bei HW-Problemen etc.

Die Realisierung solch einer Verwaltung hängt sehr stark von den Möglichkeiten des Betriebssystemes ab. So könnte man sich zunächst die Frage stellen, wozu unter UNIX, das doch über ein eigenes Spoolingsystem verfügt, eine zusätzliche Druckjobverwaltung zu implementieren?

Die Druckjobverwaltung, die hier zu implementieren bleibt, stellt die Schnittstelle zwischen dem Betriebssystem und der Anwendung dar. Dem Anwender soll das eigentliche Betriebssystem dabei verborgen bleiben, sodaß dieser nur auf der Applikationsebene operiert. Dies bedeutet, daß einerseits das UNIX-Kommando zur Druckeransteuerung innerhalb der 4GL-Applikation gebastelt werden muß, als auch der Zustand des Spoolingsystemes dem Benutzer in seiner Applikation verständlich aufbereitet werden muß.

Um Betriebssystemkommandos abzusetzen, kennen wir schon den RUN Befehl. Dieser erhält die von uns zusammengebastelte Anweisung für den angewählten Drucker.

Je Druckauftrag können auf den gängigen Unixsystemen folgende Einstellungen vorgenommen werden.

- ❖ Auswahl des gewünschten Druckers
- ❖ Zuweisung eines Formulares
- ❖ Anzahl der Kopien
- ❖ Formularabmessungen
- ❖ Priorität

Eine aus der 4GL auszuführende Druckanweisung kann dann wie folgt aussehen

```
DEFINE
  akt_drucker            CHAR(20),             # Druckername zur
Ausgabe
  akt_formular   CHAR(20),                     # Formular zur
Ausgabe
  akt_prioritaet SMALLINT                      # Priorität

...

LET run_string="lp -d ", akt_drucker CLIPPED,
               " -f ", akt_formular CLIPPED,
               " -q ", akt_prioritaet USING "$$"
RUN run_string
```

Abbildung 12.25: Druckanweisung

Die Anwahl des gewünschten Druckers erfolgt üblicherweise mit der Option **-d**
druckername. Dieser Druckername muß dem Druckernamen im Betriebssystem
entsprechen. Wir werden also auch in einer Verwaltungstabelle sämtliche Drucker
speichern bzw. zusätzliche Aliasnamen, damit der Benutzer den Drucker auch über
Bezeichnungen wie Zahlscheindrucker, Abteilungsdrucker usw. ansprechen kann.

Zur Festslegung des Formulares ist noch zu sagen, daß ein Formular unter UNIX
nicht etwa ein mit auszufüllenden Feldern versehenes Blatt Papier darstellt, wie das
zur Beantragung auf Frühpension verwendet wird, sondern lediglich ein symboli-
scher Begriff ist. Dem Drucker wird das aktuell eingelegte Formular mitgeteilt und
immer, wenn ein Druckauftrag mit einem anderen Formular auftritt, kommt es zur
Meldung, daß das Formular zu wechseln sei. Die Prioritätensteuerung wird zwar
schon vom Betriebssystem her durchgeführt, jedoch gilt es in der Praxis einige
Spezialfälle zu berücksichtigen.

Grundsätzlich gilt das Druckjobs mit hoher Priorität vor denen mit niedriger Priorität ausgeführt werden. Nun fordern Anwendungssysteme, daß zur Rechnung auch
gleich der Lieferschein gedruckt wird. Physisch gesehen, werden dazu zwei verschiedene Reports verwendet, es handelt sich also um zwei physische Druckjobs.
Gehen wir davon aus, daß beide auch die selbe Priorität haben, so verläuft unsere
Aufgabenstellung zunächst wunschgemäß. Druckt ein zweiter Arbeitsplatz nun vielleicht mit einer höheren Priorität, so wird nach dem Druck der Rechnung dieser
Druckjob eingeschoben, Rechnung und Lieferschein werden also nicht mehr unmittelbar hintereinander gedruckt.

Die Lösung dieses Problemes liegt darin, daß alle Druckjobs von der 4GL-Applikation selbst verwaltet und entsprechend den Systemanforderungen, an die vorhandenen Drucker, verteilt werden.

Übungen

①   Wie werden Reports in der 4GL abgebildet?

②   Erklären Sie den grundsätzlichen Ablauf einer Reportansteuerung?

③   Welche Einheiten können zur Druckausgabe verwendet werden?

④   Wo wird die Zieleinheit eines Reports festgelegt?

⑤   Welche StatistikFunktionen unterstützt die 4GL?

⑥   Welche Voraussetzung zur Verarbeitung von Gruppenoperationen muß er-
     füllt sein? Wie wird diese realisiert?

⑦   Können Reports, die unter Informix-SQL erstellt wurden, direkt in den 4GL
     Quelltext übernommen werden? Können Reports aus Informix-SQL in
     4GL-Applikationen verwendet werden?

Musterlösungen

① Wie werden Reports in der 4GL abgebildet?

Reports werden wie Funktionen implementiert und besitzen Übergabeparameter.

② Erklären Sie den grundsätzlichen Ablauf einer Reportansteuerung?

Zunächst muß der Report mit START REPORT *reportname* gestartet werden. Darauf kann die Ausgabe zum Report erfolgen. Dazu werden mit dem Befehl OUTPUT TO REPORT *reportname()* die anzudrukkenden Daten übergeben. Zuletzt wird der Report mit FINISH REPORT *reportname* zur Ausgabe freigegeben und damit beendet.

③ Welche Einheiten können zur Druckausgabe verwendet werden?

Drucker, Bildschirm, Datei oder pipe

④ Wo wird die Zieleinheit eines Reports festgelegt?

Entweder im OUTPUT-Abschnitt des Reports oder schon bei der START REPORT Anweisung, wobei die zweite Variante bei vorhandensein beider Einträge ausschlaggebend ist.

⑤ Welche StatistikFunktionen unterstützt die 4GL?

Summe (SUM), Durchschnitt (AVG), Maximum (MAX), Minimum (MIN), Anzahl (COUNT(*)) und prozentuelle Anzahl (PERENT(*))

⑥ Welche Voraussetzung zur Verarbeitung von Gruppenoperationen muß erfüllt sein? Wie wird diese realisiert?

Der zu verarbeitende Datenbestand muß sortiert sein. Die Sortierung kann extern (beim SELECT) oder intern (im Report) erfolgen.

⑦ Können Reports, die unter Informix-SQL erstellt wurden, direkt in den 4GL Quelltext übernommen werden? Können Reports aus Informix-SQL in 4GL-Applikationen verwendet werden?

Nein, es existieren syntaktische Unterschiede. Reports aus Informix-SQL können mit dem RUN Befehl in 4GL-Applikationen eingebunden werden.

Kapitel 13

Programm Debugging

- ➢ **Überblick**

- ➢ **Der Debugger**

- ➢ **Das Environment**

- ➢ **Debuggen von Batchprogrammen**

- ➢ **Übungen**

Überblick

Der Entwickler verbringt einen nicht unerheblichen Teil der Entwicklungszeit mit der Fehlersuche bzw. dem Debugger. In diesem Kapitel lernen wir den professionellen Einsatz dieses Werkzeuges kennen, welches nur für die Interpreterversion der 4GL zur Verfügung steht.

Mit dem Debugger sind wir imstande, die Applikation jederzeit bzw. auch an definierten Stellen anzuhalten, den Inhalt von Variablen auszugeben oder auch den Inhalt einer Variable *händisch* zu verändern, um so vielleicht die Reaktion des Programmes auf Fehlerzustände zu testen.

Verwenden wir die Compilerversion der 4GL, so bleibt zunächst die Möglichkeit auf den "C"-Debugger zurückzugreifen. Diese Methode erscheint aber um einiges mühsamer, zumal 4GL Befehle auf C-Funkionen abgebildet werden.

Steht kein "C"-Debugger zur Verfügung, dann müssen an den Stellen, wo wir Fehler vermuten, eine Vielzahl von DISPLAY-Anweisungen eingebaut werden, um die entsprechenden Variableninhalte zu prüfen.

Der Debugger

Starten wir den Debugger, so erhalten wir einen zweigeteilten Bildschirm. Das erste Fenster wird zur Anzeige des Quelltextes verwendet, während im zweiten Fenster eine Benutzershell zur Verfügung steht.

```
   5    MAIN
   6    DEFINE i SMALLINT
   7    DEFINE laenge SMALLINT
   8      WHENEVER ERROR CONTINUE
   9      WHENEVER WARNING CONTINUE
  10    #   CALL uebersicht()
  11    #
  12    #Eruiere, welche Abgaben definiert sind
  13    #
(wrhaupt.4gl:main)
```

```
$where
-16387: Program is not currently being executed.
$var
TYPES OF LOCAL VARIABLES OF FUNCTION [main]
wrhaupt.4gl:main.i  type SMALLINT
wrhaupt.4gl:main.laenge  type SMALLINT
$
```

Abbildung 13.1: Debuggerfenster

Die folgenden Tabellen geben einen kurzen Einblick in vorhandene Debuggerkommandos. Die genaue Verwendung entnehmen Sie bitte dem Handbuch.

Kommando	*Beschreibung*
DUMP	Gibt den Inhalt von lokalen, globalen oder allen Programmvariablen aus.
FUNCTIONS	Gibt eine Liste sämtlicher Funktionsnamen des aktuellen Programmes aus.
LIST	Zeigt *Breakpoints* und *Tracepoints* an
PRINT	Gibt den Inhalt einer Variable oder arithmetischen Ausdruckes aus.
VARIABLE	Liefert den Datentyp einer Variable
WHERE	Liefert eine Liste aller aktuellen Funktionen
WRITE	Sichert die aktuellen Einstellungen auf Disk

Abbildung 13.2: Befehle zur Ausgabe von Debugginginformation

Ein Breakpoint ist ein vom Benutzer definierter Programmpunkt, an dem das Programm angehalten wird. Ein Tracepoint dagegen ist ein vom Benutzer definierter Programmpunkt, an dem eine Reihe von Kommandos abgearbeitet und dann mit der Programmausführung weitergemacht wird.

Break- und Tracepoints können fixen Programmzeilen, Funktionen oder auch zur Laufzeit evaluierenden Ausdrücken zugeordnet werden.

```
#
# Breakpoint in Zeile 1024
#
break 1024

#
# Tracepoint in Funktion protokoll()
#
trace protokoll {print p_datensatz >>daten; print sqlca >>daten}

#
# Breakpoint, wenn der sqlca.sqlcode < 0
#
break if sqlca.sqlcode < 0
```

Abbildung 13.3: Setzen von Break- und Tracepoints

Unser im obigen Beispiel definierter Tracepoint gibt den Inhalt der Variablen *p_datensatz* und des globalen *sqlca*-Records in die Betriebssystemdatei *Daten* aus, wenn in die Funktion *protokoll()* verzweigt wird.

Dem WHERE Befehl gilt es in der Praxis besonderes Augenmerk zu schenken. Er liefert uns nicht nur die Aufrufreihenfolge aller noch nicht beendeten Funktionen, sondern auch alle dazugehörigen Parameterwerte. Deshalb eignet sich dieser Befehl zur raschen Prüfung aller Aufrufparameter.

```
1702    #*****************************************************************
1703       OPTIONS
1704         ACCEPT KEY CONTROL-M
1705       CALL set_count(anzahl -1)
1706       DISPLAY ARRAY auswahltxt TO sr_auswahl.*
1707
1708       OPTIONS
1709         ACCEPT KEY F''
(wrhaupt.4gl:popup_for_datei)
```

```
hauptmenue() at line 164 in wrhaupt.4gl
main() at line 143 in wrhaupt.4gl
$timedelay command 0
$where
popup_for_datei(ueberschrift = "Dateianwahl", sel_nr = 49) at line
  1706 in wrhaupt.4gl
stammdaten() at line 300 in wrhaupt.4gl
hauptmenue() at line 164 in wrhaupt.4gl
main() at line 143 in wrhaupt.4gl
$
```

Abbildung 13.4: Output der WHERE Anweisung

Wie in unserem Beispiel gezeigt, wurde die Funktion *popup_for_datei()* aus der Funktion *stammdaten()*, die Funktion *stammdaten()* aus der Funktion *hauptmenue()* usw. aufgerufen. Der Parameter *ueberschrift* hat zur Zeit des Aufrufes den Inhalt "Dateianwahl", der Parameter *sel_nr* den Wert 49.

Kommando	Beschreibung
BREAK	Definiert einen Breakpoint (Anhaltepunkt)
DISABLE	Deaktiviert einen Breakpoint oder Tracepoint
ENABLE	Aktiviert einen Breakpoint oder Tracepoint
NOBREAK	Löscht einen oder mehrere Breakpoints
NOTRACE	Löscht einen oder mehrere Tracepoints
TRACE	Definiert einen Tracepoint (Anhaltepunkt und Kommandosequenz)

Abbildung 13.5: Befehle zu Break- bzw. Tracepoints

Kommando	Beschreibung
ALIAS	Belegt Funktionstasten mit vom Benutzer gewünschten Kommandos bzw. Kommandofolgen
CLEANUP	Initialisiert alle Variablen, Masken und Windows, sodaß die aktuelle Funktion wieder sauber aufgerufen werden kann.
DATABASE *datenbank*	Definert die angegebene Datenbank als die Aktuelle
LET *variable=wert*	Weist der Variable *variable* den Wert *wert* zu
READ *dateiname*	Führt Debuggerkommandos aus der Datei *dateiname* aus
USE suchpfad	Definiert einen neuen Pfad der Sourcemodule. Der Inhalt dieser Sourcemodule wird dann im oberen Sourcefenster zur Anzeige gebracht.

Abbildung 13.6: Befehle zur Wertzuweisung

Kommando	*Beschreibung*
CALL *Funktion*	ruft *Funktion()* auf
CONTINUE	setzt die Programmausführung an der aktuellen Stelle fort
EXIT	verläßt den Debugger
RUN	startet das Programm (erneut)
STEP	schrittweise Ausführung

Abbildung 13.7: Befehle zur Programmausführung

Erklärungen zu den Kommandos finden Sie auch in der online-Hilfe, welche mit F1 zu erreichen ist

Das Environment

Die Umgebung des Debuggers läßt sich individuell gestalten, wobei die Belegung von Funktionstasten, mit häufig wiederkehrenden Befehlsgruppen, eine einfache als auch effiziente Hilfe darstellen.

Die Standardbelegung lautet...

Taste	Belegung	Funktion
F1	Help	Verzweigt in die online-Hilfe
F2	Step	Führt einen Programmschritt aus
F3	Step Into	Verzweigt in die Funktion, wenn in der aktuellen Zeile eine aufgerufen wird
F4	Continue	Setzt die Programmausführung an der aktuellen Programmzeile fort. Bei der Erreichung des nächsten Breakpoints wird angehalten
F5	Run	Startet das Programm innerhalb des Debuggers
F6	List Break Trace	Zeigt die zur Zeit aktuellen Breakpoints und Tracepoints an
F7	List	Zeigt die aktuellen Umgebungseinstellungen
F8	Dump	Erstellt einen Auszug aller im Programm verwendeten Variablen
F9	Exit	Beenden des Debuggers

Abbildung 13.8: Die Standardtastaurbelegung

Zur Modifikation der Funktionstasten verwenden wir den *alias* Befehl. Wir können diesen direkt in der Benutzershell eintippen oder in einer Datei hinterlegen. Solche Dateien müssen auf **.4db** enden und können über den *read* Befehl eingelesen und automatisch abgehandelt werden.

Ein Beispiel für eine solche Datei kann wie folgt aussehen:

```
1.  alias f1 = help
2.  alias f2 = step
3.  alias f3 = step into
4.  alias f4 = continue
5.  alias f5 = run
6.  alias f6 = list break trace
7.  alias f7 = list
8.  alias f8 = dump
9.  alias f9 = exit
10. alias f10 = print sqlca
11. alias f11 = where
12. alias f12 = disable all
13. use =   .
14. turn on autotoggle
15. turn off sourcetrace
16. turn on displaystops
17. turn on exitsource
18. turn off printdelay
19. timedelay source 0
20. timedelay command 0
21. list display
```

Abbildung 13.9: modifiziertes Environment

Eine empfehlenswerte Erweiterung ist die zusätzliche Definition von Funktionstasten, wie in den Zeilen 10 bis 12 gezeigt. Zeile 10 konfiguriert die Funktionstaste F10, sodaß der Inhalt des *sqlca-Records* ausgegeben wird. Zeile 11 weist der Taste F11 den *where* Befehl zu. Mit der Taste F12 werden per Tastendruck alle aktiven Breakpoints bzw. Tracepoints deaktiviert. Tastenbelegungen dürfen jederzeit und beliebig umdefiniert werden.

Eingaben in die Benutzershell werden auch in abgekürzter Schreibweise vom Debugger akzeptiert, sofern die verwendeten Kürzeln eindeutig sind. Dabei bedeutet abgekürzte Schreibweise: Das Wort nur mit ein bis zwei Buchstaben anzutippen. Beispiele: **Continue - Co**, **Print - P**, usw.

Debuggen von Batchprogrammen

In der Praxis ergibt sich eine kleine Schwierigkeit beim Versuch, ein mit der RUN Anweisung gestartetes Programm auf Fehler zu untersuchen. Der Debugger kann ein so gestartetes Hauptprogramm nicht automatisch debuggen, indem er das aktuelle Programm verläßt. Doppelt problematisch wird dieser Umstand, wenn dem **neuen** Hauptprogramm Parameter **aus dem aktuellen** Hauptprogramm mitgegeben werden.

Beispiele solcher Hauptprogramme sind jede Art von Batchprogrammen (=läuft im Hintergrund), wie z.B. Druckprogramme, Statistiken usw. Betrachten wir zunächst den Aufruf bzw. die Parameterübergabe an ein eigenständiges Hauptprogramm.

```
LET par_1 = eingabe_knr CLIPPED
LET par_2 = eingabe_von_datum
LET par_3 = eingabe_bis_datum

LET string = "fglgo druck_dispo ", par_1, " ", par_2, " ", par_3
RUN run_string
```

Abbildung 13.10: Starten eines Hauptprogrammes

In unserem Beispiel werden Kriterien zu einer Druckliste *par_1*, *par_2* und *par_3* an das Hauptprogramm *druck_dispo* übergeben. Dieses wird durch das Runtime-System der 4GL gestartet. Das *neue* Hauptprogramm liest diese Werte über die Funktion *arg_val()* ein...

```
MAIN
  LET p_knr      =: arg_val(1)
  LET p_von_dat  = arg_val(2)
  LET p_bis_dat  = arg_val(3)

  ...
END MAIN
```

Abbildung 13.11: Übernahme der Aufrufparameter

Um unter diesen Umständen zu debuggen bzw. zu testen, simulieren wir diese automatische Parameterübergabe, indem wir das zu debuggende Programm in den Debugger laden und dem *run* Kommando die gewünschten Parameterwerte mitgeben.

```
   5    MAIN
   6      DEFINE i              SMALLINT
   7      DEFINE laenge         SMALLINT
   8      WHENEVER ERROR CONTINUE
   9      WHENEVER WARNING CONTINUE
  10    #
  11    #
  12    #Steuerprogramm
  13    #
(wrhaupt.4gl:main)
```

```
$run 12222 1994/01/01 1994/03/31
```

Abbildung 13.12: Simulierte Parameterübergabe

Wir können einen solchen Aufruf aber auch in der schon zuvor erwähnten **.4db**-Datei abspeichern. Erweiteren wir diese Datei nun um den Aufruf...

```
alias f1 = help
alias f2 = step
alias f3 = step into
alias f4 = continue
alias f5 = run
alias f6 = list break trace
alias f7 = list
alias f8 = dump
alias f9 = exit
alias f10 = print sqlca
alias f11 = where
alias f12 = disable all
use =
turn on autotoggle
turn off sourcetrace
turn on displaystops
turn on exitsource
turn off printdelay
timedelay source 0
timedelay command 0
list display
break main
run 12222 01/01/1995 31/03/1995
```

Abbildung 13.13: Hinterlegung des Programmaufrufes

Achten Sie stets darauf, daß der eigentliche Programmstart stets in der letzten Zeile erfolgt, sodaß zuvor alle anderen Einstellungen abgehandelt werden.

Die aktuellen Einstellungen können jederzeit mit der Anweisung *write* in eine Datei gesichert und später wiederverwendet werden.

Debuggen mit C-Routinen

Sollte Ihre Applikation auf C-Routinen zugreifen, so müssen diese Funktionen für den Debugger deklariert werden. Dazu wird die Datei *fgiusr.c* im Verzeichnis $INFORMIXDIR/etc verwendet.

Diese Deklaration ist aber schon für den Übersetzungsvorgang notwendig, sodaß der Debugger diese Funktionen auch kennt, wenn Sie hinzugelinkt werden.

```
cfgldb fgiusr.c Funktion_1.c Funktion_2.c -o debugger
```

Abbildung 13.14: Erzeugung eines modifizierten Debuggers

Die so neu erzeugte Debuggerversion ist nun aus der Shell durch Eingabe des Befehles *debugger* zu starten.

Übungen

①   Starten Sie den Debugger und speichern Sie die aktuelle Konfiguration mit *write db* ab. Editieren Sie diese Datei, indem Sie die Funktionstasten umbenennen. Kehren Sie in den Debugger zurück, lesen Sie die geänderte Version mit *read db* ein, und testen Sie die Wirkung.

②   Drücken Sie auf der Kommandoshell die F1-Taste und durchwandern Sie die OnLine Hilfe zu den einzelnen Kommandos

③   Beschreiben Sie die Vorgangsweise zum Debuggen von Programmen mit Parameterübergaben.

____

____

____

④   Erklären Sie die Vorgangsweise bei der Fehlersuche bei Programmen mit C-Routinen.

____

____

____

Musterlösungen

①&② Keine **schriftliche** Beantwortung möglich.

③ Beschreiben Sie die Vorgangsweise zum Debuggen von Programmen mit Parameterübergaben.

Die Parameter werden entweder dem RUN Kommando übergeben oder in einer .4db Datei hinterlegt.

④ Erklären Sie die Vorgangsweise bei der Fehlersuche bei Programmen mit C-Routinen.

Die C-Routinen, bzw externen Routinen, müssen zum Debugger gelinkt werden.

Kapitel 14

Entwicklung mit beiden Servern

- ➤ Übersicht
- ➤ Grundlagen der Datenspeicherung
- ➤ Unterschiedliche Befehlsgruppen
- ➤ Implementierungsstrategien
- ➤ Übungen

Übersicht

Der Softwareentwickler muß zu Beginn des Softwareprojektes den gewünschten Datenbankserver festlegen oder organisatorische Maßnahmen treffen, welche die Entwicklung unter beiden Servern regelt.

Je nach Wahl des Servers muß auf die dafür vorhandenen Befehle geachtet werden, bzw. sollte schon beim Datenbankdesign auf vorhandene Möglichkeiten Rücksicht genommen werden. Optimal ist die Entwicklung für beide Server, wobei die jeweiligen Features voll ausgenutzt werden, ohne parallele Quelldateien zu verwenden. In der Praxis ist der Server sicher auch eine Preisfrage und hier liegt ja die Standardengine vorne.

Ziel dieses Abschnittes, ist die Möglichkeiten der einzelnen Produkte aufzuzeigen und gleichzeitig eine methodische Vorgehensweise abzuleiten.

Definition des Datenbanklayouts

Dabei ist noch gar nicht der eigentliche DB-Aufbau gemeint, sondern vielmehr auf welchen physischen Plattenlaufwerken die Applikation verteilt wird. Dies richtet sich insbesonders an die Verwendung von Informix-OnLine. Um auf alle möglichen Umstände aufmerksam zu machen, wird nun ein wenig Grundverständnis erforderlich.

Grundlagen der Datenspeicherung

Wie schon bei der Vorstellung der Produktfamilie erwähnt, unterstützt OnLine *raw devices*. Ein *raw device* ist ein physisch zusammenhängender Festplattenbereich, auf welchen direkt, ohne Verwendung von Betriebssystemfunktionen, zugegriffen wird. Durch den direkten Plattenzugriff wird die Transaktionsleistung erhöht und gleichzeitig die Transaktionssicherheit gewährleistet. Der für die Datenspeicherung zur Verfügung stehende Bereich wird unter OnLine zunächst in *chunks* (=physisch zusammenhängender Festplattenbereich) unterteilt. Solch ein *chunk* kann ein raw device, ein Teil von einem *raw device* als auch eine Betriebssystemdatei sein.

Weiterhin werden *chunks* logische Einheiten genannt *dbspaces* zugeordnet. Ein Dbspace kann aus einem oder mehreren *chunks* bestehen. Chunks eines Dbspaces können auf unterschiedlichen Festplatten liegen.

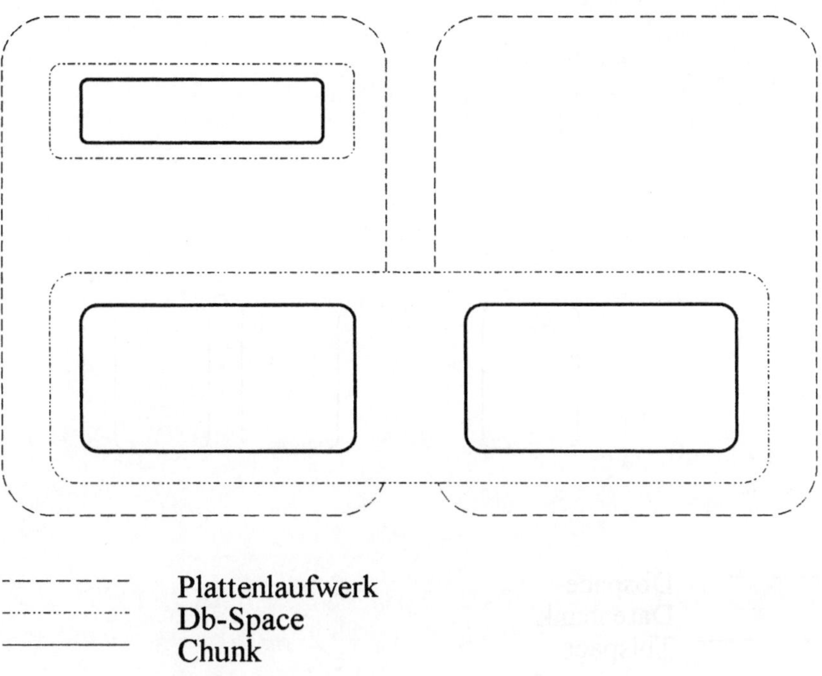

Abbildung 14.1: Festplatten, Chunk & Dbspace

Ein *dbspace* besteht dann aus sogenannten *tblspaces* (=logische Einheit). Ein *tblspace* wird bei der Erstellung einer Datenbanktabelle bzw. Systemtabelle angelegt. Datenbanktabelle und zugehörige Indizes liegen in einem *tblspace*.

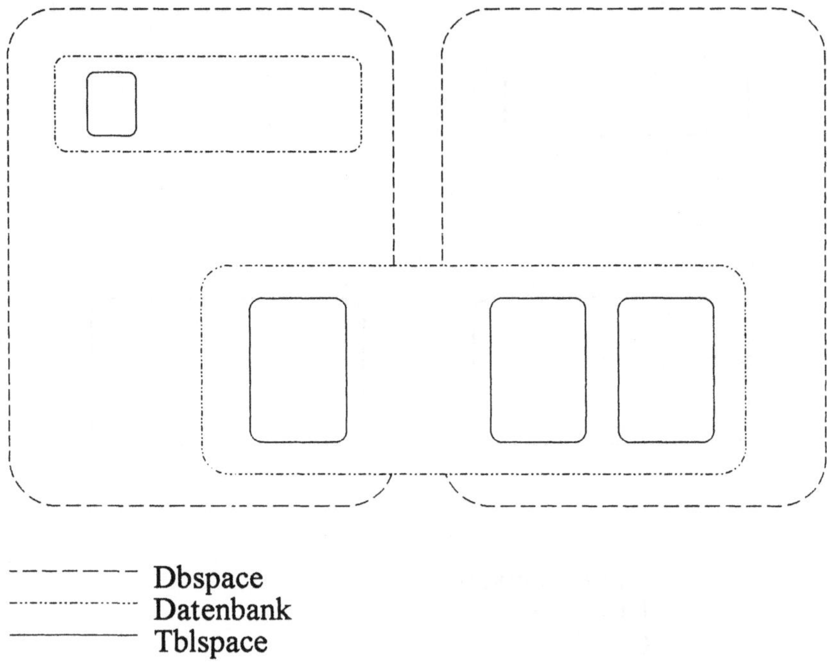

Abbildung 14.Dbspace, Datenbank & Tblspace

Dabei gelten folgende Zusammenhänge:

Die Größe einer Partition wird durch die Größe des *dbspace* begrenzt. Tabellen einer Datenbank müssen nicht im selben *dbspace* liegen. Eine Partition selbst wird wiederum in *extents* unterteilt. Ein *extent* wird beim Anlegen einer Tabelle hinzugefügt, wobei die Größe vom Entwickler vorgegeben werden kann. Weitere *extents* werden von OnLine automatisch hinzugefügt, sofern die Größe der Tabelle alle vorhandenen *extents* aufbraucht.

Die kleinste Einheit ist eine *page*. Die Größe einer *page* entspricht jener, die wir schon aus dem *shared memory* kennen.

Abbildung 14.2: Tblspace, Extent & Page

Im Gegensatz zu OnLine verwendet die SE das UNIX-Filesystem. Standardmäßig wird eine Datenbank im *current directory*, also dem aktuellen Betriebssystemverzeichnis angelegt. Eine Datenbank ist für den UNIX-Benutzer als *directory* sichtbar. Betrachtet man die Dateien in einem Datenbankverzeichnis einer leeren Datenbank, so sind einige Dateien vorhanden. Dateien mit der Endung **.dat** sind Daten-, Dateien mit **.idx** sind Indexdateien. Die bei der Anlage einer Datenbank automatisch generierten Dateien in diesem Verzeichnis sind nichts anderes als Verwaltungstabellen. Der Inhalt darf keinesfalls vom Datenbankbenutzer verändert werden.

Unter dem Standardserver werden Datenbanken immer im aktuellen Verzeichnis gesucht. Über die Umgebungsvariable *DBPATH* können zusätzliche Verzeichnisse definiert werden, welche nach der Datenbank durchsucht werden.

☞   Die Umgebungsvariable *DBPATH* wird je nach Datenbankserver unterschiedlich verwendet. Während sie unter dem Standardserver auf DB- und Maskenverzeichnisse verweist, gibt sie unter Informix-Online und Informix-STAR den Namen des Informixsystemes an, in welchem die Datenbank zu finden ist.

Die Tatsache, daß SE und OnLine Daten unterschiedlich ablegen, verlangt auch nach unterschiedlichen Befehlsstrukturen. Beginnen wir mit der Erstellung einer Datenbank.

```
#
# Anweisung unter Informix-OnLine
#
CREATE DATABASE db_name [IN DBSPACE]
  [WITH[BUFFERED]LOG]

#
# Anweisung unter Informix-SE
#
CREATE DATBASE db_name [WITH LOG IN "pfadname"]
```

Physischer Datenbankbereich

OnLine: IN DBSPACE

Bestimmen Sie mit IN DBSPACE in welchen Dbspace OnLine Systemtabellen, welche für die interne Verwaltung notwendig sind, abgelegt werden sollen. Fehlt diese Angabe, so wird der Standard DBSpace *rootdbs* verwendet.

SE: immer das aktuelle Verzeichnis

Transaktionsprotokollierung

Die Transaktionprotokollierung ist weder unter OnLine noch unter SE zwingend, sodaß Datenbanken zumindest theoretisch auch ohne Transaktionen arbeiten können.

OnLine: [WITH [BUFFERED] LOG]

> OnLine protokolliert jeweils die gesamte Datenbank. Dabei kann der Datenbankverwalter zwischen gepufferter und ungepufferter Protokollierung wählen. Die gepufferte Protokollierung senkt die Anzahl der physischen Plattenzugriffe durch Pufferung der Protokolldatei im Hauptspeicher, was zumindest theoretisch zu einem Performancegewinn führt, ist aber mit einer geringeren Transaktionssicherheit verbunden. Daher können bei der Restaurierung nach einem Systemabsturz einge Transaktionen fehlen. Dies sind all jene, welche zwar in der Logdatei des Hauptspeichers notiert wurden, aber auf keinen physischen Speicher mehr geschrieben werden konnten. Die eigentliche Protokolldatei ist für den Anwender nicht sichtbar.

> OnLine ist in der Lage, volle Logdateien automatisch zu sichern.

SE:

> Die SE realisiert die Transaktionsprotokollierung in einer vom Datenbankverwalter definierten Betriebssystemdatei.

☞ SE sichert Logdateien nicht automatisch. Für 4GL-Applikationen muß eine SicherungsFunktion implementiert werden.

Varianten zur Datensicherung unter dem StandardServer

Unter dem Standardserver gibt es prinzipiell zwei Möglichkeiten der Datensicherung.

1. Archivierung des kompletten Datenbankverzeichnisses

2. Verwendung des Utilities **dbexport**

Obwohl nur die 2. Variante verlangt, daß die Datenbank zum Zeitpunkt der Sicherung EXCLUSIVE zur Verfügung steht, sollte die Archivierung des Datenbankverzeichnisses grundsätzlich **nie** in der normalen Betriebszeit erfolgen.

☞ Besonders wichtig ist dieser Umstand, wenn Datenbanktabellen in verschiedenen Verzeichnissen liegen. In diesem Falle kann die Integrität natürlich leicht gestört werden, da die Archivierung der Verzeichnisse nur sequentiell erfolgen kann. Während ein DB-Verzeichnis auf Band geschrieben wird, könnten Tabellen im zweiten Verzeichnis verändert werden, sodaß wir Tabelleninhalte zu **unterschiedlichen Zeitpunkten** erhalten.

Unter Verwendung des **dbexport**-Utilities erhalten wir ASCII-Dateien, wie Sie auch mit dem 4GL Befehlen LOAD/UNLOAD erzeugt werden. Zusätzlich wird aber auch ein SQL-Script zur Definition der Datenbank generiert und abgelegt. Wir haben somit nicht nur den Datenbestand, sondern auch die Datenbankdefinition gesichert.

Zur Einbindung der Datensicherung in eine 4GL-Applikation wird der Befehl **RUN** verwendet. Dabei wird entweder der gesamte Befehl zur Datensicherung oder besser nur der Name eines Shell-Script angegeben, damit Änderungen (z.B. Laufwerksbezeichnungen) ohne Veränderung des 4GL-Quelltextes vorgenommen werden können.

```
#
#Eine einfache Datensicherungsprozedur
#
FUNCTION sichere_db()

DEFINE
  ret_code        SMALLINT        # Returncode des Shell-Skripts

  DATABASE EXCLUSIVE
  IF sqlca.sqlcode != 0
  THEN
    ERROR "Datenbank wird noch benutzt"
  ELSE
    RUN "/usr/anwend/sich/backup" RETURNING ret_code
    # Prüfe den Returncode auf Erfolg
    IF ret_code > 0
    THEN
      ERROR "Fehler bei Datensicherung"
    END IF
  END IF

END FUNCTION
```

Abbildung 14.3: Einbettung der Datensicherung

```
#
# Ein einfaches ShellSkript zur Datensicherung
#

clear

if test ! -d $ANWENDUNG
then
  echo "Anwendungsverzeichnis ist nicht bekannt"
  exit 2
else
  tar cv $ANWENDUNG
fi
```

Abbildung 14.4: Datensicherung über UNIX

Anlegen der Datenbank

```
#
# OnLine
#
CREATE [TEMP] TABLE tabellen-name (feldname typ [NOT NULL]},...)
  [IN dbspace] [EXTENT SIZE zahlenwert]
  [NEXT SIZE zahlenwert]
  [LOCK MODE(PAGE [ROW])]
#
# SE
#
CREATE [TEMP] TABLE tabellen-name (feldname typ [NOT NULL]},...)
  [IN pfadname]
```

Abbildung 14.5: Klauseln unter OnLine und SE

Physischer Tabellenbereich

OnLine: IN dbspace

Unter Online kann der physische Speicherbereich über den Dbspace bestimmt werden.

SE: IN pfadname

Der Standardserver ist ebenfalls in der Lage, Tabellen auf verschiedenen Festplattensystemen zu verwalten. Angegeben werden muß dabei der gewünschte Betriebssystemdateiname zur Tabelle. Das eigentliche Datenbankdirectory bleibt in diesem Falle aber bestehen und enthält eben nur Systemtabellen.

Physischer Plattenspeicher

OnLine: EXTENT SIZE, NEXT SIZE

Die EXTENT SIZE gibt die Größe des *initial-extents* für die Tabelle und deren Indizes an. Die zu verwendende Einheit is *Kbyte*. Standardwert: 16 Kbyte = 8 Pages. Die genaue Berechnung der EXTENT SIZE ist in der *Informix OnLine-Administrators Guide* detailliert beschrieben.

☞ Die NEXT SIZE gibt die Größe für zusätzlich benötigte EXTENTS an. Fehlt die Angabe, so wird wiederum der Standardwert von 16 Kbyte verwendet.

SE:

Plattenspeicher wird bei Notwendigkeit über das Betriebssystem reserviert.

Sperrmechanismen

OnLine: [LOCK MODE {PAGE | ROW}]

Datensätze werden entweder implizit durch den 4GL Befehl *CURSOR....FOR UPDATE* oder implizit bei einem DELETE oder UPDATE Befehl gesperrt. Mit der *LOCK MODE* - Anweisung kann der Entwickler den gewünschten Sperrmechanismus festlegen.

Jedes System verfügt über eine begrenzte Anzahl von Satzsperren. Verwenden wir den *LOCK MODE ROW*, so wird jeder Datensatz, der gesperrt werden soll, mit einer Sperrmarke versehen. Bei *LOCK MODE PAGE* wird die gesamte Page, in welcher sich der zu sperrende Datensatz befindet, gesperrt. Die Verwendung von PAGE-Sperren ist insbesonders in jenen Fällen effektiv, wo zu sperrende Datensätze innerhalb ein und derselben PAGE liegen.

Nachteilig ist natürlich, daß die Parallelität der Applikation eingeschränkt wird. So kommt es schon öfters vor, daß Datensätze von anderen Benutzern zu bestimmten Zeiten nicht gesperrt werden können, da ein anderer Benutzer einen Datensatz derselben PAGE sperrt und somit die gesamte PAGE gesperrt hält. Verwendet man den LOCK MODE ROW, so ist besonders bei jenen Transaktionen, welche sehr viele Datensätze einer Tabelle verändern, darauf zu achten, daß die Anzahl der zulässigen Datensatzsperren nicht überschritten wird. In diesen Fällen ist es besser die gesamte Tabelle mit LOCK TABLE zu sperren.

SE:

Keine Pages, deshalb ist der unterstützte Sperrmechansimus implizit LOCK MODE ROW. Selbstverständlich kann auch unter dem Standard-Server mit LOCK TABLE eine Tabelle, mit DATABASE EXCLUSIVE eine gesamte Datenbank gesperrt werden.

Interferenzen

Unter Interferenz verstehen wir die gegenseitige Beeinträchtigung paralleler Prozesse. Dazu gehört einerseits, daß Datensätze zu jedem Zeitpunkt nur von genau einem Benutzer verändert werden dürfen, als auch zu definieren, welche Datensätze ein Benutzer, in Abhängigkeit der Verwendung durch andere, selektieren darf.

OnLine: SET ISOLATION

> Mit SET ISOLATION wird die Lesestufe des Datenbankbenutzers definiert. Dabei unterscheidet OnLine vier mögliche Stufen.

```
SET ISOLATION TO {          DIRTY READ|
                            COMMITED READ|
                            CURSOR STABILITY|
                            REPEATABLE READ                    }
```

Abbildung 14.6: 4GL Befehl zur Steuerung der Interferenz

DIRTY READ

> Der Datenbankprozeß darf auch jene Datensätze lesen, welche mit einer Schreibsperre versehen sind. Dies bedeutet, daß ein anderer Prozeß diesen Datensatz mit einer Änderungs- oder Löschabsicht angefordert hat.

> Trotzdem kann der Prozeß mit DIRTY READ (schmutziges Lesen) diesen Datensatz noch lesen. Aus diesem Umstand sprechen wir auch von sogenannten *Phantomsätzen*, da der Datensatz, nachdem wir ihn gelesen haben, in der Datenbank gar nicht mehr existieren muß, weil ein anderer Benutzer diesen gerade gelöscht hat.

> Haben wir den Datensatz im Zuge einer Selektion von der Datenbank erhalten und beabsichtigen anschließend diesen zu verändern, so merken wir bei der Sperre des Datensatzes, daß dieser gar nicht mehr existiert. Die Verwendung von DIRTY READ ist keinesfalls dort zu verwenden, wo heikle Datensätze (Geldsummen, ...) auszuwerten sind.

> Der Vorteil von DIRTY READ liegt in der Geschwindigkeit bei der Selektion, da der Server hier keine Sperren abzuprüfen hat

COMMITED READ

Der Prozeß mit COMMITED READ erhält den lesenden Zugriff auf den Datensatz nur dann, wenn auf diesem Satz keine Schreibsperre liegt. Gleichzeitig bleibt der zu lesende Datensatz für die gesamte Dauer der Leseoperation gesperrt. Während dieser Zeit dürfen andere Prozesse nur lesend auf diese Sätze zugreifen.

CURSOR STABILITY

Diese Lesestufe ähnelt dem COMMITED READ, mit dem Unterschied, daß Datensätze nicht nur für die Dauer des Lesevorganges gesperrt bleiben. Ein gelesener Datensatz mit CURSOR STABILITY bleibt solange gesperrt, bis der Prozeß, welcher die Sperre verursacht hat, auf den nächsten Datensatz dieser Leseoperation zugreift.

REPEATABLE READ

Dies ist die sauberste, aber auch langsamste Lesestufe. Datensätze dürfen hier nur dann gelesen werden, wenn auf diesen keine Schreibsperre liegt. Diese Datensätze bleiben bis zum Ende der Transaktion gesperrt.

☝ Bei Datenbanken ohne Transaktionsprotokollierung erfolgt der Lesezugriff ausschließlich auf der Stufe DIRTY READ

SE:

Hier gibt es solche Isolationsstufen nicht. Implizit wird COMMITED READ verwendet.

Anzumerken bleibt noch, daß OnLine auch mit dem UNIX-Filesystem arbeiten kann, jedoch sollte von dieser Möglichkeit nur in Ausnahmefällen (z.B. kein freier Plattenspeicher vorhanden) Gebrauch gemacht werden. Die Performance wird dabei stark beeinträchtigt.

Sonstige Unterschiede

OnLine erlaubt in der ORDER BY bzw. GROUB BY-Klausel maximal 16 Felder, während unter der SE lediglich 8 Felder unterstützt werden.

Unterschiedliche Befehlsgruppen

Standard Server

Bedingt durch die Architektur des Servers, ergeben sich im Unterschied zu OnLine einige Einschränkungen bzw. unterscheidet sich die Syntax der einzelnen Befehle.

Betrachten wir zunächst jene Befehle, welche nur unter dem Standardserver verfügbar sind:

```
CREATE AUDIT FOR tabellen-name IN "pfadname"
DROP AUDIT FOR tabellen-name
RECOVER TABLE tabellen-name
ROLLFORWARD DATABASE datenbank-name
START DATABASE datenbank-name
  WITH LOG IN "pfadname"
  [MODE ANSI]
```

Abbildung 14.7: Befehle zum Standardserver

Die gezeigten Befehle gehören alle zu den Befehlen der Datenbankintegrität. Während OnLine die Integrität vollkommen selbständig verwaltet, muß unter dem Standardserver Hand angelegt werden.

Wie aus der allgemeinen Datenbanktechnologie bekannt, führen Datenbanksysteme Protokolldateien, welche die Datenrestaurierung nach Systemabstürzen erlauben. Dazu gibt es unter dem Standardserver zwei Alternativen.

❖ Führe eine Protokolldatei für die gesamte Datenbank

❖ Protokolliere nur Veränderungen auf gewünschte Tabellen (AUDITS)

Selbstverständlich erfordert die Protokollierung von AUDIT-Dateien weniger Zeit als die Verwendung eines Datenbanklogs, jedoch findet man in der Praxis kaum Applikationen, wo es vertretbar ist, nur einzelne Tabellen zu protokollieren.

Deshalb wird auch unter dem Standardserver hauptsächlich mit **einem Datenbanklog** gearbeitet.

Informix-OnLine verwaltet diese Logdateien völlig transparent, unter SE wird eine Betriebssystemdatei verwendet. Angelegt wird eine Protokolldatei üblich bei der Erstellung der Datenbank. Sie kann aber auch nachträglich hinzugefügt werden.

```
#
# Definition bei Anlage der Datenbank
#
CREATE DATABASE universitaet WITH LOG IN "/usr/db/uni.log"

#
# Definition bei bestehender Datenbank
#
START DATABASE universitaet WITH LOG IN "/usr/db/uni.log"
```

Wie unter UNIX üblich müssen Zugriffsrechte zu dieser Protokolldatei für sämtliche Benutzer definiert werden.

Speichern Sie Logdateien generell auf einer zweiten Festplatteneinheit, sodaß bei Zerstörung einer Einheit der Datenverlust so gering als möglich bleibt.

Da manche Befehle nur mit der SE arbeiten, muß in der Applikation sichergestellt sein, daß keiner dieser Befehle unter OnLine abgearbeitet wird.

Damit ein 4GL-Programm erkennt, welcher Server verwendet wird, können wir entweder die UNIX-Umgebungsvariable **SQLEXEC,** mit der 4GL-Funktion *fgl_getenv()* abfragen, oder den Inhalt des SQLCA-Records unmittelbar nach der DATABASE-Anweisung auswerten.

```
GLOBALS
  DEFINE online SMALLINT        # Kennzeichen für Server
                                # 1...Server = OnLine
                                # 0...Server = SE
END GLOBALS

. . .

FUNCTION bestimme_server()

  # Variablen
  DEFINE
    sqlexec        CHAR(30)

  sqlexec=fgl_getenv("SQLEXEC")

  IF sqlexec IS NOT NULL
  THEN
    # Umgebungsvariable ist definiert
    IF sqlexec[length(sqlexec)]="o"
    THEN
      LET online = TRUE
    ELSE
      LET online = FALSE
  ELSE
    # Umgebungsvariable ist nicht definiert, Abbruch
    ERROR "DB-Server kann nicht ermittelt werden"
    LET sqlca.sqlcode = NOTFOUND
  END IF
END FUNCTION
```

Abbildung 14.8: Abfragen der Umgebungsvariable **SQLEXEC**

```
DATABASE informix

IF SQLCA.SQLAWARN[1]="W"
THEN
  LET online=TRUE
END IF
```

Abbildung 14.9: Auslesen des SQLCA-Records

Um serverspezifische Befehle zu verwenden, wird im Programm das globale Kennzeichen *online* ausgewertet.

```
CREATE TABLE auftrag
  (auftrags_datum         DATE,
   kunden_nummer INTEGER,
   betrag                      MONEY(16,2))

IF NOT online
THEN
  CREATE AUDIT FOR auftrag IN "/usr/wws/auftrag.audit"
END IF
```

Abbildung 14.10: Verwendung des globalen Serverkennzeichens

OnLine

Unter OnLine stehen drei servereigene Befehle zur Verfügung.

```
LOCATE variablen-liste IN {MEMORY | FILE [dateiname]}

SET ISOLATION TO
  {CURSOR STABILITY |
  {DIRTY | COMMITTED | REPEATABLE} READ}

SET [BUFFERED] LOG
```

Abbildung 14.11: Befehle zu Informix-OnLine

Der LOCATE Befehl gehört zum mächtigen Datentyp BLOB und bestimmt, ob eine BLOB-Variable während der Verarbeitung im Hauptspeicher oder in einer Betriebssystemdatei gehalten wird.

Mit SET ISOLATION wird die Lesegranularität paralleler Datenbankzugriffe definiert. SET LOG erlaubt die Bufferung der Logprotokolle im Haupspeicher, dadurch wird die Anzahl der notwendigen Schreiboperationen zur Sicherung der Logdateien reduziert, was auf der anderen Seite zu einem zumindest theoretisch größeren Risiko an Transaktionsverlust führt.

Syntaktische Unterschiede

Befehle zur Erstellung einer Datenbank bzw. einer Datenbanktabelle und der Befehl zur Änderung einer Datenbanktabelle stehen unter beiden Servern zur Verfügung, besitzen aber syntaktische Unterschiede.

```
1.    ALTER TABLE tabellen-name
2.      {ADD (spaltenname
3.        {spalten-typ | {BYTE | TEXT}
4.          [IN {TABLE | blobspace-name}]]}
5.          [NOT NULL] [UNIQUE [CONSTRAINT constr-name]][, ...])
6.          [BEFORE spalten-name]
7.        | DROP (spalten-name [, ...])
8.        | MODIFY (spalten-name neuer-typ [NOT NULL] [, ...])
9.        | ADD CONSTRAINT UNIQUE (spalten-name [, ...])
10.         [CONSTRAINT constr-name]
11.       | DROP CONSTRAINT (constr-name [, ...])}} [, ...]
12.       | LOCK MODE ({PAGE | ROW})

13.       | MODIFY NEXT SIZE nummer}
```

Abbildung 14.12: Syntaktische Unterschiede (OnLine fett)

Mit diesem Befehl werden den Tabellenspalten, Datentypen zugewiesen. Wird die 4GL-Applikation für beide Servertypen entwickelt, so sollten auch alle verfügbaren Datentypen verwendet werden. Dies sind vor allem unter OnLine BYTE, TEXT und VARCHAR.

Änderung des Datenbanklayouts

Solange man eine Datenbankapplikation weiterentwickelt, wird auch laufend das Datenbankschema verändert. Während diese Änderungen auf der Entwicklermaschine, vielleicht noch ohne großes Aufsehen zu erregen, mit Informix-SQL interaktiv durchgeführt werden kann, muß für die Kundenmaschine ein strategisches Vorgehensmodell entworfen werden. Dabei spielen folgende Überlegungen eine große Bedeutung.

Wartungsfreundlichkeit

In der Praxis sollten alle Datenbankänderungen vollautomatisch abgewickelt werden. Kein Softwarehaus kann es sich auf Dauer leisten, daß die Applikation abstürzt, weil ein Mitarbeiter vergaß, das neue Datenbankfeld anzulegen. Hier sollten also einige Überlegungen investiert werden.

Echtdatenbestand

Beim Kunden kann nicht einfach eine Tabelle gelöscht und neu aufgebaut werden. Der Grund dafür ist der Datenbestand, der oft 100000 Datensätze umfaßt. Ein Neuaufbauen der Tabelle, mit anschließender Wiedereinspielung der Echtdaten, ist bei großen Tabellen ein nicht zu übersehender Zeitfaktor. Vor allem der Aufbau von zahlreichen Indizes nimmt einige Zeit in Anspruch.

Wir wollen im folgenden alle zu berücksichtigenden Fakten für ein wartungsfreundliches Datenbankschemaprogramm aufzeigen.

Implementierungsstrategien

Die in diesem Kapitel besprochenen Unterschiede, verlangen vor Beginn der Entwicklung, einige Überlegungen. Da serverspezifische Befehle nur unter dem jeweiligen Produkt ausgeführt werden dürfen, ist die Verwendung einer IF Anweisung naheliegend.

```
IF online
THEN
   # Anweisungen für Informix-OnLine
ELSE
   # Anweisungen für Informix-SE
END  IF
```

Besser eignet sich die Verwendung von *preparten* Anweisungen. Dadurch bleiben die Befehle übersichtlicher und verringern die Fehlergefahr bei Änderungen. Betrachten wir diese Aussage anhand einer CREATE TABLE-Anweisung. Gerade diese Anweisung wird bei Ausnutzung der OnLine Datentypen sicher von der SE-Version abweichen.

```
FUNCTION baue_tabellen_se()

  CREATE TABLE adresse(
    id_adresse          INTEGER,
    id_anrede           INTEGER,
    name_1              CHAR(30),
    name_2              CHAR(30),
    name_3              CHAR(30),
    strasse             CHAR(30),
    plz                 SMALLINT,
    id_ort              INTEGER,
    telefon             CHAR(30),
    telefax             CHAR(30),
    photo               CHAR(16))

END FUNCTION

FUNCTION baue_tabelle_ol()

  CREATE TABLE adresse(
    id_adresse          INTEGER,
    id_anrede           INTEGER,
    name_1              VARCHAR(30,30),
    name_2              VARCHAR(20,30),
    name_3              VARCHAR(0,30),
    strasse             VARCHAR(20,30),
    plz                 SMALLINT,
    id_ort              INTEGER,
    telefon             VARCHAR(10,30),
    telefax             VARCHAR(10,30),
    photo               BYTE)

END FUNCTION
```

Abbildung 14.13: Getrennte Definitionen zu Datenbanktabellen

Um eventuelle Datenbankänderungen effizient abzuwickeln, sollten diese Funktionen zumindest im selben Sourcemodul stehen. Vergessen wir bei unserem Beispiel nicht, daß es sich dabei um eine "kleine" Tabelle mit nur wenigen Tabellenfeldern handelt und Tabellen mit mehr als 40 Tabellenfeldern durchaus vorkommen und daher schwieriger zu überblicken sind.

Unter Verwendung eines *preparten* CREATE TABLE Befehles reduzieren wir die Anzahl von möglichen Fehlerquellen und haben nur mehr eine definierte Stelle, wo eine Tabelle angelegt wird.

```
FUNCTION baue_tabellen()

  # Variablen
  DEFINE select_string  CHAR(1000)

  LET select_string = "CREATE TABLE adresse (",
    "id_adresse          INTEGER,",
    "id_anrede           INTEGER,"
  IF online
  THEN
    LET select_string = select_string CLIPPED,
    "name_1              CHAR(30),",
    "name_2              CHAR(30),",
    "name_3              CHAR(30),",
    "strasse             CHAR(30),"
  ELSE
    LET select_string = select_string CLIPPED,
    "name_1              VARCHAR(30,30),",
    "name_2              VARCHAR(20,30),",
    "name_3              VARCHAR(0,30),",
    "strasse             VARCHAR(20,30)"
  END IF

  LET select_string = select_string CLIPPED,
    ."plz                SMALLINT,",
    ."id_ort             INTEGER,"

  IF online
  THEN
    LET select_string = select_string CLIPPED,
    "telefon             VARCHAR(10,30),",
    "telefax             VARCHAR(10,30),",
    "photo               BYTE)"
  ELSE
    LET select_string = select_string CLIPPED,
    "telefon             CHAR(30),",
    "telefax             CHAR(30),",
    "photo               CHAR(16))"
  END IF

  PREPARE id_tabl FROM select_string

  IF sqlca.sqlcode = 0
  THEN
    # Kein Fehler aufgetreten, OK zum ausführen
    EXECUTE id_tabl
    IF sqlca.sqlcode < 0
    THEN
      RETURN FALSE
    ELSE
      RETURN TRUE
    END IF
  END IF
END FUNCTION
```

Abbildung 14.14: Wartungsfreundliche Version

Tabellen sollen in der Regel nur dann neu angelegt werden, wenn diese noch nicht existieren. Die Information, welche Tabellen bereits existieren, entnehmen wir der Systemtabelle *systables*.

```
SYSTABLES

    tabname                CHAR(18)         # Tabellenname
    owner                  CHAR(8)          # Eigentümer
    partnum                INTEGER          # Nr. d.Tblspace
    tabid                  SERIAL           # fortlaufende Nummer
    ...
```

Abbildung 14.15: Der Aufbau der Systemtabelle systables

Mit einem einfachen SELECT...

```
    SELECT ROWID
      FROM systables
     WHERE
           tabname = "adresse"

IF sqlca.sqlcode = NOTFOUND
THEN
    # Nicht gefunden, OK zur Neuanlage
    ...
END IF
```

...erfahren wir, ob die Tabelle neu angelegt werden soll, oder nicht. Ebenso wird bei der Prüfung auf Existenz von Tabellenspalten **syscolumns**, Indizes **sysindizes** und eingestellten Datentypen verfahren.

Ändern des Datentyps einer bestehenden Tabellenspalte

Um mit einem 4GL-Programm den Datentyp einer bestehenden Tabellenspalte zu eruieren, lesen wir aus der Systemtabelle **syscolumns** das Feld **coltype**. Dieses Feld liefert einen ganzzahligen Wert, dessen Bedeutung in der INCLUDE-Datei $INFORMIXDIR/incl/sqltypes.h definiert ist.

```
#
# Lies den Datentyp zum Attribut anschrift der
# Tabelle adresse
#
  SELECT sc.coltype
    INTO r_coltype
    FROM systables st, syscolumns sc
   WHERE

         st.tabname = "adresse"
         AND
         st.tabid = sc.tabid
         AND
         sc.colname = "anschrift"

IF r_coltype = 0
THEN
   # Derzeit noch Datentyp CHAR, ändere nun auf VARCHAR
   ALTER TABLE ...
END IF
```

Abbildung 14.16: Lesen des Datentypes eines Attributes

Hinzufügen von NOT NULL Tabellenspalten

Um Spalten vom Typ NOT NULL zu einer nicht leeren Tabelle hinzuzufügen, reicht es nicht aus, eine ALTER TABLE-Anweisung mit NOT NULL zu verwenden. Der Grund dafür liegt in der Tatsache, daß solche Spalten zu jedem Zeitpunkt mit konkreten Werten gefüllt sein müssen. Diese Bedingung wäre zum Zeitpunkt des Einfügens verletzt.

Möchte man eine NOT NULL-Spalte nachträglich einfügen/ändern, so sind folgende Schritte durchzuführen:

❖ Definiere die neue Spalte mit NULL

❖ Trage in diese Spalte Defaultwerte ein (z.Bsp.: 0 für Zahlenwerte, "" für Strings)

❖ Ändere den Datentyp von NULL auf NOT NULL

Übungen

Formulieren Sie unter Verwendung aller Ihnen zur Verfügung stehenden Unterlagen Lösungsvorschläge zu den Aufgaben:

①   Für ein DB-Wartungsprogramm soll eine Datenbankänderung durchgeführt werden. Der Datentyp der Spalte *anzahl* aus der Tabelle *auftrag* soll vom Datentyp SMALLINT auf INTEGER geändert werden.

    Kann diese Änderung während des normalen Datenbankbetriebes erfolgen?

    ____

    ____

    ____

②   Prüfen Sie, ob zur Tabelle *auftrag* ein Index mit dem Namen *auftrag_1* existiert. Falls nicht, so erstellen Sie diesen Index über die Felder *num_auftrag, dat_auftrag, cod_status*.

    Kann diese Änderung während des normalen Datenbankbetriebes erfolgen?

    ____

    ____

    ____

③   Erklären Sie wesentliche Unterschiede der CREATE-TABLE Anweisung unter Verwendung von SE bzw. OnLine.

    ____

    ____

    ____

④ Was passiert, wenn Anweisungen, welche nur von Informix-OnLine unterstützt werden, auf dem StandardServer zur Ausführung gebracht werden?

Musterlösungen

① Für ein DB-Wartungsprogramm soll eine Datenbankänderung durchgeführt werden. Der Datentyp der Spalte *anzahl* aus der Tabelle *auftrag* soll vom Datentyp SMALLINT auf INTEGER geändert werden.

```
SELECT coltype
  INTO r_coltype
  FROM syscolumns, systables
 WHERE
       syscolumns.tab_id = systables.tab_id
       AND
       systables.tabname = "auftrag"
       AND
       syscolumns.colname = "anzahl"

IF sqlca.sqlcode = NOTFOUND
THEN
   # Tabellenfeld existiert nicht
   ...
END IF

IF r_coltype = 2
THEN
   # Ja, aktuelle Spalte ist SMALLINT (=2)
   ALTER TABLE auftrag
     MODIFY (anzahl INTEGER)
END IF
```

Kann diese Änderung während des normalen Datenbankbetriebes erfolgen?

Ja ☒   Nein ☐

② Prüfen Sie, ob zur Tabelle *auftrag* ein Index mit dem Namen *auftrag_1* existiert. Falls nicht, so erstellen Sie diesen Index über die Felder *num_auftrag, dat_auftrag, cod_status*.

Kann diese Änderung während des normalen Datenbankbetriebes erfolgen?

Ja ☒   Nein ☐

③ Erklären Sie wesentliche Unterschiede der CREATE-TABLE Anweisung unter Verwendung von SE bzw. OnLine.

Unter OnLine können zusätzliche Datentypen verwendet werden (VARCHAR, TEXT BYTE). Die NEXTSIZE der *extents* wird festgelegt und der LOCKMODE (*page* oder *row*) bestimmt.

④ Was passiert, wenn Anweisungen, welche nur von Informix-OnLine unterstützt werden, auf dem StandardServer zur Ausführung gebracht werden.

Es kommt zu einem Laufzeitfehler.

Kapitel 15

Der Datenbankzugriff

- ➢ Übersicht
- ➢ INSERT, SELECT, UPDATE & DELETE
- ➢ Outer Joins
- ➢ Vorbereitete Befehle
- ➢ Stored Procedures
- ➢ Übungen

Übersicht

Dieses Kapitel vermittelt einen Überblick zu den vier grundlegenden Zugriffsfunktionen, *INSERT, SELECT, UPDATE & DELETE*, des Datenbanksystemes. Diese Befehle sind auch in der SQL definiert, verfügen in der 4GL aber über einige Erweiterungen.

Wir werden zunächst die Unterschiede zwischen SQL- bzw, 4GL-Definition besprechen und möchten uns im Rest dieses Kapitels auf die praktische Verwendung der Befehle konzentrieren.

Nach dem Durcharbeiten dieses Kapitels sollten Sie in der Lage sein, Ihre vielleicht schon entworfenen Programme bezüglich der genannten Kriterien zu beurteilen bzw. für eventuell geplante Applikationen strategische Überlegungen anzustellen.

Der INSERT Befehl

Zunächst betrachten wir die Definition laut ANSI und besprechen die Verwendbarkeit des SQL Befehles in der Anwendungsentwicklung.

```
INSERT INTO tabellen-name [(spalten-list)]
  {VALUES (werte-liste)|SELECT-Anweisung}
```

Abbildung 15.1: Definition der INSERT-Anweisung (SQL)

Die markanteste Einschränkung ist die Tatsache, daß wie in ANSI-SQL üblich keine Programmvariablen verwendet werden. Die *werte-liste* ist hier tatsächliche eine reine Liste von Werten, wobei Zeichen-, Datum,- und Zeitangaben unter Hochkomma gestellt werden. Einzige Alternative dazu ist die Verwendung der eingebetteten Systemfunktionen, *TODAY, USER, etc.* oder einer *Select-Anweisung*.

```
1.  # Eintrag mit "starren"-Werten

2.   INSERT INTO konto (nr, betrag, datum, angest)
3.      VALUES ( 110011, 1000, "04/04/1993" )

4.  # Eintrag mit BuiltIn-Funktionen

5.   INSERT INTO konto (nr, betrag, datum, angest)
6.      VALUES ( 110011, 1000, TODAY, USER )

7.  # Eintrag mittels SELECT

8.   INSERT INTO konto (nr, betrag, datum, angest)
9.      SELECT * FROM filiale_wien
10.        WHERE nr = 110011
```

Abbildung 15.2: Beispiele zum SQL-Insert

Wir sind unter Verwendung von SQL also auf jene Fälle beschränkt, wo alle einzufügenden Werte bekannt sind oder aus einer anderen Tabelle gelesen werden (siehe Zeilen 9-10).

Für die Verwendung in realistischen Applikationen ist der Befehl laut SQL-Definition natürlich unzureichend. Wir benötigen Programmvariablen, deren Werte durch die Programmlogik gesteuert werden. Im INSERT Befehl selbst kann die Variable dann anstelle des konstanten Wertes in die *VALUES-Klausel* verwendet werden.

```
2.    # Definiere Programmvariablen

4.    DEFINE
5.       v_kontonr INTEGER,
6.       v_betrag        DECIMAL(11,2)

7.    ...

8.    INSERT INTO konto
9.       VALUES (v_kontonr, v_betrag, TODAY, USER)
```

Abbildung 15.3: Verwendung von Programmvariablen

Der SELECT-BEFEHL

Der SELECT Befehl dient zum Informationsgewinn aus der Datenbank und ist der wohl am häufigsten verwendete SQL Befehl. Der Entwickler bzw. Anwender sollte mit diesem Befehl sehr gut vertraut sein, um Datenbankabfragen richtig zu formulieren.

Ich empfehle aus diesem Grunde, sofern Sie mit dem SELECT Befehl noch nicht vertraut sind, besonders die Übungen am Ende dieses Kapitels sorgfältig durchzuarbeiten und mit den Musterlösungen zu vergleichen. Ideal zum Erlernen eignet sich die interaktive SQL-Schnittstelle des Produktes Informix-SQL.

Zum SELECT Befehl existieren in der Informix-Implementierung Algorithmen zur Vereinfachung eines noch so kompliziert formulierten SELECT Befehles in eine möglichst einfache Datenbankabfrage. Da viele Anwender interessiert, wie SELECT Befehle vereinfacht werden können, möchte ich gegen Ende dieses Kapitels Optimierungsstrategien vorstellen und auch anhand von praktischen Beispielen durchspielen. Nun aber zu den Unterschieden zwischen SQL- bzw. 4GL-SELECT.

```
2.   # Definition SQL-SELECT

4.    SELECT [ALL | DISTINCT | UNIQUE] spalten-liste
5.       FROM [OUTER]tabellen-liste
6.    [WHERE bedingung(en)]
7.    [GROUP BY spalten-liste]
8.    [HAVING bedingung(en)]
9.    [ORDER BY spalten-liste [ASC | DESC]]
10.   [INTO TEMP tabellen-name]

12.  # Definition 4GL-SELECT

14.   SELECT [ALL |[DISTINCT | UNIQUE]] spalten-liste
15.      [INTO variablen-liste]
16.     FROM {tabellen-name [alias]
17.     | OUTER tabellen-name [alias]
18.     | OUTER (tabellen-liste)} [, ...]
19.     [WHERE bedingung(en)]
20.     [GROUP BY spalten-liste]
21.     [HAVING bedingung(en)]
22.     [ORDER BY spalten-liste [ASC | DESC][, ...]]
23.     [INTO TEMP tabellen-name][WITH NO LOG]
```

Abbildung 15.4: SQL- & 4GL-SELECT

Der 4GL Befehl ist hier wiederum um die Verbindung zu Programmvariablen erweitert. Ergebniswerte werden mit der INTO-Klausel direkt in Variablen eingelesen. Dabei muß jedoch gewährleistet sein, daß nur **ein** Ergebnissatz in der Datenbank gefunden wird. Zur Behandlung einer beliebig großen Ergebnismenge steht uns die CURSOR-Technik zur Verfügung.

Die detaillierte Beschreibung zum SELECT Befehl entnehmen Sie bitte dem *Reference Manual, 2.*

Temporäre Tabellen

Eine temporäre Tabelle entspricht in Aufbau und Wirkungsweise einer Datenbanktabelle. Jedoch werden Temporärtabellen nicht auf der Festplatte, sondern im Hauptspeicher des Rechners aufgebaut.

Der Zugriff erfolgt daher grundsätzlich rascher als der Zugriff auf die Festplatte. Man neigt daher zum Ansatz, sämtliche Tabellen in Temporärtabellen zu laden. Die Applikation kann dann ausschließlich auf diese zugreifen. Die Größe und damit der Preis des dafür notwendigen Hauptspeichers läßt uns aber sofort vom gerade begonnenen Traum erwachen.

Trotzdem gibt es sinnvolle Verwendungsmöglichkeiten, wie z.B. zur Speicherung von Benutzerberechtigungen. Diese werden während der Programmausführung häufig abgefragt und werden somit sinnvoll in einer temporären Tabelle hinterlegt.

Überdies werden Temporärtabellen im Zusammenhang mit dem SELECT Befehl verwendet, wobei Ergebnistupel einer SELECT-Anweisung in ein temporäre Tabelle (**INTO TEMP tabellen-name**) abgelegt werden können. Der Aufbau der Tabelle entspricht dabei den selektierten Attributen im SELECT Befehl.

```
SELECT kundennr, artikelnr, artikeltext
 FROM auftrag, artikel, artikel_txt
 WHERE
    auftrag.artikelnr = artikel.artikelnr
    AND
    auftrag.artikelnr = artikel_txt.artikelnr
    INTO TEMP auftrag_artikel
```

Abbildung 15.5: Verwendung von Temporärtabellen im SELECT Befehl

Unsere Tabelle auftrag_artikel wird nach der Ausführung des SELECT Befehles angelegt und erhält das Schema:

auftrag_artikel (KUNDENNR, ARTIKELNR, ARTIKEL_TXT).

Werden vom SELECT Befehl keine Ergebniswerte geliefert, so wird die Tabelle trotzdem aufgebaut. Oft verwenden ungeübte Entwickler Temporärtabellen, um komplizierte Abfragen zu formulieren.

Diese Methode mag zwar für die Übersichtlichkeit sprechen, vergessen Sie jedoch nicht, daß jede dieser Tabellen zur Laufzeit des Programmes aufgebaut wird, und daher die Performance des Gesamtsystemes beeinflussen.

Sicher gibt es komplizierte Problemstellungen, bei denen die Verwendung von Temporärtabellen unumgänglich ist. Meist kommen Abfragen aber ohne Zwischentabellen aus, sodaß es für die Applikation sicher günstiger ist, mehr Zeit für die Formulierung des "mächtigeren" SELECT Befehles zu investieren als zu viele Temporärtabellen aufzubauen.

Temporärtabellen bleiben bei einem Datenbankwechsel erhalten und ermöglichen somit den einfachen Datentransfer zwischen mehreren Datenbanken.

Temporäre Tabellen sind im Unterschied zu physischen Datenbanktabellen nur für den erzeugenden Prozeß sichtbar. So kann während des Testens des 4GL-Programmes der Inhalt einer temporären Tabelle mit keinem Tool überprüft werden, da ein anderes Programm ja einen anderen Prozeß darstellt.

Dennoch haben wir die Möglichkeit, den Inhalt mittels **UNLOAD** Befehl in eine Datei zu schreiben und zu betrachten. Der UNLOAD wird an die kritische Programmstelle gesetzt, wobei ein Dateiname mitgegeben werden muß. Tragen Sie dafür sorge, daß Sie im von Ihnen angegebenen Verzeichnis die Schreiberlaubnis besitzen.

```
#
# Erstellung einer temporären Tabelle
#

SELECT * FROM objekt
 WHERE
   objektbez = "*halle"
 INTO TEMP temp_hallen

#
# Exportierung der Daten
#

UNLOAD TO "/tmp/hallen.unl"
   SELECT * FROM temp_hallen
```

Abbildung 15.6: Datenexportierung aus der tenporären Tabelle

Eine wichtige Einschränkung zu temporären Tabellen ist die Tatsache, daß die SELECT-Anweisung keine **ORDER BY** - Klausel beinhalten darf. Um dennoch eine sortierte Reihenfolge zu erhalten, legen wir nach Beendigung des SELECTs, über die gewünschten Attribute, einen Index.

Verwendung von Indizes

Indizes sind ein wichtiger Bestandteil des Datenbanksystems. Für die Antwortzeit eines SELECT Befehles ist die Verfügbarkeit von brauchbaren Indizes der wesentlichste Faktor. Unter *„brauchbaren Indizes"* verstehen wir jene, welche über die JOIN-Spalten des SELECT Befehles gelegt sind.

Outer Joins

Nachdem ein SELECT Befehl intern optimiert wurde (siehe *Abfrageoptimierung*) werden JOINS zwischen den Tabellen ausgeführt. Dabei muß der Datenbankserver sicherstellen, daß jedes Ergebnistupel sämtliche JOIN Bedingungen der *WHERE-Klause* erfüllt. Bei einem OUTER JOIN entfällt diese Prüfung, es werden auch jene Ergebnistupel geliefert, bei denen die JOIN Bedingung nicht erfüllt sind.

```
1.  # SELECT 1: ohne OUTER Join

2.  SELECT name, auftrags_datum
3.    FROM  kunden, auftrag
4.   WHERE
5.      kunden.nummer = auftrag.kundennummer

6.  # SELECT 2: mit OUTER-Join

7.  SELECT name, auftrags_datum
8.    FROM kunden, OUTER (auftrag)
9.   WHERE
10. kunden.nummer = auftrag.kundennummer
```

Abbildung 15.7: SELECT ohne und mit OUTER Join

Im zweiten **SELECT** definieren wir die Kundentabelle durch das Schlüsselwort
OUTER zur übergeordneten Tabelle. Übergeordnet deshalb, da aus dieser Tabelle
alle gespeicherten Werte des selektierten Attributes (siehe Zeile 7) im Ergebnis auf-
scheinen. Die geOUTERte Tabelle (hier auftrag) wird üblich auch als
untergeordnete Tabelle bezeichnet.

Ausgehend von den Tabellen

```
KUNDEN(name)                AUFTRAG(auftrags_datum)
------------                -----------------------
Mozart                      01.01.93
Haydn                       03.04.92
Bach                        03.03.92
Schubert
Strauß
```

liefert der erste **SELECT** die Ergebnisliste

```
   name               auftrags_datum
--------------------------------
   Mozart             01.01.93
   Haydn              03.04.92
   Bach               03.03.92

3 Sätze gefunden
```

Abbildung 15.8: Ergebnisliste zum SELECT 1

```
   name               auftrags_datum
--------------------------------
   Mozart             01.01.93
   Schubert
   Haydn              03.04.92
   Strauß
   Bach               03.03.92

5 Sätze gefunden
```

Abbildung 15.9: Ergebnisliste zum SELECT 2

Für alle Tupel ohne Verbindung zur Tabelle *auftrag* werden sämtliche Attribute der geOUTERten Tabelle mit NULL-Werten aufgefüllt.

 Der OUTER-Join ist nicht kommutativ:

$$A, \text{JOIN (B)} \neq B, \text{JOIN (A)}$$

Die Reihenfolge der Tabellennamen in der *FROM*-Klausel entscheidet darüber, welche Attribute durch NULL-Werte ersetzt werden, wenn die JOIN-Bedingung nicht erfüllt ist.

Eine SELECT-Anweisung kann aus mehreren untergeordneten Tabellen bestehen. So kann das Ergebnis einer OUTER-Operation mit einer Tabelle geOUTERt werden.

```
SELECT *
 FROM a,  OUTER b, OUTER c
    WHERE           a.x = b.x
                    AND
                    a.y = c.y

SELECT *
 FROM a,  OUTER (b, c)
    WHERE           a.x = b.x
            AND
                    a.y = c.y

SELECT *
 FROM a,  OUTER (b, OUTER c)
    WHERE           a.x = b.x
            AND
                    b.x = c.x
```

Abbildung 15.10: Beispiel für OUTER-Joins

Die ersten beiden SELECTs liefern das selbe Ergebnis, lediglich die Schreibweise der OUTER-Klauseln ist unterschiedlich.

Nun aber zu den Stolpersteinen, in Verbindung mit OUTER Joins. Die häufigsten Fehler treten durch falsche Formulierung des SELECTs auf. Dabei baut man entweder ein **kartesisches Produkt** oder einen **two-sided OUTER-Join.**

Das kartesische Produkt

Darunter verstehen wir die Ergebnismenge aller möglichen Kombinationen von Elementen zweier Mengen. Ein kartesisches Produkt entsteht bei jedem SELECT ohne WHERE Bedingung. Wir erhalten von so einem SELECT **alle möglichen Kombinationen** von Datensätzen. Die Anzahl der gelieferten Sätze entspricht dann dem Produkt: Datensätze_Tabelle1 * Datensätze_Tabelle2.

So ein kartesisches Produkt ist in der relationalen Datenbanktheorie definiert und auch erlaubt. Was aber nicht erlaubt sind, sind kartesische Produkte mit geOUTERten Tabellen, wo keine OUTER-Beziehung definiert ist.

```
1.      SELECT *
2.       FROM a, OUTER b

3.      SELECT *
4.       FROM a, OUTER b, OUTER c
5.       WHERE
6.         a.x = b.x
7.       AND
8.         a.y = b.y
```

Abbildung 15.11: Beispiele zu "OUTER-Kartesischen Produkten"

Während unserem Trivial-SELECT (Zeilen 1-2) die WHERE-Bedingung fehlt, müssen wir im zweiten SELECT (Zeilen 3-8) schon genauer hinsehen. Wir bemerken, daß zwar eine WHERE-Bedingung vorhanden ist, in dieser aber keine Beziehung zwischen den Tabellen **a** & **c** definiert ist. Wir halten fest:

Zu jeder OUTER-Beziehung zwischen zwei Tabellen muß eine JOIN-Bedingung in der WHERE-Klausel vorhanden sein.

Two-Sided Outer-Join

OUTER-Joins dürfen beliebig geschachtelt werden. Die Schachtelungstiefe wird auch als *Stufe* bezeichnet. Dabei erhöht jede OUTER-Anweisung die OUTER-Stufe.

```
SELECT *
  FROM a, OUTER b
 WHERE
       a.x = b.x

SELECT *
  FROM a, OUTER (b, c)
 WHERE
       a.x = b.x
       AND
       a.x = c.x

SELECT *
  FROM a, OUTER (b, OUTER(c)),
          OUTER e
 WHERE
       a.x = b.x
       AND
       b.y = c.y
       AND
       d.z = e.z
```

Abbildung 15.12: SELECTS mit unterschiedlichen OUTER-Stufen

Die Fehlermeldung zum two-sided OUTER JOIN tritt immer auf, wenn zwischen den Tabellen gleicher OUTER-Stufe eine JOIN-Bedingung existiert.

Subselects

In der WHERE Klausel eines SELECTs kann wiederum ein SELECT Befehl verwendet werden, um die Anzahl der Ergebnissätze einzuschränken. Wir sprechen dann von einem *Subselect* oder auch *Subquery*. Details dazu finden Sie im *Referenzmanual 2, der 4GL bzw. SQL.*

Zum Zeitverhalten solcher SELECTs erfahren Sie weitere Informationen im Kapitel *Queryoptimierung.*

Der UPDATE Befehl

Ein oder mehrere Datensätze werden über den UPDATE Befehl verändert. Dabei darf zu jedem Zeitpunkt nur ein Datenbankprozeß Schreibberechtigung besitzen. Diese Berechtigungen, werden mittels **Locks** (Sperren) realisiert. Dabei unterscheiden wir implizite und explizite Locks.

Implizite Locks

Unter einem impliziten Lock verstehen wir Sperren, die automatisch bei der Ausführung eines UPDATE- oder DELETE Befehles vergeben werden. Welche Datensätze bei der Ausführung gesperrt werden, geht entweder aus der WHERE-Bedingung hervor oder betrifft alle Datensätze der Tabelle, wenn es eine solche Bedingung nicht gibt.

```
#Implizite Sperren

 DELETE FROM kunden
  WHERE nr > 1999999


 UPDATE artikel
    SET einkaufspreis = einkaufspreis * 0.2
  WHERE artikel_num BETWEEN 400000 AND 500000

 UPDATE artikel
    SET einkaufspreis = einkaufspreis * 0.3
```

Abbildung 15.13: Beispiele für implizite Locks

Im Listing sehen wir beim ersten Update Befehl die WHERE-Bedingung. Es werden somit alle *artikel* deren Artikelnummer zwischen 400000 und 500000 liegt verändert, nachdem jeder Satz zuvor gesperrt werden konnte.

Kann der ausführende Datenbankprozeß nicht alle durch die WHERE-Klausel gewünschten Datensätze sperren, so wird der UPDATE-, DELETE-Vorgang nicht durchgeführt. Kein einziger Datensatz wird geändert bzw. gelöscht.

Explizite Locks

Durch explizite Locks ist es möglich, Datensätze unabhängig von deren weiterer Verarbeitung zu Sperren. Die Realisierung erfolgt unter Verwendung der CURSOR-Technik. Leider gibt es zur Realisierung von expliziten LOCKS keinen eigenen Befehl. Es muß für explizites Sperren immer ein CURSOR deklariert werden. So kommt es in jenen Fällen, wo nur ein bestimmter Datensatz gesperrt werden soll, zu erhöhtem Schreibaufwand (Deklarieren eines Cursors, Öffnen des Cursors, etc.). Im Zusammenhang mit Locks stellt sich die Frage, wie lange eine solche Sperre gültig ist. Verwendet man Transaktionen, so bleiben alle geänderten Datensätze für die Dauer der Transaktion gesperrt. Ohne Verwendung von Transaktionen bleibt der Datensatz bei impliziten Locks nur für die Dauer des Änderungsvorganges gesperrt.

Unabhängig davon, ob Transaktionen verwendet werden oder nicht, bleibt bei expliziten Locks der Datensatz, solange der Datensatz die *CURRENT ROW* darstellt, gesperrt.

Der DELETE Befehl

Mit dem DELETE Befehl werden Datensätze aus der Datenbank gelöscht. Dabei handelt es sich um ein physisches Löschen. Daten, die mit diesem Befehl gelöscht wurden, sind nicht mehr wiederzugewinnen.

```
# SQL-DELETE

  DELETE FROM tabellen-name
  [WHERE bedingung(en)]

# 4GL-DELETE

  DELETE FROM tabellen-name
  [WHERE {bedingung(en) | CURRENT OF cursor-name}]
```

Abbildung 15.14: Definitionen des DELETE Befehles

Meist sollen Datensätze aus statistischen Gründen, wie etwa Jahresvergleich etc., nicht physisch aus der Datenbank entfernt werden. Hier sprechen wir von einem **logischen** Löschvorgang. Dabei wird der zu löschende Datensatz nicht physisch gelöscht, sondern nur als gelöscht markiert. Aus der Programmlogik, welche diese Löschmarkierung abprüft, geht hervor, ob diese markierten Datensätze angezeigt werden oder nicht. Häufig wird dieses Löschkennzeichen durch den Datentyp DATE-TIME realisiert. Wir halten somit den Zeitstempel des Löschvorganges fest.

Trotzdem sollte zu jeder *logischen* Löschprozedur auch eine *physische* implementiert werden, sodaß nicht benötigte Datensätze keinen Plattenspeicher belegen.

Das Transaktionskonzept

Eine Transaktion ist eine Menge von Datenbankoperationen, die entweder komplett ausgeführt wird oder gar nicht. Sobald eine Teiloperation nicht ordnungsgemäß beendet wird, werden alle Datenbankänderungen seit Beginn der Transaktion zurückgesetzt. Die Datenbank erhält somit den Zustand wie er vor Beginn der Transaktion vorzufinden war. Eine Transaktion beginnt mit dem Schlüsselwort BEGIN WORK und endet mit COMMIT WORK bzw. ROLLBACK WORK.

```
BEGIN WORK
   UPDATE konto
      SET kontobetrag=kontobetrag-10000
    WHERE kontonr=400
...
   UPDATE konto
      SET kontobetrag=kontobetrag+10000
    WHERE kontonr=300
COMMIT WORK
```

Abbildung 15.15: Beispiel einer Transaktion

In unserem Beispiel wird vom Konto 400 der Betrag 10000 abgebucht und zum Konto 300 zugebucht. Könnte der Rechner, aus welchen Gründen auch immer, die Zubuchung nicht mehr ausführen, so wäre unser Betrag zwar vom Konto abgebucht, aber nicht dem Betragsempfänger zugebucht.

Mit Verwendung des Transaktionskonzeptes wird nun die Abbuchung wieder rückgängig gemacht. Die Applikation erhält über die STATUS-Variable (=sqlca.sqlcode) Auskunft, ob eine Teiloperation richtig ausgeführt wurde. Unsere Beispieltransaktion muß also um diese Abfragen erweitert werden. Grundsätzlich sollte innerhalb einer Transaktion jede Operation abgeprüft werden. Bei Mißerfolg einer Teiloperation wird die Gesamttransaktion mittels ROLLBACK Befehl zurückgesetzt.

```
BEGIN WORK
  UPDATE konto
     SET kontobetrag=kontobetrag-10000
   WHERE kontonr=400
  IF status < 0
  THEN
    ROLLBACK WORK
  END IF
  UPDATE konto
     SET kontobetrag=kontobetrag+10000
   WHERE kontonr=300
  IF status < 0
  THEN
    ROLLBACK WORK
  END IF
COMMIT WORK
```

Abbildung 15.16: Transaktion mit ROLLBACK

Das Transaktionskonzept, verlangt wie wir in obigen Beispiel sehen, einigen Verwaltungsaufwand. So müssen alle Teiloperationen für alle Anwender bis zum erfolgreichen Abschluß unsichtbar bleiben. Erst durch COMMIT WORK werden alle Änderungen für andere Benutzer sichtbar.

Datenrestaurierung mittels Transaktionslog

Zur Datenrestaurierung nach einem Systemabsturz werden zwei Informationen benötigt.

1.   **Welche** Daten wurden verändert (*BEFORE-Images)*

2.   **Wie** wurden diese verändert

Somit können, ausgehend von der letzten Datenbanksicherung, sämtliche Transaktionen **nachgezogen** werden. Werden im Protokoll unterbrochene Transaktionen entdeckt, so werden diese **rückgesetzt**. In der folgenden Abbildung wird nur die Transaktion 2 zurückgesetzt.

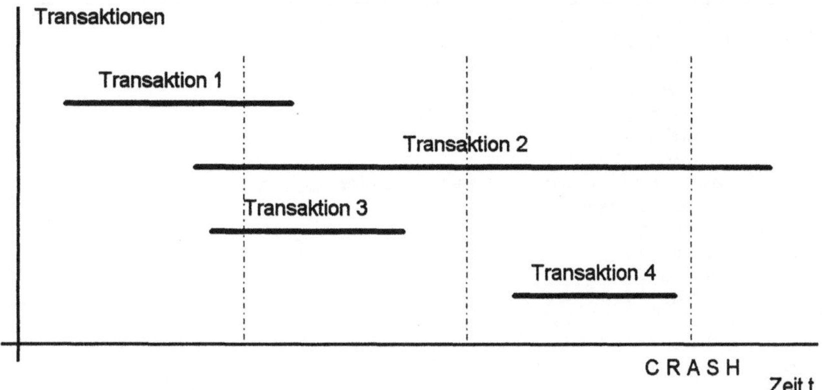

Abbildung 15.17: Recovery Situation

Stored Procedures

Unter Stored Procedures verstehen wir beim Server hinterlegte Funktionen. Geschrieben werden solche Funktionen mit der SPL (Stored Procedure Language). Diese eigene Kommandosprache ähnelt sehr stark der 4GL. Sogar Variablen können definiert werden. Selbstverständlich steht hier auch die SQL zur Verfügung.

Stored Procedures werden beim Server in kompilierter Form gespeichert. Bei der Ausführung entfallen also Dinge wie parsen, prüfen usw. Wir stellen uns diese Befehle wie *preparte* Befehle vor. Um eine Stored Procedure zu erzeugen, muß man *Resource*-Privileg besitzen.

Für die 4GL-Applikation bedeutet dies, daß *alle* Datenbankoperationen aus dem Programm ausgelagert werden können. Ein Vorteil davon ist die bessere Übersichtlichkeit verursacht durch die saubere Trennung der Datenbankzugriffe. Zunächst gilt es aber den Umgang mit Stored Procedures zu lernen.

Voraussetzung ist ein Server der Version 5.00 oder höher. Mit diesem Release wurde ein neues Tool **dbaccess** zu den Serverprodukten ausgeliefert. Dabei handelt es sich im wesentlichen um eine vom Leistungsumfang her eingeschränkte Version des Produktes Informix-SQL. Mit *dbaccess* können Datenbanken und Tabellen bearbeitet, als auch SQL-Skripts erstellt und ausgeführt werden.

Implementiert werden Stored Procedures mit den Schlüsselwörtern CREATE PROCEDURE und END PROCEDURE.

```
CREATE PROCEDURE kunde_lesen(p_id_kunde)
RETURNING INTEGER,
          CHAR(30),
          CHAR(30),
          CHAR(30),
          CHAR(4),
          CHAR(20);
SELECT num_kunde, name_1, name_2, name_3,
       num_plz, nam_ort
  INTO r_num_kunde,
       r_name_1,
       r_name_2,
       r_name_3,
       r_plz,
       r_ort
  FROM kunde
 WHERE
       id_kunde=p_id_kunde;
RETURN r_num_kunde,
       r_name_1,
       r_name_2,
       r_name_3,
       r_plz,
       r_ort;

END PROCEDURE
```

Abbildung 15.18: Stored Procedure

Anhand des Beispieles erkennen wir schon die Ähnlichkeit zur 4GL. Wichtig ist,
daß jeder Befehl hier mit einem Strichpunkt abgeschlossen sein muß. Lokale Variablen werden definert, befüllt und retourniert. Zur Definition kann auch die
LIKE-Klausel verwendet werden. Leider werden keine Recorddefinitionen
unterstützt.

```
#
# Definition mit der LIKE-Klausel
#
DEFINE num_kunde LIKE kunde.num_kunde


#
# Recorddefinition nicht erlaubt
#
DEFINE kunde RECORD LIKE kunde.*
```

Abbildung 15.19: Variablendefinition

Im Unterschied zur 4GL wird die Definition der Variablen erst zur Laufzeit vorgenommen. Dieser Umstand erlaubt, daß die Kompilierung auch ohne Vorhandensein der Tabellen und Spalten durchgeführt wird.

Die Verwendung von BLOBS wird durch Pointer (Zeiger) realisiert.

☞ BLOBs werden im *rootdbspace* zwischengepuffert. Achten Sie vor allem bei der Verwendung von großen BLOBs (max. 2 Gigabyte), daß der *rootdbspace* entsprechend groß konfiguriert wird.

Aus den Stored Procedures kann auf globale Variablen zugegriffen werden. Neuartig ist dabei der Initialisierungsmechanismus.

Globale Variablen müssen in jeder Procedure deklariert werden, die darauf zugreifen, und werden während der gesamten Sitzung im Speicher gehalten. Zur Initialisierung exisitiert folgendes Konzept:

Bei der Definition einer globalen Variable kann ein Initialisierungswert hinterlegt werden. Initialisiert wird die Variable, wenn sie in den Hauptspeicher übernommen wird. Dies passiert nur bei der **ersten** Ausführung einer Procedure, die diese Variable als globale definert hat.

```
CREATE PROCEDURE Funktion1()
   DEFINE GLOBAL dataust INTEGER DEFAULT 1;  -- GLobal
   DEFINE cod_tabelle SMALLINT;  -- Lokal
   ...
END PROCEDURE

CREATE PROCEDURE Funktion2()
   DEFINE GLOBAL dataust INTEGER DEFAULT 2;

   ...
END PROCEDURE
```

Abbildung 15.20: Globale Variablen

In unserem Beispiel hängt der Initialisierungswert von der Reihenfolge der Ausführung von *Funktion1* (Initwert=1) bzw. *Funktion2* (Initwert=2) ab.

Für die Übergabe dürfen wir sowohl globale als auch lokale Parameter verwenden. Werden von einer Funktion Ergebnisparameter zurückerwartet, so reservieren wir wie in der 4GL Variablen. Parameter können auch durch einen SELECT Befehl substituiert sein.

```
CREATE PROCEDURE del_beleg()
  DEFINE id_beleg INTEGER;
  DEFINE ret_nam_system CHAR(20);

  CALL del_belegkopf(SELECT MIN(id_belkopf) FROM belkopf);
  CALL del_reserv() RETURNING ret_jn_reserviert;
    ...
END PROCEDURE
```

Abbildung 15.21: Procedureaufrufe

Vorteile bei der Verwendung von Stored Procedures:

> ❖ der Kommunikationsaufwand zwischen Frontend und Backend wird drastisch reduziert.

die Ausführung erfolgt schneller.

Übungen

Versuchen Sie die folgenden Aufgaben möglichst ohne Verwendung von Unterlagen zu absolvieren.

① Beschreiben Sie die Unzulänglichkeiten der SQL-Definitionen von *INSERT, SELECT, UPDATE & DELETE* in der praktischen Applikationsentwicklung.

② Definieren Sie den Begriff **Lock.** Erklären Sie den Unterschied zwischen explizitem und implizitem Lock.

③ Finden Sie Beispiele für die Verwendung von impliziten Locks. Welche Befehle können implizite Locks auslösen?

Musterlösungen

①   Beschreiben Sie die Unzulänglichkeit der SQL-Definitionen von *INSERT,
SELECT, UPDATE & DELETE* in der praktischen Applikationsentwicklung.

Es werden keine Programmvariablen unterstützt.

②   Definieren Sie den Begriff **Lock.** Erklären Sie den Unterschied zwischen
explizitem und implizitem Lock.

**Ein Lock ist eine Sperre. Datensätze müssen gesperrt werden, damit sie
zu jedem Zeitpunkt nur von einem Prozeß verändert werden können.**

**Der explizite Lock wird vom Programmierer, der implizite Lock vom
SQL-Befehl vergeben.**

③   Finden Sie Beispiele für die Verwendung von impliziten Locks. Welche Befehle können implizite Locks auslösen?

**UPDATE und DELETE. Befehle, die den Datensatz verändern
(löschen) können.**

Kapitel 16

Query-Optimierung

Überblick

Beide Datenbankserverprodukte verfügen über einen Abfragenoptimierer (query optimizer). Dieser hat zur Aufgabe, Datenanfragen (Selects) so rasch bzw. effizient als möglich zu formulieren. Zwar ist die eigentliche Formulierung schon durch die SQL vorgegeben, intern muß diese SQL-Anweisung aber in mehrere Arbeitsschritte zerlegt werden. Dabei werden vor allem angelegte Indizies und Eintragungen der Systemtabellen verwendet.

Ergebnis solcher Optimierungsstrategien sind

1. rascheste Erledigung von Datenanfragen

2. keine Kenntnisse des Benutzers zur Implementierung notwendig

3. im verteilten Datenbankbetrieb Minimierung der Netzwerktransferkosten

Die Testumgebung

Geplante Optimierungen auf der SELECT Ebene sind nur dann sinnvoll, wenn die Testumgebung einer Echtdatenbank entspricht. Dies ist wichtig, da der Optimizer auch statistische Informationen aus den Systemkatalogen verwendet und je nach Tabellengrößen anders entscheiden kann.

Setzen des Optimierungslevels

Mit Release 5.00 der Serverprodukte wurde es erstmals möglich zwischen den Optimierungsstufen HIGH und LOW zu wählen. Die Einstellung wird mit dem Befehl SET OPTIMIZATION LOW bzw. HIGH vorgenommen.

OPTIMIZATION LOW verwendet schnellere Algorithmen, liefert aber nicht unbedingt das bestmögliche Ergebnis.

Grundlagen

Der SELECT Befehl erledigt die Operationen Selektion und Projektion. Die Selektion erfolgt mittels WHERE-Bedingung, die Projektion mit der SELECT-Liste.

```
        # Projektion
SELECT num_liefer, nam_adresse, nam_plz

 FROM liefer, adresse
WHERE

        # Selektion
        id_liefer = akt_id_liefer
        AND
        adresse.id_objekt = liefer.id_liefer
        AND
        adresse.cod_objekt = 7
```

Abbildung 16.1: Selektion & Projektion im SELECT

Grundsätzlich gilt es kartesische Produkte zu vermeiden. Darunter verstehen wir die aufwendigste Operation im relationalen Modell, wobei jeder Datensatz einer Tabelle mit jedem Datensatz einer anderen Tabelle gejoint wird. Die Anzahl der retournierten Werte ergibt sich zum Produkt der Datensätze beider Tabellen.

```
        # Projektion
SELECT num_liefer, nam_adresse, nam_plz

 FROM liefer, adresse
```

Abbildung 16.2: Ein kartesisches Produkt

Kartesische Produkte sind dadurch gekennzeichnet, daß keine WHERE-Bedingung zwischen zwei bzw. mehreren Tabellen existieren. Zwar kommt ein kartesisches Produkt in dieser Form selten vor, bei der Verwendung des OUTER-Operators treten aber öfters *OUTER-kartesische Produkte* auf.

☞ Entdeckt der Query-Optimierer OUTER-kartesische Produkte, so wird die SELECT Anweisung nicht ausgeführt.

Bleiben wir zunächst aber noch bei unserem Beispiel. Unter der Annahme das unsere Lieferantentabelle 20.000 Einträge, die Adressentabelle 100.000 Datensätze enthält, erscheint es ziemlich aufwendig nun jeden Datensatz der Lieferantentabelle mit jedem Satz der Adressen-Tabelle zu joinen und anschließend alle nicht brauchbaren Tupel wieder zu entfernen. Es muß zunächst versucht werden, die Teilmengen Lieferant und Adresse einzuschränken, um so zu vermeiden, daß mit einer Vielzahl von Datensätzen operiert werden muß.

Und tatsächlich verwenden wir zur Selektion der Teilmengen die Angaben der WHERE-Bedingung, so sehen wir einen signifikanten Sprung der nun noch zu untersuchenden Datensätze. Zur Filterung der Lieferantentabelle wird die Variable *akt_id_liefer* (Zeile 6), zur Filterung der möglichen Adressdatensätze wird das Kriterium *cod_objekt* (Zeile 10) verwendet. Da die Einschränkung der Lieferantentabelle über den eindeutigen Schlüssel (id=SERIAL) der Tabelle erfolgt, erhalten wir gar nur einen möglichen Datensatz zur Bildung der Ergebnismenge zurück.

Für die Praxis gilt es also festzuhalten, wo immer es möglich ist, in der WHERE-Bedingung alle Selektionskriterien anzugeben, um so die Arbeit des Optimierers zu unterstützen. Damit der Optimierer effizient arbeiten kann, sollen diese Selektionskriterien auch in den Indizes berücksichtigt werden.

Verwendung von Indizes

Um die Arbeitsweise des Optimierers zu verstehen, ist wichtig zu wissen, wann vorhandene Indexstrukturen verwendet werden. Der Optimierer versucht unter Berücksichtigung aller Filterkriterien den geeignetsten Index auszuwählen.

Indizes können aus einem oder auch aus mehreren Schlüsselfeldern bestehen. Wichtig zu wissen ist, daß die Reihenfolge der Indexfelder eine entscheidende Rolle spielen. Diese Reihenfolge repräsentiert die interne Reihenfolge der Indexstruktur. Datensätze sind nach dieser Reihenfolge sortiert. Deshalb ist es zur Verwendung eines Index von existenzieller Bedeutung, daß auch Filterkriterien zur Suche der Daten in den Indexfeldern angegeben werden.

☞ Damit ein Index verwendet wird, ist es **nicht** notwendig, daß **alle** Indexfelder bekannt sind. Der Index kann nur dann verwendet werden, wenn zumindest das erste Indexfeld bekannt ist. Die Reihenfolge der Indexfelder ist deshalb wichtig.

Die Indexstruktur kann in jenen Fällen, wo das erste Indexfeld in der WHERE-Bedingung nicht hinterlegt ist, nicht benützt werden.

```
CREATE UNIQUE INDEX ind_adresse_1
    ON adresse (cod_objekt, id_objekt, num_plz)
```

Abbildung 16.3: Definition der Schlüsselfelder

Betrachten wir einige SELECT-Anweisungen zu dieser Indexstruktur und analysieren wir die Verwendung des Index in der jeweiligen Anweisung.

```
1. SELECT num_plz
2.    FROM adresse
3.  WHERE
4.         adresse.cod_objekt=7
5.         AND
6.         adresse.id_objekt > 100000

7. SELECT num_plz
8.    FROM adresse

9. SELECT num_liefer, num_plz
10.   FROM adresse, liefer
11. WHERE
12.        num_liefer > 100000
13.        AND
14.        adresse.cod_objekt = 7
15.        AND
16.        adresse.id_objekt = liefer.id_liefer
17.
```

Abbildung 16.4: Beispiel-SELECTs

Im ersten SELECT Befehl (Zeilen 1-6) sind die Indexfelder *cod_objekt* und *id_objekt* bekannt, sodaß einer Verwendung des Index nichts im Wege steht. In diesem Beispiel sprechen wir auch von einem *KEY-ONLY-Select*. Diese schnellste Variante eines SELECTs zeichnet sich dadurch aus, daß auch für die eigentliche Datenbeschaffung nur auf den Index zugegriffen werden muß. Grundsätzlich befinden sich nur einige Felder einer Datenbanktabelle im Index. So wird zunächst der Index zur Bestimmung aller in Frage kommenden Tabellensätze durchlaufen, in einem zweiten Schritt werden dann die eigentlichen Tabellenattribute aus der Tabelle gelesen.

Das zweite Beispiel (Zeilen 7-8) verfügt zwar auch über ein Indexfeld, da der Index aber mit cod_objekt und id_objekt vorsortiert ist, sind diese Werte über den Index nur uneffizient zu erreichen. Der Optimierer sieht von einer Verwendung des Index ab. Auch der dritte SELECT Befehl (Zeilen 9-16) kann den Index verwenden.

Praktische Vorgangsweise

Nun werden wir konkret und beschäftigen uns mit dem Optimizer. Erst durch Einfügen der Anweisung SET EXPLAIN ON in unserem Sourcecode produziert der Optimizer ein Listing zu seinen Überlegungen. Dieses Listing wird in der Datei **sqexplain.out** im aktuellen Verzeichnis abgelegt.

Es ist ratsam, diesen Befehl erst unmittelbar vor dem zu untersuchenden SELECT zu positionieren. Desgleichen sollte das Kommando SET EXPLAIN OFF nach den zu untersuchenden Befehl gesetzt werden, damit der Output übersichtlich bleibt.

Da die Befehle SET EXPLAIN ON und SET EXPLAIN OFF auch im Produkt Informix-SQL verfügbar ist, ist es auch denkbar, solche Analysen mit diesem Produkt zu vollziehen. Voraussetzung dafür ist, daß der SELECT aus der 4GL Umgebung mit den dazugehörigen Testdaten herausgelöst (kopiert) werden kann.

Bei größeren Installationen (ca. 80 - 100.000 Datensätze je Tabelle) empfiehlt es sich, schon eine kleine Funktion zu implementieren, die in Abhängigkeit eines Datenbankeintrages den Befehl SET EXPLAIN ON bzw. OFF ausführt. So kann, wenn der Kunde Probleme mit der Laufzeit meldet, vororts analysiert werden. Gleich zu Beginn möchte ich darauf hinweisen, daß SELECTs in der Praxis mit denen aus diversen Lehrbüchern meist nur die Syntax und nicht die Länge gemeinsam haben.

Aussagen des Optimizers

```
QUERY:
------
SELECT belkopf.id_belkopf,belkopf.id_adr_liefer,
       belkopf.dat_beleg,beladr.nam_rs1,
       beladr.nam_rs2,beladr.nam_rs3,
       beladr.nam_strasse,beladr.nam_plz1,
       beladr.nam_ort,belpos.id_belpos,
       belpos.pos_belpos,belpos.id_belphaupt,
       belpos.id_belplink,belpos.cod_update,
       kunde.jn_leihstkverr,kunde.cod_faktaufbau,
       kunde.id_kunde,artikel.cod_evidenz_vk,
       adresse.cod_mwst,liefer.cod_mwst,
       belkopf.dat_aend,verm_kunde.num_kunde,
       verm_adr.nam_rs1
  FROM adresse,kunde,belkopf,belpos,belplink,
       OUTER (belart, OUTER (artnum, OUTER (artikel))),
       OUTER (adresse liefer),
       OUTER beladr,
       OUTER (zusnrbel vermittler,
              adresse verm_adr,
              kunde verm_kunde)
 WHERE belkopf.id_adr_kunde=          2438
       AND belkopf.id_belkopf=beladr.id_belkopf
       AND beladr.cod_adressart=2
       AND belkopf.dat_termin<="1993-11-25"
       AND belkopf.id_mfa=      1001001
       AND belkopf.id_adr_kunde=adresse.id_adresse
       AND adresse.alt_1=kunde.id_kunde
       AND adresse.cod_mwst<30
       AND belkopf.id_belkopf=         18017
       AND belkopf.id_belkopf=belpos.id_belkopf
       AND belpos.cod_update>=0
       AND belpos.id_belplink=belplink.id_belplink
       AND belplink.dat_loesch="2999-12-31"
       AND belplink.id_belplink=belart.id_belplink
       AND belart.alt_1=artnum.id_artnum
       AND artnum.id_artikel=artikel.id_artikel
       AND belkopf.id_adr_liefer=liefer.id_adresse
       AND liefer.cod_adressart=2
       AND belkopf.id_belkopf=vermittler.alt_1
       AND belkopf.id_mfa=vermittler.id_mfa
       AND vermittler.cod_alt_1=5
       AND vermittler.cod_zusatzart=301
       AND vermittler.num_information=verm_adr.id_adresse
       AND verm_adr.alt_1=verm_kunde.id_kunde
ORDER BY belkopf.id_adr_liefer,beladr.nam_rs1,
         beladr.nam_rs2,beladr.nam_rs3,
         beladr.nam_strasse,beladr.nam_plz1,
         beladr.nam_ort, verm_kunde.num_kunde DESC,
         belkopf.id_belkopf,belpos.pos_belpos
```

Abbildung 16.5: Beispiel-SELECT

```
1.      Estimated Cost: 2639
2.      Estimated # of Rows Returned: 11786
3.      Temporary Files Required For: Order By
4.      1) hasy.belkopf: INDEX PATH
5.        Filters: (hasy.belkopf.id_adr_kunde = 2438
6.              AND
7.              (hasy.belkopf.dat_termin <= '1993-11-25' AND hasy.belkopf.id_mfa = 1001001 ) )
8.        Index Keys: id_belkopf
9.          Lower Index Filter: hasy.belkopf.id_belkopf = 18017
10.     2) hasy.belpos: INDEX PATH
11.       Filters: hasy.belpos.cod_update >= 0
12.       Index Keys: id_belkopf pos_belpos
13.         Lower Index Filter: hasy.belpos.id_belkopf = hasy.belkopf.id_belkopf
14.     3) hasy.belplink: INDEX PATH
15.       Filters: hasy.belplink.dat_loesch = '2999-12-31'
16.       Index Keys: id_belplink
17.         Lower Index Filter: hasy.belplink.id_belplink = hasy.belpos.id_belplink
18.     4) hasy.adresse: INDEX PATH
19.       Filters: hasy.adresse.cod_mwst < 30
20.       Index Keys: id_adresse
21.         Lower Index Filter: hasy.adresse.id_adresse = hasy.belkopf.id_adr_kunde
22.     5) hasy.kunde: INDEX PATH
23.         Index Keys: id_kunde
24.         Lower Index Filter: hasy.kunde.id_kunde = hasy.adresse.alt_1
25.     6) kre.liefer: INDEX PATH
26.       Filters: kre.liefer.cod_adressart = 2
27.         Index Keys: id_adresse
28.         Lower Index Filter: kre.liefer.id_adresse = hasy.belkopf.id_adr_liefer
29.     7) hasy.belart: INDEX PATH
30.         Index Keys: id_belplink
31.         Lower Index Filter: hasy.belart.id_belplink = hasy.belplink.id_belplink
32.     8) hasy.beladr: INDEX PATH
33.         Index Keys: id_belkopf cod_adressart
34.         Lower Index Filter: (hasy.beladr.cod_adressart = 2
35.                      AND
36.                      hasy.beladr.id_belkopf = hasy.belkopf.id_belkopf )
37.     9) kre.vermittler: INDEX PATH
38.         Index Keys: cod_alt_1 alt_1 cod_zusatzart id_mfa (desc) pos_zusnrbel
39.         Lower Index Filter: (kre.vermittler.cod_alt_1 = 5
40.                      AND (kre.vermittler.cod_zusatzart = 301
41.                          AND
42.                          (kre.vermittler.alt_1 = hasy.belkopf.id_belkopf
43.                          AND kre.vermittler.id_mfa = hasy.belkopf.id_mfa ) ) )
        ...
```

Abbildung 16.6: Optimizer Output (sqexplain.out)

Lassen Sie sich von der Länge des Outputs nicht gleich abschrecken. In der Datei **sqexplain.out** erhalten wir sämtliche Zugriffsmethoden je Tabelle, die für die Ausführung des SELECTs verwendet werden. Die Zugriffe auf Tabellen sind durchnummeriert und zeigen die schrittweise Vorgangsweise des Optimizers.

In unserem obigen Beispiel ist der Zugriff auf 9 Tabellen dokumentiert. Gleich nach dem Tabellennamen erscheint die vom Optimizer gewählte Zugriffsart. In dieser liegt auch die Aussage über gute bzw. schlechte Performance.

Zugriff über einen vorhandenen Index

```
1) mas.tmp_kun: INDEX PATH

   (1) Index Keys: id_kunde   (Key-Only)
```

Abbildung 16.7: Optimale Laufzeit

Der Zugriff sollte prinzipiell über einen Index laufen. Zu einer Tabelle können natürlich mehrere Indizes existieren. Der Optimizer wählt den laut Statistik günstigsten.

Erster Schritt bei der Kontrolle der Laufzeit ist also das Vorhandensein der Information INDEX PATH, neben der Tabelle zu prüfen. Im zuvor gezeigten Beispiel sprechen wir von einem KEY-ONLY Zugriff.

Das bedeutet, daß für die gesamte Datenselektion ausschließlich die Indexdatei verwendet wurde. Üblicherweise (wenn nicht alle benötigten Felder im Key vorkommen) wird ja zunächst nur mit den Indexdateien die Menge der Ergebnis-ROWIDs gebildet und die zugehörigen Datensätze dann gelesen. Bei KEY-ONLY entfällt der zweite Schritt des Lesens, da ja die gesamte Information schon in der Indexdatei enthalten ist.

In unserem folgenden Beispiel haben wir es mit keinem KEY ONLY Zugriff zu tun.

```
5) mas.ladr: INDEX PATH

   Filters: (mas.hadr.alt_1 = mas.ladr.alt_1
            AND mas.ladr.cod_alt_1 = 3 )

   (1) Index Keys: id_adresse
       Lower Index Filter:
        mas.ladr.id_adresse = mas.s.id_adr_liefer
```

Abbildung 16.8: Zugriff über Index

Sequentieller Zugriff

Sequentiell zu lesen bedeutet in den meisten Fällen eine längere Wartezeit. Generell muß der Zugriff aber nicht langsamer sein. Vor allem in Tabellen mit nur wenigen hundert Datensätzen merkt man keinen Unterschied. Die Ursache liegt darin, daß der Verwaltungsaufwand der Indizierung bei dieser Datensatzmenge ungefähr dem Zeitverlust durch sequentielles Lesen gleichkommt.

 Sequentieller Zugriff bedeutet, daß **alle** Datensätze gelesen werden müssen.

```
1) mas.tmp_kun: SEQUENTIAL SCAN
```

Abbildung 16.9: Sequentieller Zugriff

Zugriff über automatisch erstellten Index

Kommt der Optimizer zur Entscheidung, daß eine Verknüpfung zwischen Tabellen ohne Index ineffizient ist, und ist kein geeigneter Index vorhanden, so legt der Server einen Index speziell für die gerade bearbeitete Abfrage an.

Wir sprechen dann von einem AUTO INDEX

```
5) leb.adr: AUTOINDEX PATH
```

Abbildung 16.10: Server legt INDEX an

In diesem Falle gilt es zu entscheiden, ob der ausgeführte SELECT tatsächlich nur einmal ausgeführt wird und man keinen Index anlegen möchte, oder ob der SELECT häufiger ausgeführt wird, sodaß der Index dann doch aufgebaut werden soll.

☞ Ein Standardfehler von ungeübten Programmierern ist es, daß mit der Verwendung von großen temporären Tabellen kein Index angelegt wird. Dies ist oft ein Grund, warum ein AUTO INDEX erstellt werden muß. Der AUTO INDEX wird für jeden SELECT neu erstellt!

Zurück zu unserem Ausdruck der Datei *sqlexplain.out*.

```
37.   9) kre.vermittler: INDEX PATH
38.       Index Keys: cod_alt_1 alt_1 cod_zusatzart id_mfa (desc) pos_zusnrbel
39.       Lower Index Filter: (kre.vermittler.cod_alt_1 = 5
40.                   AND (kre.vermittler.cod_zusatzart = 301
41.                       AND
42.                       (kre.vermittler.alt_1 = hasy.belkopf.id_belkopf
43.                       AND kre.vermittler.id_mfa = hasy.belkopf.id_mfa ) ) )
      ...
```

Als weitere Information meldet uns der Optimizer, welchen Index er gewählt hat. Auch die verwendeten Filterkriterien werden festgehalten.

Mit dem Vorhandensein der Meldung INDEX PATH ist die ordnungsgemäße Untersuchung zwar zunächst zufriedenstellend, trotzdem sollte man auch versuchen, den Optimizer zu verstehen, sollte man überlegen, ob nicht eventuell ein anderer Index angelegt werden kann, der die Ausführung noch rascher ermöglicht.

Dadurch erlernt man, eine erwartete Ablauffolge zu definieren, bevor man den *sqexplain.out*-Output sieht. Somit ist man imstande Abweichungen, rasch zu erkennen.

Maßnahmen zur Optimierung

Standardmäßig sollten größere SELECTs generell mit der SET EXPLAIN Anweisung auf Geschwindigkeit überprüft werden. Hier noch einige Tips zum Thema Antwortzeit aus der allgemeinen Datenbanktheorie.

Vermeidung von korrelierten Subqueries

Unter einem korrelierten Subquery verstehen wir einen SELECT, der Datenfelder in seiner WHERE Bedingung verwendet, die gleichzeitig vom Hauptquery im SELECT Abschnitt selektiert werden.

Korrelierte Subqueries benötigen sehr viel Zeit, da sie für jeden Ergebnisdatensatz ausgeführt werden. Deshalb sind solche Abfragen zu vermeiden. Eine effizientere Implementierung solcher Datenanfragen wird durch die Verwendung von temporären Tabellen erreicht.

Überprüfung der Sortierung

Wo immer Datensätze sortiert werden, muß eine temporäre Datei zur Sortierung angelegt werden. Dies ist im allgemeinen nichts Böses, jedoch benötigt so eine Sortierung natürlich Zeit. Es gilt zumindest alle Queries darauf zu untersuchen, ob die Sortierung auch wirklich notwendig ist.

Der Optimizer zeigt uns die Verwendung von temporären Sortierdateien wie folgt an:

```
Estimated Cost: 653
Estimated # of Rows Returned: 189
Temporary Files Required For: Order By   Group By
```

Abbildung 16.11: Temporäre Dateien kosten Zeit

Solche Dateien werden im UNIX-Filesystem angelegt. Standardverzeichnis ist /**tmp**, mit der Umgebungsvariable **DBTMP** kann aber auch jedes andere Verzeichnis eingestellt werden.

Reorganisation

Zur Reorganisation der Datenbank gilt es von Zeit zu Zeit drei Arbeiten zu verrichten:

1. Löschen von nicht mehr benötigten "Datenleichen"
2. Reorganisieren der Indizes (=löschen+wiederaufbauen)
3. UPDATE STATISTICS

Die Zeitspannen richten sich hauptsächlich nach der Häufigkeit von INSERTS, UPDATES und DELETES, da dadurch die inneren Strukturen der Indizes modifiziert werden und daher nicht mehr so effizient sind, wie nach einer Neuanlage. Da diese Reorganisationstätigkeiten bei größeren Systemen schon im Stundenbereich liegen kann, empfiehlt es sich, solche Programme über Nacht laufen zu lassen.

Unter UNIX existieren Befehle, wie *at* oder *batch*, die zu einem gewünschten Zeitpunkt solche Programme starten.

Effizientere Lösungen mit temporären Tabellen anstreben

Oft kann eine große, komplizierte SELECT Anweisung durch logische Zerlegung in kleinere SELECTs zerlegt werden, die temporäre Zwischentabellen erzeugen. Das Endergebnis wird dann durch Verküpfung der temporären Tabellen gebildet, obwohl es aus der Sicht des Programmieraufwandes sicher wünschenswerter ist, wenn mit einem SELECT alle benötigten Daten gelesen werden.

Die Behandlung von regulären Ausdrücken

Verwenden Sie in Ihren SELECTs keine allzu aufwendigen Vergleichsausdrücke. Es ist klar, daß zur Ermittlung von Ergebnisdatensätzen in diesen Fällen eine Vielzahl von Stringvergleichen ausgeführt werden muß, die der Performance sicher nicht dienlich sind.

Üblicherweise sind solche Ausdrücke meist von der Form **A***, sodaß es dem Server recht leicht fällt, auf Übereinstimmung mit dem Suchmuster zu prüfen. Schwieriger hingegen sind vergleiche mit ***A??e**.

Benutzung von Clustered Indizes

Ein CLUSTERED INDEX ist wann immer möglich zu verwenden. Bei diesem Index sind schon die Daten nach den Indexkriterien sortiert abgelegt. Es kann deshalb direkt im Datenbestand gesucht werden.

Da Daten in diesem Falle sortiert abgelegt sind, spart man auch die Kopfpositionierungszeit der Festplatte ein.

Überprüfung von benötigten Tabellen

Vor allem unerfahrenen SQL-Programmierern passiert es anfangs öfters, daß der SELECT sehr komplex formuliert wird, und die Information über andere Verknüpfungen viel effizienter herauszuholen wäre.

Deshalb sollte man sämtliche SELECT eines Projektneulings auf Sinnhaftigkeit überprüfen. Dabei werden auch schon mal unnötige Tabellen entdeckt, die für diese Abfragen gar nicht relevant sind und trotzdem hinzugejoint werden.

OUTERN von Tabellen

Zwar kann man den Optimizer nicht direkt beeinflussen, jedoch gelingt es des öfteren, ihn zu lenken. Diese Möglichkeit besteht darin, daß Tabellen, mit denen der Optimizer seine Arbeit beginnt und wir dies nicht wollen, "geoutert" werden.

Der Optimizer muß eine geouterte Tabelle immer zweitrangig behandeln und beginnt somit mit der übergeordneten Tabelle. Bei geouterten Tabellen entfällt auch eine Beseitigung der Datensätze, welche die JOIN Bedingung nicht erfüllen, sodaß die Bearbeitung schneller erfolgen kann.

Übungen

① Erklären Sie die Verwendung von Indizes in Datenbankabfragen?

② Was verstehen Sie unter einem AUTO INDEX?

③ Wie beeinflußt eine ORDER BY Klausel die Antwortzeit?

④ Werden Sortierdateien immer im *rootdbs* angelegt? Wenn ja, warum? Wenn nein, wo sonst?

❑ JA   ❑ NEIN

⑤   Warum soll in gewissen Zeitabständen jede Datenbank reorganisiert werden? Wie soll reorganisiert werden?

____

____

____

⑥   Kann dem Optimizer beigebracht werden, welchen Key er verwenden muß,
wie dies unter COBOL notwendig war?

      ❑ JA   ❑ NEIN

Musterlösungen

① Erklären Sie die Verwendung von Indizes in Datenbankabfragen?

Indizes beschleunigen den Zugriff auf Datenbanktabellen und beeinflussen somit die Antwortzeit. Wichtig ist, daß Spalten aus der WHERE-Bedingung indiziert sind.

② Was verstehen Sie unter einem AUTO INDEX?

Ist kein geeigneter Index vorhanden, kann der Optimizer einen temporären Index erzeugen.

③ Wie beeinflußt eine ORDER BY Klausel die Antwortzeit?

Durch die ORDER BY-Anweisung muß sortiert werden, was zwangsweise zu längeren Antwortzeiten führen muß.

④ Werden Sortierdateien immer im *rootdbs* angelegt? Wenn ja, warum? Wenn nein, wo sonst?

    ❑ JA   ☒ NEIN

Sortierdateien werden im konventionellen Dateisystem angelegt. Standardmäßig in /tmp. Über DBTEMP einstellbar.

⑤ Warum soll in gewissen Zeitabständen jede Datenbank reorganisiert werden? Wie soll reorganisiert werden?

Damit die Systemtabellen (= Basisinformation für den Optimizer) aktualisiert werden, nicht mehr benötigte Datensätze die Abfragen nicht beeinflussen (Anzahl der Sätze, ...) und damit die Indexstrukturen so effizient als möglich sind.

⑥   Kann dem Optimizer beigebracht werden, welchen Key er verwenden muß,
        wie dies unter COBOL Bedingung war?

        ❑ JA   ☒ NEIN

Kapitel 17

Optimierung der Entwicklungskosten

Übersicht

Softwareprojekte werden kaum ohne Zeit- bzw. Kostenüberschreitungen fertigge-
stellt. Während der Verkaufspreis kommerzieller Datenbankapplikationen im Vergleich mit deren, meist Cobol-Vorgängerprodukten, nur geringfügig gestiegen ist,
steigen die Entwicklungskosten um ein Vielfaches rasanter.

Die Windows-Mania färbt auf kommerzielle Standardsoftware ab, sodaß erste Fi-
nanzbuchhaltungen, Warenwirtschaftssysteme etc. schon auf den gängigsten grafischen Benutzeroberflächen laufen.

Gleichzeitig wächst die Zahl der UNIX-Installationen an. Ein Interessent, mit der
PC-Welt und Windows vertraut, fordert die Leistungsfähigkeit wie er sie von Windows her kennt nun auch für UNIX-Applikationen. So verfügen alle Softwareprodukte neuerer Generationen über Bildschirmfenster, Mausunterstützung etc.

Dieser Zuwachs an Benutzerfreundlichkeit ist unter anderem auch ein Grund für
steigende Entwicklungskosten. Entscheidungsträger der, verzeihen Sie den Audruck,
„COBOL-Generation" unterschätzen meist den dafür notwendigen Aufwand. Gerne
läßt man sich von Bildschirmfensterchen blenden und schließt daraus, nun einfach
eine „bessere" Applikation schreiben zu können, wo einfach alles möglich wird.

Dabei sind die Befehle der Programmiersprache wie sie uns Informix-4GL bietet
wirklich trivial und mächtig. Was uns aber keine Programmiersprache der Welt ab-
nehmen kann und wie es zur Zeit aussieht auch nicht abnehmn können wird, ist das
menschliche Know-How, daß in jedes Computerprogramm einfließt.

Wir haben nun einmal anhand zahlreicher **IF**-Bedingungen die Steuerung von 5
gleichzeitig geöffneten Fenstern selbst in die Hand zu nehmen, da der Ablauf ja nur
vom Menschen logisch bestimmt werden kann. Dieses Kapitel versucht mittels
verschiedener Ansätze, Möglichkeiten und Wege zur Minimierung der
Entwicklungskosten aufzuzeigen, ohne daß die Qualität bzw. Benutzerfreundlichkeit
darunter leidet.

Die 80:20 Regel

Fast nostalgisch möchte ich dieses Kapitel mit der guten alten, aber immer noch richtigen, Faustregel beginnen, welche besagt, daß 80% einer Softwarelösung mit 20% des Aufwandes realisiert werden, die letzten 20% der Aufgabenstellung aber mit rund 80% des Gesamtaufwandes.

Es ist also ratsam, schon vor Beginn einer Softwareentwicklung genau zu prüfen, welche Features mit geringem bzw. mit hohem Aufwand zu realisieren sind. Dabei sollten jene Programmteile, welche den größten Aufwand verursachen, schon in der Analysephase möglichst praktisch analysiert und konzipiert werden.

Besonders für Entwicklungsmannschaften, welche bisher keine Erfahrung mit Datenbanken sammeln konnten, ist es empfehlenswert, sich zunächst an den nicht so kritischen Applikationsteilen in der neu zuerlernenden Programmiersprache 4GL bzw. SQL zu üben und erst darauf an die komplizierten Aufgabenstellungen heranzutreten.

Normierung der Schreibweise

Jeder Programmierer entwickelt im Laufe seiner 4GL-Karriere einen eigenen Programmierstil. Viele Programmierer entwickeln viele, vor allem aber unterschiedliche, Programmierstile. Vor allem für Entwicklerteams mit mehr als 3 Personen ist es notwendig, verschiedene Programmrichtlinien vorzugeben. Neben der Vorgabe von technischen Realisierungswegen, sollte auch der grundsätzliche Programmierstil genau definiert werden. Ziel all dieser Programmierregeln ist die einfache Lesbarkeit des Quellcodes. Jeder beteiligte Entwickler soll den Quellcode seiner Kollegen genauso einfach lesen können, als hätte er diesen selbst verfaßt.

Zur Vereinheitlichung der Schreibweise sind in der Praxis folgende Programmkomponenten zu normieren.

- ❖ Variablennamen

- ❖ Funktionsnamen

- ❖ Input, Display (BenutzerFunktionalität)

Variablennamen

Die Lesbarkeit der Programmlogik wird von der Benennung der dabei verwendeten Programmvariablen entscheidend beeinflußt. Variablen sollen möglichst sprechende Namen besitzen. Informix-4GL verwendet bei der Kompilierung von Programmvariablen die ersten 18 Zeichen des Variablennnamens, der Name selbst darf aber länger sein.

Optimal Lesbar wird ein Programm dann, wenn der Variablenname zwei Informationen enthält.

1. Datentyp

2. Sichtbarkeit

Die Angabe des Datentypes soll dabei nicht dem physischen Datentyp (SMALLINT, DATE...), sondern dem logischen Datentyp (Betrag, Datum, ...) entsprechen. Wir definieren zunächst alle logischen Datentypen mit deren zugehöriger physischer Definitionen.

Logische Bedeutung	phys. Datentyp	Kurzschreibweise
Betrag	MONEY(14,2)	bet_
Datum	DATE	dat_
Prozentsätze	DECIMAL(5,2)	prz_
Nummerkreise	INTEGER	num_
Anzahl	SMALLINT	anz_
Zeitintervall	INTERVAL	itv_
Tabellen-IDs	INTEGER	id_
Join-IDs[7]	INTEGER	jid_
Join-Info[8]	LIKE tabelle.attribut	txt_
...	...	...

Abbildung 17.1: Tabelle der Datentypkürzel

---

[7] Mit einer Join-ID bezeichnen wir den Fremdschlüssel des zugehörigen Join-Wertes

[8] Unter einer Join-Info verstehen wir den anzuzeigenden Datenwert zu einer gespeicherten Join-ID

Die definierten Kürzel werden nun um die eigentliche Benennung der Variable ergänzt. Wir erhalten somit sprechende als auch gut lesbare Variablennamen wie z.B. **dat_geburt, prz_mwst, bet_mwst, id_kunde**, usw.

Bleibt noch der zweite Schritt, die Sichtbarkeit[9] der Variable miteinzubeziehen. Grundsätzlich unterscheiden wir ja Programm-, Modul- und Funktionsvariablen. Desweiteren werden aber auch Variablen für folgende Aufgaben häufig gesondert benötigt, sodaß diese auch speziell gekennzeichnet sein sollten.

- ❖ Programmparameter

- ❖ Funktionsparameter

- ❖ Puffervariablen

Mit Puffervariablen bezeichnen wir Variablen, die in Verwendung mit dem SELECT Befehl verwendet werden. Dazu dienen diese Variablen zunächst als Puffer für mit dem SELECT Befehl gelesene Daten. Erst wenn die ordnungsgemäße Ausführung des Select Befehles geprüft wurde, wird der Variablenwert aus der Puffervariable in die eigentlich dafür bestimmte Programmvariable übernommen. Die Sichtbarkeit solcher Variablen ist selbstverständlich lokal.

---

[9] Grundsätzliches zum Thema Sichtbarkeit finden sie auch im Kapitel 4GL-Konzepte

```
#
# Lies den Text zur gesuchten Lieferart
#
SELECT txt_lieferart
  INTO sel_lieferart         -
  FROM lieferart
 WHERE
       id_lieferart = p_id_lieferart

# Prüfe nun, ob die Lieferart gefunden wurde
IF sqlca.sqlcode = 0
THEN
   # Übernimm den gelesenen Wert
   LET sr_txt_lieferart=sel_lieferart
ELSE
   # Gib Fehlermeldung aus
   ERROR "Lieferart nicht gefunden"
END IF
```

Abbildung 17.2: Saubere Implementierung mit Puffervariablen

Wir erweitern unsere normierte Schreibweise um die Sichtbarkeit der Variablen.

Variablentyp	Sichtbarkeit	Kurzschreibweise
Programmparameter	Global	arg_
Globalvariablen	Global	g_
Modulvariablen	Modulweit	akt_
Funktionsparameter	Lokal	p_
Puffervariablen	Lokal	sel_
...	...	...

Abbildung 17.3: Sichtbarkeitskürzel

Unsere Programme werden so noch verständlicher...

```
...
IF p_id_artikel != akt_id_artikel
THEN
   # Artikel wurde gewechselt, Mengeneinheiten lesen
   CALL meh_sel(p_id_artikel)
END IF
...
```

Abbildung 17.4: Sichtbarkeitskürzel in Programmen

Desweiteren sollten bei 4GL-Programmen Ein/Ausgabe-Records definiert werden. Betrachten wir zum besseren Verständnis die **INPUT ARRAY**-Anweisung.

```
#
# INPUT ARRAY-Anweisung
#
INPUT ARRAY program-array [WITHOUT DEFAULTS]
  FROM screen-array
  ...
END INPUT
```

Abbildung 17.5: Input-Array

Das *program-array* muß im Aufbau dem *screen-array* entsprechen, dabei dürfen keine zusätzlichen Felder im *program-array* definiert sein. Für Prüf- und Speicherungszwecke wird ein zweiter Record mit zusätzlichen Feldern notwendig. Die Lesbarkeit kann nun erhöht werden, indem auch für diese unterschiedlichen Records eine „Normsilbe" definiert wird.

Etwas allgemeiner formuliert lautet diese Problematik, daß es einen Record zum Lesen bzw. Speichern der Informationen, einen weiteren Record für den Bildschirmdialog geben muß.

Verwendungszweck	Kurzschreibweise
Datei I/O	fr (file record)_
Dialog I/O	dr (dialog record)_
...	...

Records, welche Daten zu einer logischen Einheit (Artikel, Kunde, Lieferant, ...) beinhalten, werden meist von mehreren Funktionen bearbeitet, sodaß die Sichtbarkeit in den meisten Fällen *modulweit* ist.

Ein vereinfachter Beispielablauf könnte dann wie folgt aussehen.

```
1.  #Definiere file record
2.  DEFINE fr_adresse RECORD
3.   id_kunde            LIKE kunden.id_kunde,
4.   num_kunde           LIKE kunden.num_kunde,
5.   txt_kunde           LIKE adresse.txt_kunde,
6.   txt_ort             LIKE adresse.txt_ort,
7.   jid_land            LIKE land.id_land,
8.   txt_land            LIKE land.txt_land

9.  #Definiere dialog record
10. DEFINE dr_adresse RECORD
11.   num_kunde          LIKE kunden.num_kunde,
12.   txt_kunde          LIKE adresse.txt_kunde,
13.   txt_ort            LIKE adresse.txt_ort,
14.   txt_land           LIKE land.txt_land

15. ...
16. MAIN
17.  CALL fr_lesen()
18. ·CALL fr_in_dr()
19. ...
20.  CALL input_dr()
21. ...
22.  CALL dr_in_fr()
23.  CALL fr_schreiben()
24. END MAIN
```

Abbildung 17.6: Wartung mit zwei Records

In den Zeilen 3 und 7 erkennen wir zwei im *file-record* zusätzlich benötigte Daten-felder. Der Benutzer fängt mit diesen IDs nichts an, für diverse Prüfzwecke bzw. für den Schreibvorgang benötigen wir aber solche Schlüsselwerte. Daten werden grundsätzlich in den *file-record* gelesen, durch eine weitere Funktion (Zeile 18) in den *dialog-record* übergeben. Nach erfolgtem Dialog wandert der aktualisierte Inhalt des *dialog-records* in den *file-record* (Zeile 22) zurück. Nur dieser wird für den eigentlichen Schreibvorgang verwendet.

Funktionsnamen

Auch aus dem Funktionsnamen sollten zwei Informationen hervorgehen.

1. Funktionalität

2. Modul

Zumindest für die grundlegendsten Applikationsfunktionen sollten definierte Kürzel verwendet werden.

Verwendungszweck	Kurzschreibweise
Daten lesen	sel
Daten ändern	upd
Daten einfügen	ins
Daten löschen	del
Daten prüfen	prf
Daten initialisieren	ini
Input-Sitzungen	inp
DisplayArray Sitzungen	darr
...	...

Desweiteren sollte die Zugehörigkeit der ProgrammFunktion zum Modul ersichtlich sein.

Modul (log. Einheit)	Kurzschreibweise
Kunde	kun
Artikel	art
Mengeneinheiten	meh
Adresse	adr
Verkauf	verk
...	...

```
FUNCTION verk_ini()
  CALL kun_ini()
  CALL meh_les()
  ...
END FUNCTION
```

Abbildung 17.7: Funktionsnamen mit Bezug auf die log. Einheit

Für die einfache Lesbarkeit ist vor allem die Position der Kürzel entscheidend.

```
FUNCTION {Modulkürzel}_{Funktionalität}_xxxxxxxxx()
```

Abbildung 17.8: Schema zur Funktionsbenennung

INPUT, DISPLAY

Zu den wohl aufwendigsten Programmteilen gehören sämtliche Dialogkomponenten, welche mit INPUT, INPUT ARRAY & DISPLAY ARRAY programmiert werden. Zu Beginn eines Softwareprojektes gilt es vor allem die Benutzerschnittstellen genau zu definieren. Dazu gehören Menüs, Hotkeys, Auswahlmöglichkeiten etc.

Um den Implementierungsaufwand genauer abschätzen zu können, skizzieren wir nun ein beispielhaftes Informix-4GL Programm. Besonderer Wert soll auf die Benutzerfreundlichkeit gelegt werden.

Benutzerfreundliche 4GL-Programme sollen:

- ❖ über eine klare Strukturierung verfügen

- ❖ zu jedem Zeitpunkt kontextsensitive Hilfeinformationen bieten

- ❖ eine grundsätzliche Bedienung ohne Schulung erlauben

- ❖ Bedienungsfehler abfangen bzw. erklären

Klare Strukturierung

Struktur entsteht durch Regeln, welche für jede Applikation klar definiert werden müssen. Bei Informix-4GL werden unter anderem Bildschirmfenster zur klaren Strukturierung eingesetzt.

Gute Strukturen sind zu jedem Zeitpunkt einfach und durchschaubar. Deshalb erscheint es sinnvoll, die max. Anzahl gleichzeitig geöffneter Bildschirmfenster einzuschränken und schon im Entwurf auf diesen Umstand Rücksicht nehmen.

Weitere "Überreizungen" entstehen durch viele aufeinander nicht abgestimmte Bildschirmfarben. Informix-4GL verfügt über 16 Bildschirmfarben, es erscheint jedoch ratsam mit max. 4 Farben zu arbeiten. Zu einer klaren Strukturierung zählt auch eine konsequente Benutzerführung. Der Benutzer muß zu jedem Zeitpunkt über den aktuellen Systemzustand Bescheid wissen. Der Benutzer soll nicht raten müssen, ob das System für den nächsten Tastendruck schon zur Verfügung steht oder noch gesucht wird. Gerade eine schlechte Bedinerführung verursacht Folgefehler. Der Benutzer kommt in Versuchung und drückt die nächste Taste, mit welcher er nur testet, ob das Programm schon weiterarbeitet...

Natürlich erscheint es dem Entwickler plausibel, daß bei der Suche über 50.000 Artikel einige Sekunden vergehen können, vom Benutzer sollte man dies aber auf keinen Fall verlangen.

Kontextsensitive Hilfsinformation

Obwohl die Programmierung von Hilfsinformationssystemen keine nicht überwindbare Aufgabenstellung darstellt, sollte der generelle Einsatz sowie Möglichkeiten sehr wohl definiert werden.

Bestimmen Sie, ohne die genaue Funktionalität zu kennen, an welchen Stellen der Applikation Hilfsinformationen angefordert werden dürfen. Für unseren Beispiel-INPUT fordern wir, daß Hilfsinformationen sowohl Masken als auch feldspezifisch zur Verfügung stehen sollen.

Qualitativ hochwertige Hilfeinformationssysteme verfügen über:

> ❖ durch den Benutzer ergänzbare Hilfetexte
>
> ❖ Suchmöglichkeiten
>
> ❖ Querverweise

Bedienung ohne Schulungskenntnisse

Vorbei sind die Zeiten, wo der Anwender bestimmte Codes im Kopf haben muß. Datenbankapplikationen verfügen meist über mehrere Tausend Kennzeichen, sodaß schon aus dem Leistungsumfang ein Merken von bestimmten Codes auszuschließen ist.

Das 4GL-Programm hat also nicht nur Eingaben zu prüfen, sondern dafür Sorge zu tragen, bei falschen Eingaben sämtliche möglichen Eingaben zur Auswahl anzubieten. Bei der Entwicklung unseres Beispielinputs werden wir merken, daß gerade diesem Teil besonderes Augenmerk zu schenken ist.

Reusable Code

Hinter dem englischen Fachausdruck verbirgt sich nichts anderes, als daß Quellcodes so oft als möglich wiederverwendet werden können und so Entwicklungskosten reduziert werden. Aus der Sicht einer mittleren, produzierenden Softwareschmiede läßt sich erkennen, daß es zu einer Wiederverwendung des Quellcodes selten kommt, da viele Softwarehäuser auf ein Produkt spezialisiert sind und somit gar nicht die Wahl haben, die eine oder andere Funktion des einen Projektes auch in anderen zu verwenden. Dieser Abschnitt beschäftigt sich nun mit der Frage, wie sollen Programme geschrieben werden, sodaß die einmal überlegte Logik für möglichst viele Teilaufgaben des Projektes wiederverwendet werden kann.

Wir wollen solche Überlegungen anhand einer Stammdatenverwaltung, wie sie in jedem Programm vorkommt, durchexerzieren und möchten Punkte herausarbeiten, welche es gestatten, einmal überlegte Funktionalität einfach wiederzuverwenden.

Stammdatenprogramme

Stammdatenprogramme besitzen die allgemeine Funktionalität, daß Daten erfaßt, gesucht, verändert und gelöscht werden können. Überlegen wir die Ablaufstruktur solch eines Wartungsprogrammes anhand zweier verschiedenen Tabellen, so lassen sich leicht Gemeinsamkeiten herausarbeiten. Sind solche Gemeinsamkeiten gefunden, so sollen die Ergebnisse auf den Quellcode umgelegt werden. Dies bedeutet, daß Funktionalität, welche in allen Fällen vorkommt, in der allgemeinen Steuerung bleibt und tabellenspezifische Bearbeitungsschritte in modulare Funktionen ausgegliedert werden.

Wiederverwendung der Inputlogik

Informix-4GL unterscheidet zwischen einer INPUT und einer INPUT WITHOUT DEFAULTS-Anweisung. Während der *INPUT Befehl* die Maskenfelder vor der eigentlichen Eingabe initialisiert, bleiben die aktuellen Werte bei der *INPUT WITHOUT DEFAULTS*-Anweisung erhalten. Daraus wird oft die praktische Konsequenz angeleitet, daß *INPUT*-Anweisungen für die Neuanlage eines Datensatzes, der *INPUT WITHPUT DEFAULTS* Befehl zur Änderung des Datensatzes zu verwenden ist. Weiterhin modularisiert man alle Datenbankzugriffe in eigenen Funktionen, sodaß folgende Grobstruktur entsteht.

```
FUNCTION kunden_wartung()

  MENU "Kunden"
    COMMAND "Suchen"
      CALL kunde_suchen()
      MENU "Bearbeiten"

        COMMAND "Verändern"
       CALL kunde_aendern()

        COMMAND "Löschen
          ...
        COMMAND "Prüfliste"
          ...
        COMMAND "Zurück"
      END MENU

    COMMAND "Neuanlegen"
      CALL kunde_neu()

    COMMAND "Zurück"

  END MENU
END FUNCTION
```

Abbildung 17.9: Prinzip eines Wartungsprogrammes

Implementiert wir die Funktionen *kunde_neu()* und *kunde_aendern()* nach dem folgenden Schema

```
FUNCTION kunde_neu()
  # Variablendeklaration
  # Variableninitialisierung

  # INPUT-Anweisung

  # INSERT-Anweisung
END FUNCTION

FUNCTION kunde_aendern()
  # Variablendeklaration
  # Variableninitialisierung

  # INPUT WITHOUT DEFUALTS-Anweisung

  # UPDATE-Anweisung
END FUNCTION
```

Abbildung 17.10: Schema einer allgemeinen WartungsFunktion

So erkennt man, daß ca. **80%** der Funktionslogik in der INPUT bzw. INPUT WITHOUT DEFAULTS-Anweisung stecken und daß Anweisungen innerhalb der beiden INPUT Befehle zum größten Teil identisch sind, sodaß es naheliegt, eine all-

gemeine INPUT-Anweisung zu implementieren, welche den aktuellen Programmmodus *Neuanlegen* oder *Ändern* berücksichtigt und somit doppelte Programmierung vermeidet.

Jede funktionelle Änderung müßte bei der Variante mit zwei INPUTs an zwei verschiedenen Stellen abgeändert werden, wodurch es in der Praxis leicht zu Flüchtigkeitsfehlern kommen kann.

Da man in der allgemeinen Funktion natürlich mit einer INPUT-Anweisung auskommen will, ergibt sich die Verwendung der INPUT WITHOUT DEFAULTS-Anweisung. Hier müssen die Maskenfelder beim Modus *Neuanlegen* eben „eigenhändig" gelöscht werden.

```
FUNCTION kunde_neu_aendern(p_modus)

  # Variablendeklaration
  IF p_modus = "Neuanlegen"
  THEN
    # Variableninitialisierung "Neuanlegen"
  ELSE
    # Variableninitialisierung "Ändern"
  END IF


  # INPUT WITHOUT DEFAULTS-Anweisung

  IF p_modus = "Neuanlegen"
  THEN
    # INSERT-Anweisung
  ELSE
    # UPDATE-Anweisung
  END IF

END FUNCTION
```

Abbildung 17.11: Wartungsfreundliche INPUT-Struktur

Modularisierung

In diesem Abschnitt möchte ich Sie nicht mit den Standardgesetzen der allgemeinen Programmierung langweilen, sondern mit einigen Überlegungen hinsichtlich der Modularisierung konfrontieren.

Das oberste Gebot bei der Modularisierung ist die genaue Definition des Input/Output. Die Modularisierung ist dann gelungen, wenn jede Aufgabenstellung unabhängig von welcher Programmstelle aus aufgerufen nur durch eine Funktion ausgeführt wird.

Damit ist nicht unbedingt eine physische Funktion gemeint, sondern mehr die logische Funktion. Denken wir beispielsweise an eine Funktion, die den Lagerstand aktualisieren soll. Die gesamte Lagerstandslogik sollte im Idealfall nur durch eine Funktion veränderbar sein. Das Programm bleibt dadurch überschaubar und vor allem wartbar. Schon bei der Konzeption des Softwarepaketes ist für viele Programmzweige zu definieren, ob diese nur im Batchbetrieb, im Dialogbetrieb, häufig aber auch in beiden Betriebsarten zu verwenden sind.

Beispiel: Bei der Erfassung eines Auftrages soll abschließend über einen Menüpunkt der Beleg gedruckt werden. Andererseits soll es aber auch möglich sein, zu allen Aufträgen Lieferscheine zu drucken. Während die Ausführung bei der Erfassung des Beleges vielleicht noch einige Benutzeroptionen zuläßt (Druckerauswahl, etc.), gibt es in Batchprogrammen naturgemäß keinen Dialog. Deshalb konsequente Modularisierung, damit es zu keinem Zeitpunkt vorkommt, daß signifikante Programmteile kopiert werden müssen.

Bei der Modularisierung von Funktionen sollte auch die Verwendung von Modulvariablen überlegt werden. Probleme ergeben sich dann, wenn Funktionen aus anderen Modulen aufgerufen werden und die Variableninhalte in ein anderes Modul übernommen werden sollen. Hier hilt es auch Funktionen zu implementieren, die den Inhalt solcher Variablen liefern. Nicht zu vergessen ist eine Funktion zur Initialisierung.

DieserAbschnitt beschäftigt sich mit der Problematik der systematischen 4GL-Sourcecodeverwaltung in Mehrbenutzer-Entwicklungsumgebungen. Informix-4GL stellt für diese Aufgabe kein echtes Verwaltungstool dar, sodaß in den meisten Fällen auf die UNIX-Shell und deren Kommandos zurückgegriffen wird.

Fragen, die vor Beginn der eigentlichen Programmierung geklärt werden müssen, sind:

- ❖ Wie wird der Quellcode im Betriebssystem verwaltet?
- ❖ Womit wird der Quellcode vor Veränderungen geschützt?
- ❖ Wodurch erfolgt die Koordination aller beteiligten Programmierer?
- ❖ Welcher Programmstand wird ausgeliefert?
- ❖ Zu welchen Kunden gehört welcher Programmstand?

Entwicklung imTeam

Die Tatsache, daß mehrere Programmierer an einem Softwareprodukt arbeiten, verlangt, daß bestimmte Regeln definiert bzw. administriert werden. Grundsätzlich muß es eine saubere Trennung zwischen Entwicklungsstand und Auslieferungsstand geben.

Es muß jederzeit möglich sein, einen exakt definierbaren Programmstand aus der Entwicklungsumgebung auszugliedern. Zudem sollte jeder Programmierer über seine eigene „private" Entwicklungsumgebung verfügen. Daraus ergibt sich, daß Sourcecodes redundant abgelegt werden müssen. Nur dadurch ist gewährleistet, daß Änderungen, die ein Programmierer vollzieht, auf den Programmstand der Kollegen vorerst keine Auswirkung hat.

Wir suchen daher nach einem Verwaltungstool, welches es gestattet, Sourcecodes aus einem gemeinsamen Pool auszuleihen und nach erfolgter Veränderung in den allgemeinen Programmstand zurückzuspielen.

Hat man so ein Tool realisiert, erkennt man, daß diese automatisierte Verwaltung in der Praxis noch gar nicht ausreicht. Zu groß ist die Gefahr, daß „zurückgegebene" 4GL-Programme noch Fehler besitzen und deshalb nicht automatisch in den Auslieferungsstand übernommen werden dürfen. Ideal zur Qualitätssicherung ist deshalb ein Drei-Stufen Konzept.

Das 3-Stufenkonzept

4GL-Programmierer holen Sourcemodule aus dem gemeinsamen Entwicklerstand zu deren privater Entwicklungsumgebung hinzu, verändern 4GL-Sourcemodule und geben den aktualisierten Programmstand in den gemeinsamen **Entwicklerstand** zurück.

Veränderte Module werden in einem zweiten Schritt in den zweiten Programmstand, den **Testtand,** geholt und dort ausgiebig getestet. Dabei sollten die einzelnen Module natürlich bereits vom Programmierer getestet worden sein. Dieser Teststand dient vor allem dem Integrationstest (=zusammenspielen sämtlicher Module).

Erst wenn das 4GL-Modul diese Tests besteht, kann der Quellcode zum Dritten, dem **Auslieferungsstand,** freigegeben werden.

Konkret benötigen wir dazu die Verwaltung von Entwicklerverzeichnissen sowie Realisierung des Test- und Auslieferungsstandes. Wie sieht die grundsätzliche Verwaltung unter UNIX aus?

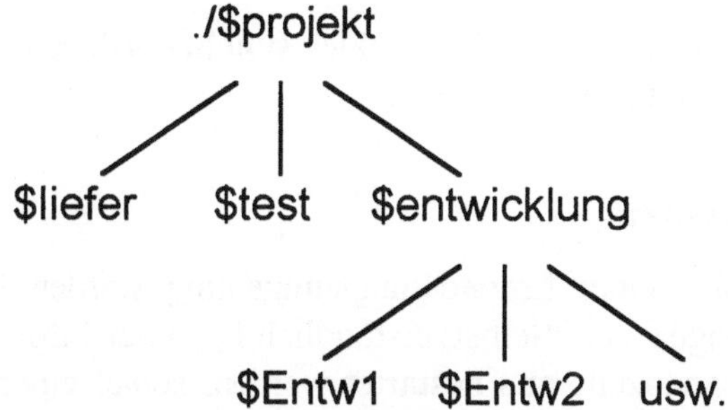

Jeder Applikation sollte ein eigenes Verzeichnis zugewiesen sein. Unter diesem befinden sich dann drei Verzeichnisse, welche unsere drei Verwaltungsstufen Entwicklungs-, Test- und Auslieferstand realisieren.

Unter dem gemeinsamen Entwicklungsstand befinden sich dann die eigentlichen Programmiererstände. Jeder Programmierer sollte über einen kompletten aktuellen Entwicklerstand verfügen, der je nach Aufgabe zunächst lokal verändert und in den gemeinsamen Entwicklungsstand zurückgegeben wird. Die unter UNIX wohl einfachste Realisierungsmöglichkeit ist die Verwendung von SHELL-Skripts.

👍 Um Dateien im Betriebssystem nicht mehrfach speichern zu müssen, bedienen wir uns der UNIX-Links (virtuelle Kopie einer Datei).

Bei der Änderung von 4GL-Quellcodes bereiten zwei Situationen besondere Probleme. Dies sind Änderungen im Datenbanklayout und die Erweiterung der Parameterleiste einer Funktion. Solche Aufgaben ziehen meist Änderungen mehrerer Quelldateien nach sich. Während ein oder auch mehrere Module von einem Entwickler zur Bearbeitung geholt und auch verändert werden können, gelingt es bei Großprojekten nur selten, daß alle zu ändernden Quellmodule auch zur Verfügung stehen. Oft werden einzelne Module gerade von anderen Mitarbeitern bearbeitet und sind somit gesperrt.

Es ist deshalb darauf zu achten, daß

> a) die notwendigen Änderungen bei vorübergehend gesperrten Modulen ebenfalls durchgeführt werden und

> b) Module unterschiedlicher Entwickler **synchronisiert** in den gemeinsamen Entwicklerstand retourniert werden.

Das UNIX-Environment

Zur Realisierung solch einer Entwicklungsumgebung werden fast ausschließlich SHELL-Skripts herangezogen. Selbstverständlich kann der Informix-4GL Compiler auch von der Kommandozeile aus gestartet werden, sodaß einer Einbettung in diverse Shellprozeduren nichts im Wege steht.

Zu beachten ist, daß beim RDS-System (Interpreter-Version) nach der eigentlichen Kompilierung alle *object-modules* zusammengelinkt werden müssen. Bei der Compilerversion geschieht dies automatisch, da hier automatisch auf ein executable-Programm übersetzt wird.

Das Linken aller *object-modules* wird mit einem einfachen *cat* Befehl erledigt.

```
#
# Linke alle vorhandenen .4go zum .4gi
#
for OBJECT in `ls $PROJEKT/$ENTWICKLUNG/$USER/*4go`
do
   cat $OBJECT >>$PROGNAME
done
```

Abbildung 17.12: Linken mit der RDS-Version

Unser Beispiel setzt voraus, daß alle *.4go-Dateien im Verzeichnis $DEV/$OBJ abgelegt sind. Das gewünschte Zielverzeichnis der *object-modules* kann beim Aufruf des 4GL-RDS Compilers mit der Option **-p pfadname** festgelegt werden. Ändern wir ein Programm, so müssen nur geänderte Quellmodule neu übersetzt werden. Alle bestehenden **.4go**´s der restlichen Module werden zum Linken verwendet.

☝ Informix-4GL meldet syntaktische Fehler in einer *modul.err*-Datei. Dabei handelt es sich um eine Kopie des Quellcodes, erweitert um Fehlerkommentare des Compilers. Bei der Einbettung des Compilers in SHELL-Skripts empfiehlt es sich, wie folgt vorzugehen.

1. Stelle fest, ob Fehler aufgetreten sind, d.h. ***.err** vorhanden ?

2. Zeige dem Entwickler automatisch die modul.**err**-Datei

3. Beseitige nach Korrekturen der modul.**err**-Datei alle Fehlerkommentare

4. Die so erzeugte Datei kann nun wieder kompiliert werden

Da Fehlerkommentare vom Compiler bei 4GL-Modulen durch `|`-Zeichen und in Maskendateien mit dem `#`-Zeichen gekennzeichnet werden, bietet sich der **grep** Befehl zur Ausfilterung an.

```
for FEHLER in `ls *err`
do
   DATEI=`expr "$FEHLER" : '\(*\)\.err$'`
   grep -v `^|` $FEHLER  >$DATEI.4gl
done
```

Abbildung 17.13: Automatische Ausblendung von Fehlermeldungen

CASE-Tools

Viele neue Entwicklungstools werden als CASE-Tools bezeichnet. Deshalb möchte ich hier den Begriff CASE-Tool etwas differenzierter betrachten. CASE steht für <u>C</u>omputer <u>A</u>ided <u>S</u>oftware <u>E</u>ngineering und heißt übersetzt Computer unterstützte Softwareentwicklung. Unter einem CASE-Tool verstehen wir ganz allgemein eine Ansammlung von Dienstprogrammen mit denen es gelingt Informationen, zu einem Softwareprojekt übersichtlich (deshalb grafisch) abzulegen. Ganze CASE-Systeme unterstützen dazu sämtliche Abschnitte einer Softwareentwicklungsphase. Ganz energisch möchte ich hier alle Entscheidungsträger im Entwicklungsbereich ohne Datenbankerfahrung darauf aufmerksam machen, daß Applikationen, welche mit der 4GL geschrieben werden, in der Regel komplexer werden, als Programme der vorigen Cobolgeneration. Die Ursache dafür liegt darin, daß neue Produkte generell besser und somit auch leistungsfähiger sein müssen. Zwar mag es richtig sein, daß mit 4GLs Applikationen schneller und effizienter implementiert werden können, dies bedeutet aber nicht, daß mit denselben Kosten bzw. Zeitspannen zu rechnen ist. Meist steigen Kosten und Entwicklungszeit bei Datenbankprojekten aufgrund steigender Gesamtkomplexität.

Die Gesamtkomplexität einer Datenbankentwicklung besteht nicht nur aus der eigentlichen Entwicklung, sondern umfaßt vor allem auch die Wartbarkeit, Portabilität, Vernetzung, Fachwissen zu unterschiedlichen Betriebssystemen usw. Zwar ist die Applikation meist auf verschiedenen Betriebssystemen lauffähig, niemand macht Sie aber auf etwaige Unterschiede der verschiedenen UNIX-Varianten aufmerksam.

Seien Sie speziell bei der Verwendung von Betriebssystembefehlen vorsichtig. Zwar funktioniert der **cat** Befehl auf allen UNIX-Plattformen ziemlich gleich, bei den Befehlen zur Ein/Ausgabe von DOS-Dateien beispielsweise gibt es schon größere Unterschiede. Die Aussage solcher Beispiele liegt darin, daß Sie grundsätzlich bei der Unterstützung einer neuen Hardwareplattform nicht von der Idealvariante *aufsetzen/läuft* ausgehen, sondern doch zumindest einige Manntage kalkulieren sollten.

Im Unterschied zu ehemaligen Cobolapplikationen verlassen Sie mit Ihrer Datenbank nun Ihr gewohntes meist herstellerspezifisches System und wandern in Richtung offener Systeme. Hier gilt es auch auf den Sektoren der Netzwerktechnik, Emulationsmöglichkeiten, Fremdmaschinenanbindungen etc. dazuzulernen.

Aus diesem Grunde muß jedes Datenbankprojekt in allen Teilbereichen auf Kosten- und Terminüberschreitungen überwacht werden. Der Einsatz von professionellen Proketmanagementtools muß hier vorausgesetzt werden, damit alle Resourcen wohl überlegt geplant werden können. Sicher kann dieser Aussage entgegengehalten werden, daß eine Planung immer notwendig war und ist. Richtig, aber sprechen Sie mit Kollegen, welche bereits Erfahrung im offenen Land UNIX erwerben konnten...

Nun aber zurück zum Thema CASE-Tools. Hier hat sich in der letzten Zeit das Schlagwort *Codegenerierung* verbreitet. Die globale Aussage, die für Laien dahinter steckt, ist etwa, daß das CASE-System die Anwendung selbst programmiert. Vorsicht! Ein CASE-System kann nur dann gewünschte Teile generieren, wenn Sie diese ausreichend spezifiziert haben.

Der, wie ich meine, wohl wichtigste Aspekt beim Einsatz eines CASE-Systemes ist die Tatsache, daß für alle Beteiligten eine zentrale Informationsquelle zur Verfügung steht und alle Benutzer zwingt möglichst strukturiert zu denken. Vorbei sind die Zeiten, wo der Programmierer sofort beginnt, eine Aufgabenstellung im Texteditor zu implementieren. Diese Variante war und ist bei komplexen Systemen die wohl teuerste Variante zur Softwarerealisierung. Müssen Änderungen des Systemes durchgeführt werden, so gilt es den Quellcode zu studieren. Dies ist wartungstechnisch ein enormer Aufwand. Desweiteren verliert man hier auch leicht den Gesamtüberblick.

Optimal ist der Einsatz von CASE-Tools unter UNIX. Damit muß der Entwickler die gewohnte Produktionsumgebung nicht verlassen und hat jederzeit die Möglichkeit Projektinformationen abzurufen. Zwar gibt es unter UNIX bei weitem keine so breite Produktpalette wie unter WINDOWS bzw. OS/2, trotzdem sollte man wenn möglich unter UNIX arbeiten.

Die Einführung eines CASE-Tools ist mit einem großen Zeit- und Kostenaufwand verbunden. Wie Studien zeigen, sind heute, wo der CASE-Markt in Europa erst richtig zu boomen beginnt, schon sehr viele Entwickler wiederum frustriert. Zu hoch waren die Erwartungen in diese Systeme und zu groß war der damit verbundene organisatorische Aufwand wie Schulungen, Pilotprojekte etc.

Wichtig für die Einführung eines CASE-Systemes ist vor der Auswahl eines Systemes die Definition der erwarteten Vorteile. Sollten Sie mit dem Thema noch nicht vertraut sein, so empfiehlt es sich praxisgerechte Informationen dazu zu erhaschen. Schön wäre auch die Tatsache, daß das verwendete Tool die spezifizierte Programmlogik generieren kann, wobei ein guter Programmgenerator sich dadurch auszeichnet, in der Definition der Benutzerschnittstelle dem Entwickler alle Türen offenzuhalten und nicht etwa die Verwendung von bestimmten Menüstrukturen vorzuschreiben.

Wichtig für jeden Generator ist auch die Tatsache, daß der generierte Code nicht nur in Form der Quelldatei vorliegt, sondern auch im CASE-System modifizierbar abgespeichert bleibt. Es soll jederzeit möglich sein, nach der Generierung Änderungen einzubringen.

Tips für die Praxis

Kennzeichnung aller Datenbankoperationen

Bestimmen Sie schon zu Beginn eines 4GL-Projektes, wie Datenbankoperationen einheitlich gekennzeichnet werden. Wird ein Programm aktiv gewartet, so ergeben sich im Laufe der Zeit notwendige Datenbankänderungen.

Solche Änderungen können in der Praxis Anlaß unnötiger Programmfehler sein. Wenn in einer Datenbanktabelle Attribute hinzugefügt bzw. gelöscht werden, so kann dies zu Inkompatibilitäten mit bestehendem Programmcode führen, wenn die Anzahl der Datenbankfelder mit den „damals programmierten" nicht mehr übereinstimmen.

```
#
# Deklariere Record wie Tabelle
#
1.  DEFINE fr_kunde RECORD LIKE kunde.*

2.  SELECT *
3.    INTO fr_kunde.*
4.    FROM kunde
5.  WHERE
6.        id_kunde = p_id_kunde

7.  INSERT INTO kunde.*
8.          VALUES (fr_kunde.*)

9.  INSERT INTO kunde (nr, name, plz)
10.         VALUES (fr_kunde.nr, fr_kunde.name, fr_kunde.plz)
```

Abbildung 17.14: Probleme bei Datenbankänderungen

Obwohl Records "offen" mit **LIKE tabelle.*** (Zeile 1) definiert werden können, gilt es doch einige Umstände genauer zu betrachten.

Recorddefinitionen mit **LIKE** tabelle.* werden erst bei einem erneuten Übersetzungsvorgang aktualisiert. Dies bedeutet, daß in einem anderen Programmodul zwar der gleiche Quelltext steht, die Definition des Records aber unterschiedlich lautet. Da man aber kaum alle Module der Applikation kennt, in welchen eine Definition bezogen auf die gerade aktualisierte Tabelle vorkommt, muß entweder die gesamte Applikation neu übersetzt (bei größeren Programmen 1-2 **Stunden**) oder alle Module, welche diese Recorddefinition besitzen, gefunden und übersetzt werden.

Praktisch bedeutet dies, daß bei jeder Datenbankänderung die Applikation nach möglichen Inkonsistenzen durchsucht werden muß.

☞ Wird die Definition des Records ohne LIKE-Anweisung realisiert, so müssen alle Quellmodule, welche ein Record entsprechend einer Tabelle besitzen, **eigenhändig** angepaßt werden. Dieser Vorgang ist mit einem wesentlich höheren Aufwand verbunden.

Auch bei INSERT Anweisungen kann es zu Schwierigkeiten kommen, vor allem dann, wenn Datenbankfelder hinzugefügt werden, welche keine NULL-Werte erlauben. In diesem Falle müssen an den INSERT Befehl **initialisierte Variablen** übergeben werden, damit es während der Programmausführung zu keinen Fehlern führt. Auch hier soll es möglichst rasch möglich sein, alle INSERT-Kommandos zu einer Tabelle herauszufiltern.

INSERT, DELETE & UPDATE Befehle sind relativ einfach zu finden, da immer nur eine Tabelle verwendet wird. Die Suche nach Leseoperationen auf bestimmte Tabellen gestaltet sich schwieriger, da der Tabellenname nicht unbedingt dem Schlüsselwort **FROM** folgen muß.

```
SELECT belegpos.*, txt_mengeneinheit,
       belegkopf.*, txt_lieferart,
       txt_zahlungsart
  FROM belegpos, OUTER(mengeneinheit)
       belegkopf, OUTER (lieferart, zahlungsart)
```

Abbildung 17.15: Kein sinnvolles Filter für den grep

Wie in unserem Beispiel leicht zu sehen ist, fällt es uns schwer automatisiert festzustellen, wo die Zahlungsart gelesen wird. Es erscheint deshalb sinnvoll, SELECTs wie das folgende Beispiel zeigt zu kennzeichnen.

```
#SEL belegpos
#SEL mengeneinheit
#SEL belegkopf
#SEL lieferart
#SEL zahlungsart

SELECT belegpos.*, txt_mengeneinheit,
       belegkopf.*, txt_lieferart,
       txt_zahlungsart
  FROM belegpos, OUTER(mengeneinheit)
       belegkopf, OUTER (lieferart, zahlungsart)
```

Abbildung 17.16: Automatisiertes Suchen durch klare Kennzeichnung

Mit einer Kennzeichnung dieser Art fällt es leicht, möglichst rasch Antworten auf häufig gestellte Fragen wie

> ❖   In welchen Modulen wird eine Liefereinheit gelesen?

> ❖   Welche Module können die Zahlungsart ändern?

> ❖   etc.

zu geben.

Nutzen Sie die Möglichkeiten des *grep* Befehles um so Informationen direkt aus den Quelldateien zu beziehen. Kennzeichnen Sie deshalb gesondert Datenbankoperationen, Funktionsbeschreibungen, Funktionsparameter etc...

Fragen

Beantworten Sie, falls Sie in einem Team entwickeln und über eine eigens dafür geschaffene Umgebung verfügen, die folgenden Fragen.

①   Gibt es bzw. wie funktioniert die Qualitätssicherung in Ihrem System?

②   Wodurch wird die Konsistenz des Auslieferungsstandes gewährleistet?

③   Wie gehen Sie bei der Änderung des Datenbanklayoutes vor?

Kapitel 18

OnLine - Monitoring

> ➤ **Übersicht**

> ➤ **Systemüberwachung**

> ➤ **Fehleranalyse**

> ➤ **Performance**

> ➤ **Übungen**

Übersicht

Für die Kontrolle des Datenbanksystemes wird das Laufzeitverhalten hinsichtlich Performance und Stabilität herangezogen. Bedingt durch die Architektur gibt es eine Vielzahl von Auswertungskriterien, die über den Arbeitszustand bzw. die Auslastung des konfigurierten Systemes informieren.

Ziel dieses Kapitels ist es, dem Datenbankverantwortlichen das Know-How zur Systemüberwachung anhand von anschaulichen und konkreten Situationen sowie zugehöriger Protokolle zu vermitteln. Daraus werden auch Erkenntnisse zur Konfigurierung des Systemes abgeleitet.

Systemüberwachung

Dieser Abschnitt beschreibt welche Mittel zur Überwachung des Datenbanksystemes zur Verfügung stehen. In den darauf folgenden Abschnitten besprechen wir die Verwendung dieser Werkzeuge.

Generell sind die wichtigsten Funktionen der folgenden Utilities in Dienstprogramm **tbmonitor** zusammengefaßt. Der *tbmonitor* ist aber ein Dialogprogramm. Oft sollen solche Funktionen aber per 4GL-Programm angesteuert werden, sodaß es wichtig ist zu wissen, welche Funktionen auch im *Batchaufruf* vorhanden sind.

Programm	*Funktionalität*
tbinit	Startet je nach Optionen das Datenbanksystem bzw. initialisiert das System neu.
tbmode	Verändert den Betriebszustand des Datenbankservers und Shared-Memory Parameter. Wird auch verwendet, um noch laufende Datenbankprozesse sauber zu beenden.
tbtape	Realisiert die Archivierung sowie Restaurierung von Logical Logs sowie dem gesamten Datenbanksystem.
tblog	Liefert Informationen über Logdateien
tbcheck	Prüft bzw. repariert die physische Struktur (Daten, Indizes, etc.) des OnLine-Systemes.
tbstat	Liefert Informationen aus dem shared memory des Datenbank-systemes (=aktuelle Zustandsanzeige).

Fehleranalyse

Es gilt im Störfalle zunächst den Betrieb sicherzustellen bzw. wiederherzustellen. Erst darauf ist der Fehler und dessen Auftreten zu analysieren. Dabei sollte man, sofern der Fehler nicht ohnedies eindeutig zu identifizieren ist, möglichst strukturiert vorgehen.

Hier unterscheiden wir zwischen selbstgestrickten 4GL-Programmfehlern und Datenbankfehlern. Unter einem Datenbankfehler verstehen wir keine Produktfehler des Servers, sondern bezeichnen damit den Umstand, daß der normale Betriebsfall gestört ist (Festplattenfehler usw.).

Primär gilt es festzustellen, ob nur ein Benutzer Probleme hat oder vielleicht alle Benutzer „blockiert" sind. Meldet nur ein Benutzer Probleme, so sollte man zunächst nach Programmfehlern Ausschau halten.

Wir prüfen dazu die Protokolldatei der 4GL-Anwendung nach Programmfehlern. Für den Fall, daß es sich tatsächlich um einen Programmfehler handelt, bleibt nur zu hoffen, daß der Fehler reproduzierbar ist und der Kunde dafür „Verständnis" zeigt.

Hat die Programmfehleranalyse keine Erkenntnis gebracht, so sehen wir in die Protokolldatei des Datenbankservers. In dieser Datei wird eine genaue Beschreibung aller nennenswerten Aktivitäten hinterlegt. Dazu zählen Informationen zu Recovery, Checkpoints, Wechseln der Arbeitsmodi, Änderung der Konfigurierung und natürlich auch eine Beschreibung von entdeckten Fehlsituationen.

Meldet der Kunde, daß alle Benutzer blockiert sind, so beginnen wir die Analysierung des Problemes in dieser Protokolldatei. Entweder wir wissen, wo[10] diese Datei liegt und betrachten den Inhalt mittels Texteditor, oder wir geben auf der Shell das Kommando *tbstat -m* ein und erhalten so einen Auszug der letzten 20 Eintragungen. Jeder Eintrag besteht aus der Uhrzeit des Eintrages und der eigentlichen Information.

```
15:07:30    Logical Log 31 Backed Up
15:07:44    Logical Log 32 Complete
15:07:46    Checkpoint Completed
15:07:47    Logical Log 33 Complete
15:07:50    Logical Log 34 Complete
15:07:51    Checkpoint Completed
15:07:58    Logical Log 35 Complete
15:08:00    Checkpoint Completed
15:08:01    Logical Log 36 Complete
15:08:03    Logical Log 37 Complete
15:08:04    Checkpoint Completed
15:08:15    Logical Log 32 Backed Up
15:08:30    Logical Log 33 Backed Up
15:08:44    Logical Log 34 Backed Up
15:08:59    Logical Log 35 Backed Up
```

Abbildung 18.1: Einträge während des üblichen Betriebes

---

[10]   Der Name und Pfad dieser Protokolldatei wird bei der Installation mit dem **tbmonitor**-Dienstprogramm definiert.

Standardmeldungen	
Logical Log # Backed Up	Die Logdatei mit der Nummer # wurde auf Band gesichert.
Logical Log # Complete	Die Logdatei mit der Nummer # ist zu 100% gefüllt.
Checkpoint Completed	Ein Checkpoint[11] wurde ordnungsgemäß ausgeführt.

Desweiteren erhalten wir Informationen über das „Hoch"- und „Niederfahren" des Systemes. Dazu wird ein genaues Protokoll aller Tätigkeiten geführt. Beispielweise betrachten wir das Protokoll zum Wechsel in den Arbeitsmodus. Dabei wird zunächst der Recovery-Modus gestartet. Dieser prüft die Konsistenz des Datenbanksystemes und des Datenbankumfeldes. Dazu gehört zu prüfen, ob ein Fehler aufgetreten ist (z.B. Stromverlust) und deswegen Transaktionen rückgängig gemacht werden müssen. Im Normalfall erkennen wir, daß es keine offenen Transaktionen gegeben hat und somit nichts zu *recovern* ist. Nach dem Datenbankcheck gelangen wir dann in den online-Modus. Wann es notwendig ist, den Recoverymechanismus durchzuführen, entscheidet OnLine souverän und selbstständig.

```
Message Log File: /usr/informix4.1/turbo.log
11:16:22  Physical Recovery Started
11:16:22  Checkpoint Completed
11:16:22  Physical Recovery Complete: 0 Pages Restored
11:16:22  Logical Recovery Complete: 0 Committed, 0 Rolled Back
11:16:31  On-Line Mode
11:43:12  Checkpoint Completed
```

Abbildung 18.2: Moduswechsel

In dieser Abbildung erkennen wir, daß bei jedem Start des Datenbankservers automatisch der Recovery-Prozeß angestoßen wird. Werden dabei Systemfehler entdeckt, so erhalten wir Meldung über die Anzahl der bearbeiteten Pages.

---

[11] Checkpoint: Ein Zeitpunkt, wo der Inhalt des *shared memory* mit dem Inhalt auf der Platte sysnchronisiert wird.

```
17:43:46   Informix-OnLine Initialized -- Shared Memory Initialized
17:43:46   Physical Recovery Started
17:43:48   Checkpoint Completed
17:43:48   Physical Recovery Complete: 128 Pages Restored
17:44:01   Checkpoint Completed
17:44:01   Logical Recovery Complete: 407 Committed, 0 Rolled Back
17:44:01   Checkpoint Completed
17:44:01   Dropping temporary partition 1000120, recovering 8 pages.
17:44:01   Dropping temporary partition 1000121, recovering 8 pages.
17:44:01   Dropping temporary partition 100012d, recovering 8 pages.
17:44:02   Quiescent Mode
17:44:08   On-Line Mode
```

Abbildung 18.3: Recovery

OnLine beginnt mit dem Recovery und liest zunächst alle betroffenen Pages (before images), die seit dem letzten Checkpoint verändert wurden aus dem *physical-log*. Danach werden alle Transaktionen aus den *logical-logs* nachgezogen. Dabei werden jene, die vor dem Problemfall abgeschlossen waren, committed oder solche, die zum Zeitpunkt des Störfalles noch offen waren, zurückgesetzt (rollbacked). Siehe Zeile 6 der obigen Protokolldatei.

Anschließend werden Resourcen für noch vorhandene temporäre Tabellen frei gegeben und der Server in den Arbeitsmodus gebracht.

Konfigurationsänderungen können zwar meist während des Betriebes durchgeführt werden, verwendet werden diese aber erst nach einer folgenden Komplettsicherung (=LEVEL 0) bzw, wenn die Datenbank wieder durchgestartet wird. In unserem folgenden Protokoll erkennen wir, daß Systemparameter verändert wurden. Angezeigt werden sowohl alter als auch neuer Wert.

```
17:20:51   Informix-OnLine Initialized -- Shared Memory Initialized
17:20:51   Physical Recovery Started
17:20:52   Checkpoint Completed
17:20:52   Physical Recovery Complete: 0 Pages Restored
17:20:55   Logical Recovery Complete: 0 Committed, 0 Rolled Back
17:20:55   Tbconfig parameter LOCKS modified from 25000 to 55000
17:20:55   Tbconfig parameter BUFFERS modified from 1164 to 5000
17:20:55   Tbconfig parameter CHUNKS modified from 8 to 10
17:20:55   Tbconfig parameter PHYSBUFF modified from 64 to 256
17:20:55   Tbconfig parameter CLEANERS modified from 2 to 3
17:20:55   Quiescent Mode
```

Abbildung 18.4: Recovery

☞ Ein Standardfehler ist es, während des Betriebes das Device zur permanenten Logsicherung zu ändern und daraus zu schließen, daß die Logs nun auf dieses Device gesichert werden. Dies geschieht aber erst nach einer folgenden LEVEL-0 Sicherung.

Sind die Log-Dateien (logical-logs) voll, so kann der Server nicht weiterarbeiten, da er keine Möglichkeit hat Transaktionen zu protokollieren.

In diesem Falle erkennen wir die Situation eindeutig aus der Protokolldatei.

```
08:35:09   Logical Log Files are Full -- Backup is Needed
08:35:14   Logical Log Files are Full -- Backup is Needed
08:35:19   Logical Log Files are Full -- Backup is Needed
08:35:24   Logical Log Files are Full -- Backup is Needed
```

Abbildung 18.5: Volle Logdateien

OnLine meldet, daß eine Sicherung der vollen Logdateien benötigt wird. Die Anwendungsprozesse bleiben nun bis zu Beginn der Sicherung zunächst "eingefroren". Erfolgt auch nach längerer Zeit keine Sicherung, so werden sämtliche Anwendungsprozesse abgebrochen.

Auch in einem weiteren Falle bricht der Datenbankserver von sich aus Prozesse ab. Dann nämlich, wenn eine *lange Transaktion* entdeckt wird. Unter einer langen Transaktion verstehen wir weniger, daß die Transaktion lange dauert, sondern daß sehr viele Datensätze von der Transaktion betroffen sind. Da der Server alle Änderungen protokollieren muß, um im Fehlerfalle die Transaktion zurückzusetzen, bzw. diese nachzuvollziehen, benötigt der Server entsprechend große Dateien um dies bewerkstelligen zu können. Diese Dateien sind die *logical-logs*.

Nun kann es vorkommen, daß diese logischen Protokolldateien für *lange Transaktionen* nicht ausreichen und deshalb diese Transaktion abgebrochen wird.

```
13:42:45   Checkpoint Completed
13:44:57   Logical Log 1145 Complete
13:45:28   Logical Log 1145 Backed Up
13:46:49   Checkpoint Completed
13:46:49   Aborting Long Transaction: pid = 2782, uid = 100
13:50:51   Logical Log 1146 Complete
13:51:08   Logical Log 1146 Backed Up
13:52:20   Checkpoint Completed
```

Abbildung 18.6: Abbruch einer langen Transaktion

Generell dürfen Datenbankprozesse vom Benutzer nicht *gekillt* werden. Da nichts unmöglich ist, und glauben Sie mir fast jeder Kunde hat hier Lehrgeld zahlen dürfen, geschieht dies doch hin und wieder. OnLine meldet diesen Umstand wie folgt...

```
17:26:09   Checkpoint Completed
17:31:28   Checkpoint Completed
17:32:00   Process Aborted Abnormally: pid=7895 user=100 us=801c3c flags=1
17:36:48   Checkpoint Completed
```

Abbildung 18.7: Abbruch eines Datenbankprozesses

Zur Identifizierung des „Killers" prüfen wir zunächst welchem Benutzer dieser Prozeß gehörte. In der Protokolldatei wird die User-ID (=Benutzerkennung) mitausgegeben. Um die Tatsache einer eventuell notwendigen Rücksicherung vor dem Kunden besser rechtfertigen zu können, tun Sie sich leichter, wenn Sie einen seiner Angestellten als „Killer" opfern können.

tbinit

Mit diesem Tool wird OnLine initialisiert. *Tbinit wird* in der 4GL-Applikation eingebettet, um dem Benutzer aus der 4GL-Applikation heraus zu erlauben, den Datenbankserver zu starten oder zu benden. Dies ist notwendig, da in kleineren Betrieben kein DBA vorhanden ist, der mit dem eigentlichen Datenbanktool *tbmonitor* umgehen kann.

👍 Um das Datenbanksystem bei jedem Bootvorgang automatisch zu starten, plazieren Sie das Kommando **tbinit** in der Systemstartupdatei */etc/rc*. Plazieren Sie das Kommando **tbmode -k** in der Datei */etc/shutdown,* um das Datenbanksystem zu beenden, wenn das UNIX-System hinuntergefahren wird.

tbmode

Tbmode bewerkstelligt unter anderem zwei wichtige Aufgaben:

1. Änderung des Betriebsmodus

2. Sauberes abdrehen von Datenbankprozessen

Vor allem der zweite Punkt ist für den Datenbankadministrator sehr wichtig. Die Verwendung des *tbmode*-Kommandos ist die einzige legale Art einen Datenbankprozeß sauber zu beenden.

Als Parameter wird die Prozeßnummer des „abzudrehenden" Datenbankprozesses übergeben.

```
$ tbmode -Z 12443
```

Abbildung 18.8: Abbruch eines Datenbankprozesses

tbcheck

Tbcheck ist das Diagnosetool zu Datenbankdateien. Überprüft werden damit *chunks, extents,* Datensätze, Indizes, usw. Verwendet wird *tbcheck* im Problemfalle, wenn man Datenbankprobleme vermutet bzw. der Server solche meldet. Meist prüft man zunächst sämtliche Indexdateien zu den Tabellen mit den Optionen **-ci** <datenbankname>.

Erkennt tbcheck Unstimmigkeiten, so werden diese auf dem Bildschirm zunächst nur gemeldet. Mit dem optionalen Parameter **-y** werden alle Unstimmigkeiten von tbcheck bereinigt. Vorraussetzung dafür ist, daß sich der Server im Modus *quiescent* befindet.

Performance

Zum Begriff Performance werden viele Aussagen veröffentlicht, die mit der Praxis recht wenig zu tun haben. Jeder Hersteller ist bestrebt, den Konkurrenten durch die eigenen Werte von TPS, MIPS und wie sie alle heißen möchten in den Schatten zu stellen.

Für diesen Abschnitt möchte ich den Begriff Performance wie folgt definieren:

Die Performance ist gut, wenn die zur Verfügung stehenden Ressourcen optimal genutzt werden. Andernfalls sprechen wir von schlechter Performance. Unser Ziel muß es sein, aus der **vorhandenen Hardware** die beste Performance herauszuholen.

 Die Performance wird vom physischen Datenbanklayout beeinflußt.

Datenbanktabellen sollten so wenig *extents* (Erweiterungen) wie möglich besitzen. Sind viele *extents* vorhanden, so liegt die Tabelle "zerstückelt", sodaß der Lesekopf der Disk über viele Teile der Platte wandern muß, was zu erhöhten Antwortzeiten führt. Optimal ist der Zustand, wenn nur ein *extent* vorhanden ist, der *initial extent*. Dazu ist es aber notwendig, den Datenbestand ziemlich exakt abschätzen zu können. Zur Prüfung verwenden wir das zuvor kennengelernte Dienstprogramm *tbcheck*.

```
$ tbcheck -pe

liefert (auszugsweise):
WARNING:TBLSpace proj:pro.projekt has more than 8 extents.
WARNING:TBLSpace proj:bier.memo has more than 8 extents.
WARNING:TBLSpace hasyfill:conny.wxparam has more than 8 extents.
WARNING:TBLSpace hasyfill:elemer.adresse has more than 8 extents.
WARNING:TBLSpace hasyfill:elemer.artnum has more than 8 extents.
WARNING:TBLSpace hasyfill:elemer.arttxt has more than 8 extents.
WARNING:TBLSpace hasy:conny.zustxbel has more than 8 extents.
```

Abbildung 18.9: Prüfung der extents

Alle in dieser Auswertung gebrachten Tabellen besitzen mehr als 8 Extents. Um diesen Zustand zu beseitigen, ist wie folgt vorzugehen.

1. Entladen der Datenbanktabelle (mit Informix-SQL oder *dbaccess*)

2. Löschen der Datenbanktabelle

3. Festlegung der neuen Extentsize

4. Datenbanktabelle neu erzeugen (neue Extentsize festlegen)

5. Daten wieder laden

Nachdem diese Prozedur mit allen gemeldeten Datenbanktabellen durchgeführt wurde, prüfen wir erneut mit tbcheck.

Die Tabellenfragmentierung (=Diskfragmentierung) kann auch beseitigt werden, indem ein Index auf *CLUSTER* umgestellt wird. In diesem Falle muß aber noch genügend freier Platz vorhanden sein, um eine Kopie, die zur Sortierung angelegt wird, aufzunehmen. Die alten fragmentierten Bereiche der Disk werden für eine erneute Verwendung freigegeben.

Meist wird die *extentsize* auch komfortabel mit einer kleinen 4GL Funktion ermittelt. Schreiben Sie für Ihre Applikation ein eigenes DB-Wartungsprogramm, so werden Sie über diese Funktion nicht herumkommen. Wichtig zur Berechnung ist die Ermittlung der Datensatzlänge in Bytes. Diese lesen wir aus den Systemtabellen. Desweiteren müssen wir das Datenaufkommen zu dieser Tabelle abschätzen können. Diese Information ist meist Kundenabhängig, sodaß es sich empfiehlt, diese Bewegungsdaten in der Datenbank zu speichern.

```
# Satzlänge lesen
SELECT systables.rowsize
  INTO sel_satz_laenge
  FROM systables
 WHERE
       systables.tabname = nam_tbl
```

Um generell die Anzahl aller Extents zu erhalten, verwenden wir **tbcheck -pt** und
erhalten zu jeder Tabelle die Anzhal der Extents sowie Größe des ersten Extents
und aller weiteren.

```
TBLSpace Report for stores:informix.syscolumns

      Physical Address              100026
      Creation date                 03/09/94 10:02:33
      TBLSpace Flags                2                Row Locking
      Maximum row size              36
      Number of special columns     0
      Number of keys                1
      Number of extents             2
      Current serial value          1
      First extent size             8
      Next extent size              8
      Number of pages allocated     16
      Number of pages used          9
      Number of data pages          5
      Number of data bytes          7704
      Number of rows                214
```

☞   Zur Interpretation der Anzahl von Extents ist es wichtig, daß ein Extent, der
hinzugefügt wird und unmittelbar hinter seinem Vorgänger (=letzter Extent zur
Tabelle) liegt, nicht als neuer Extent gezählt wird. Es wird die Größe des Vorgän-
ger-Extents um die Größe des neuen Extents erhöht.

Findet OnLine keinen freien zusammenhängenden Diskbereich im aktuellen
DBSpace, so wird zunächst versucht, den benötigten Bereich in einem anderen
DBSpace anzulegen. Ist auch dort die gewünschte Größe nicht verfügbar, so wird
der max. verfügbare Bereich im aktuellen *dbspace* verwendet.

Performance-Monitoring

Oft wird gewünscht, die Performance mit konkreten Zahlen darzustellen. Mit OnLine ist dies auch möglich. Dabei handelt es sich im wesentlichen um Statistikwerte, die darüber informieren, ob das Datenbanksystem gut bzw. schlecht konfiguriert ist.

Um die Performance eines Systemes zu beobachten, gilt es regelmäßig die von OnLine errechneten Kennwerte zu protokollieren und zu vergleichen. Wesentlich zum Vergleichen ist, daß der Beobachtungszeitraum zumindest annähernd derselbe ist. Zur Beobachtung selbst steht uns das Dienstprogramm **tbstat** zur Verfügung. Möchten wir den aktuellen Systemstatus aktualisieren, so verwenden wir

```
$ tbstat -- >> <datei>
```

Die Option -- (*all*) liefert sämtliche Zustandsinformationen. Wir archivieren diese Werte für spätere Zeitpunkte, wo wir dann mit den neueren Werten vergleichen können, um zu sehen, ob wir den Zustand (die Performance) verbessert oder gar verschlechert haben.

```
$ tbstat -- >> <datei> -r <sekunden>
```

Diese Protokollierung kann auch periodisch über die Option **-r** *<sekunden>* erfolgen.

Anzeichen für schlechte Performance

Die Performance des Datenbanksystemes ist dann gut, wenn Schreib- und Leseoperationen primär aus dem *shared memory (cache)* erledigt werden können. **Tbstat** liefert uns zwei Zahlenwerte mit denen ausgedrückt wird, wieviele Operationen aus dem *cache* erledigt werden konnten bzw. wieviele Operationen auf die Festplatte zugreifen mußten.

```
Profile
dskreads  pagreads  bufreads  %cached  dskwrits  pagwrits  bufwrits  %cached
18205     18979     1754461   98.96    749       1870      18771     96.01

isamtot   open      start     read      write     rewrite   delete    commit    rollbk
1636487   17625     64001     1052135   1885      878       197       14743     3

ovtbls    ovlock    ovuser    ovbuff    usercpu   syscpu    numckpts  flushes
0         0         0         0         1029.27   102.02    29        99

bufwaits  lokwaits  lockreqs  deadlks   dltouts   lchwaits  ckpwaits  compress
1         0         2896360   0         0         1587      0         2063
```

Abbildung 18.10: tbstat -p

In der ersten Zahlenreihe unserer gezeigten OnLine-Statistik erkennen wir, daß 98.96% der Leseoperationen *(cached-read)* und 96.01% der Schreiboperationen *(cached-writes)* aus dem *shared memory* erledigt werden können. Die im Beispiel gezeigten Werte sind durchaus Praxiswerte und zeigen deutlich, daß die Strategie zur Reduzierung von Plattenzugriffen voll aufgeht.

Beide Werte sollten annähernd an 100% herankommen. Natürlich kann dieser theoretische Wert nie erreicht werden. 100% würde bedeuten, daß Daten **nie** von der Festplatte gelesen werden.

Die Performance kann meist verbessert werden, wenn der Wert für *cached-reads* die 95%-Marke bzw. der Wert der *cached-writes* die 82%-Marke unterschreitet.

Weiters ist auf die Konfiguration von *shared memory*-Parameter zu achten. Dazu gehören vor allem jene Parameter, die im *shared memory* begrenzte Ressourcen darstellen und der Datenbankserver während des Betriebes benötigt. Die Anzahl dieser Ressourcen wird bei der Initialisierung des OnLine-Systemes festgelegt.

```
SHARED MEMORY: Make desired changes and press ESC to record changes.
    Press Interrupt to abort changes.  Press F2 or CTRL-F for field-level help.
                   SHARED MEMORY PARAMETERS

    Page Size                       [    2] Kbytes

    Server Number                   [   78]     Server Name [ONLINE50          ]
    Deadlock Timeout                [   60] Seconds
    Forced Residency                [N]
    Number of Page Cleaners         [    1]

    Physical Log Buffer Size [          32] Kbytes
    Logical Log Buffer Size  [          32] Kbytes
    Max # of Logical Logs           [   10]
    Max # of Users           [      20]
    Max # of Locks           [    2000]
    Max # of Buffers         [     200]
    Max # of Chunks                 [    8]
    Max # of Open Tblspaces         [  200]
    Max # of Dbspaces               [    8]
                             =============
    Shared memory size       [         768] Kbytes
    Enter a unique value to be associated with this version of INFORMIX-OnLine.
```

Abbildung 18.11: Konfigurierung des shared memory

Verändern Sie die Werte der obigen Maske, so wird die dazu benötigte Größe des *shared memory* berechnet. In unserem Beispiel finden also 768 Kbytes des Hauptspeichers als *shared memory*-Bereich Verwendung.

Vor allem bei neuinstallierten Systemen kann es vorkommen, daß die Parameter

> Max # of Users
>
> Max # of Locks
>
> Max # of Open Tblspaces

anfänglich zu klein konfiguriert werden. Es gibt dazu keine optimalen Werte, welche für jedes System gleich sind.

Diese Parameter sehen wir in der dritten Zahlenreihe des **tbstat**-Outputs. Diese heißen *ovtbls, ovlock, ovuser, ovbuff*. Die Buchstaben „*ov*" stehen hier für „over" (über) und drücken aus, wie oft das Limit der vorhandenen Ressourcen nicht ausgereicht hat.

Beispiel: War die maximale Anzahl von 100 erlaubten Benutzern 3 mal zu wenig, so wäre der Wert für *ovuser* = 3.

```
Profile
dskreads  pagreads  bufreads  %cached  dskwrits  pagwrits  bufwrits  %cached
18205     18979     1754461   98.96    749       1870      18771     96.01

isamtot   open      start     read     write     rewrite   delete    commit    rollbk
1636487   17625     64001     1052135  1885      878       197       14743     3

ovtbls    ovlock    ovuser    ovbuff   usercpu   syscpu    numckpts  flushes
0         0         3         0        1029.27   102.02    29        99

bufwaits  lokwaits  lockreqs  deadlks  dltouts   lchwaits  ckpwaits  compress
1         0         2896360   0        0         1587      0         2063
```

Abbildung 18.12: tbstat -p

Diese Parameter beeinflussen die Größe des benötigten *shared memory*-Bereiches. Grundsätzlich kann dieser Bereich beliebig groß gewählt werden, jedoch ist zu beachten, daß für die eigentlichen Programme ausreichend Platz vorhanden ist.

Gute Erfahrungen wurden gemacht, wenn ca. 20% des zur Verfügung stehenden Hauptspeicherbereiches als *shared memory* konfiguriert sind.

Nur keine Panik, wenn Ressourcen überschritten wurden. Sicher ist der Wert 0 für die Werte von *ovtbls, ovlock, ovuser* und *ovbuff* ideal, jedoch kommt es in der Praxis schon mal vor, daß die eine oder andere Ressource nicht zu Verfügung steht. Die Konsequenz daraus ist, daß auf die benötigte Ressource gewartet werden muß. Wichtig ist auch das Verhältnis dieser Werte zum beobachteten Zeitraum.

☞ Wenn Sie Änderungen zu den hier genannten Werten vornehmen, so müssen die Statistiken von OnLine mit **tbstat -z** (*zero*) zurückgesetzt werden.

Dies ist wichtig, da diese Werte nicht pro Betriebszyklus (online - arbeiten - offline) neu berechnet werden, sondern immer für die Summe aller Betriebszeiten gelten. Ist das System schlecht konfiguriert, so braucht es umso länger, bessere Statistikwerte zu erhalten, da wir ja von schlechten Zahlen ausgehen und die nun besseren Werte nur langsam das Gesamtergebnis beeinflussen. Generell ist es wichtig, Statistiken nur dann zu vergleichen, wenn sie auch über den gleichen Zeitraum Auskunft geben.

Parallele Sortierung

Generell sollte auf Mehrprozessorrechnern die Möglichkeit der parallelen Sortierung genutzt werden. Dabei werden zur Sortierung von Daten mehrere Prozesse (Prozessoren) verwendet. Interessant dabei ist die Tatsache, daß die Sortierung nur dann auf mehrere Prozessoren aufgeteilt wird, wenn dadurch auch ein Performancegewinn zu erwarten ist. Die Abarbeitung solcher paralleler Algorithmen verlangt natürlich auch einigen Kommunikationsaufwand zwischen den Prozessen, sodaß der Performancegewinn bei kleinen Datenmengen nicht zu spüren und deshalb unnötig wäre.

Wenn wir die parallele Sortierung optimal nutzen möchten, so setzen wir die Umgebungsvariable **PSORT_NPROCS** auf die Anzahl der vorhandenen Prozessoren. Für die interne Verarbeitung der parallelen Sortieralgorithmen benötigen diese Prozesse natürlich auch einen temporären Plattenbereich für diverse Zwischendateien. Dabei ist die Performance besonders dann günstig, wenn die Prozessoren auf unterschiedliche Festplatten zugreifen können, da hier eine echte parallele Verarbeitung und kein Ressourcensharing verwendet wird. Welche Verzeichnisse hier verwendet werden sollen, kann über die Umgebungsvariable **PSORT_DBTEMP** eingestellt werden.

```
$ PSORT_NPROCS=3; export PSORT_NPROCS
$ PSORT_DBTEMP=/tmp:/tmp1:/tmp2
```

Abbildung 18.13: Nutzung des parallelen sortierens

 Diese Umgebungsvariablen bewirken auf Einprozessorrechnern nichts.

Weiters wird die Performance durch folgende Faktoren beeinflußt:

- ❖ LOG-Bufferung

- ❖ CHECKPOINT-Intervalle

- ❖ Verwendung von BLOBs

- ❖ Indizes (siehe Kapitel „*Query-Optimierung*")

Logs müssen in regelmäßigen Abständen zur Synchronisation auf die Platte geschrieben werden. OnLine bietet hier die Möglichkeit, auch mehrere Logs im Hauptspeicher zwischenzuspeichern und später **gemeinsam** zu schreiben.

Log-Pufferung

Buffered Log

Da Logs gemeinsam geschrieben werden, wird der Disk I/O reduziert. Die Performance ist höher. Da Logs aber im Hauptspeicher gepuffert sind, verlieren wir bei Systembefehlen möglicherweise mehrere Transaktionen, nämlich jene, welche in den gepufferten Logs protokolliert waren.

Unbuffered Log

Mehr Disk I/O, dafür gehen weniger Transaktionen verloren.

Checkpointintervalle

Das Checkpointintervall legt fest, zu welchen Zeitpunkt Logs entleert (auf Disk gesichert) werden. Kleine Intervalle erhöhen den I/O-Aufwand und verschlechtern die Performance. Große Intervalle minimieren den I/O-Aufwand, jedoch erhöht sich hier wieder die Gefahr des größeren Transaktionsverlustes.

Verwendung von BLOBs

Bei der Verarbeitung von BLOBs (Bildern, Dokumenten, usw.) ist generell festzuhalten, daß durch die Größen solcher Objekte die Performance offensichtlich beeinflußt werden muß.

Aus Performancegründen sollten BLOBs immer in separaten **blobspaces** abgespeichert werden. Zu diesen *blobspaces* können dann I/O-Einheiten vom Administrator festgelegt werden, sodaß die Größe auf die Größe der Objekte abgestimmt ist. OnLine liest dann mit dieser festgelegten Einheit.

Es ist unsinnig und für die Performance untragbar, wenn große Bilddateien in den üblichen 2K-Pages des *shared memory* abgelegt werden.

Übungen

In den folgenden Übungen erhalten Sie zum Teil verbale Beschreibungen zu den von Kunden gemeldeten Problemen, sowie, sofern vorhanden, den Ausdruck diverser Protokolle der OnLine-Dienstprogramme.

Versuchen Sie die Probleme mit den dargestellten Informationen zu lösen, bzw. definieren Sie auch welche Informationen Sie eventuell noch benötigen um das Problem identifizieren zu können.

①   Das Datenbanksystem „steht". Kein Benutzer kann mehr weiterarbeiten. Wie gehen Sie vor ?

____

____

____

②   Wie bewerten Sie den Zustand des Systemes anhand der Protokolldatei?

```
13:20:49   Checkpoint Completed
13:23:59   Logical Log 1 Complete
13:26:10   Checkpoint Completed
13:31:28   Checkpoint Completed
14:24:48   Checkpoint Completed
14:30:08   Checkpoint Completed
14:35:30   Checkpoint Completed
16:54:08   Checkpoint Completed
17:15:29   Checkpoint Completed
17:20:49   Checkpoint Completed
17:36:50   Checkpoint Completed
17:42:09   Checkpoint Completed
17:47:30   Checkpoint Completed
17:52:50   Checkpoint Completed
17:58:09   Checkpoint Completed
18:03:29   Checkpoint Completed
18:49:38   Logical Log 2 Complete
18:51:30   Checkpoint Completed
```

____

____

____

③ Worauf ist, bezüglich Performance, bei der Verwendung von BLOBs zu achten ?

____

____

____

④ Bewerten Sie die Statistiken der OnLine-Systeme hinsichtlich Performance. Welches System liefert die „bessere" Performance ?

```
SYSTEM A

Profile
dskreads  pagreads  bufreads  %cached  dskwrits  pagwrits  bufwrits  %cached
36084     70703     4694628   99.23    13462     30700     279915    95.19

isamtot   open      start     read      write     rewrite   delete    commit    rollbk
4193656   137639    528013    1352662   98963     2180      949       307977    6

ovtbls    ovlock    ovuser    ovbuff    usercpu   syscpu    numckpts  flushes
1         2         3         0         2799.67   620.38    41        747

bufwaits  lokwaits  lockreqs  deadlks   dltouts   lchwaits  ckpwaits  compress
6         0         8518374   0         0         3402      3         10032
```

```
SYSTEM B

Profile
dskreads  pagreads  bufreads  %cached  dskwrits  pagwrits  bufwrits  %cached
13462     30700     279915    95.19    13462     30700     279915    95.19

isamtot   open      start     read      write     rewrite   delete    commit    rollbk
4193656   137639    528013    1352662   98963     2180      949       307977    6

ovtbls    ovlock    ovuser    ovbuff    usercpu   syscpu    numckpts  flushes
0         0         0         0         3793.62   320.38    34        247

bufwaits  lokwaits  lockreqs  deadlks   dltouts   lchwaits  ckpwaits  compress
6         0         2345764   0         0         2402      3         21035
```

____

____

____

⑤   **Ein Benutzer meldet, daß seine Applikation plötzlich vom Bildschirm verschwand.**

```
17:26:09   Checkpoint Completed
17:31:28   Checkpoint Completed
17:32:00   Process Aborted Abnormally: pid=7895 user=100 us=801c3c flags=1
17:36:48   Checkpoint Completed
```

---

⑥   **Der Kunde klagt über die Geschwindigkeit? Können wir hier noch optimieren?**

```
Profile
dskreads  pagreads  bufreads  %cached  dskwrits  pagwrits  bufwrits %cached
36084     70703     4694628   92.23    13462     30700     279915   82.19

isamtot   open      start     read     write     rewrite   delete   commit    rollbk
4193656   137639    528013    1352662  98963     2180      949      307977    6

ovtbls    ovlock    ovuser    ovbuff   usercpu   syscpu    numckpts flushes
13        123       3         230      2799.67   620.38    41       747

bufwaits  lokwaits  lockreqs  deadlks  dltouts   lchwaits  ckpwaits compress
6         0         8518374   0        0         3402      3        10032
```

---

⑦ **Das Datenbanksystem „steht". Kein Benutzer kann mehr weiterarbeiten.**

```
14:01:18   Quiescent Mode
14:01:34   Level 0 Archive Started
14:01:37   Checkpoint Completed
14:01:38   Level 0 Archive Completed
14:01:57   Level 0 Arcnive Started
14:01:59   Checkpoint Completed
14:02:00   Level 0 Archive Completed
14:02:31   On-Line Mode
14:07:12   Checkpoint Completed
15:27:13   Checkpoint Completed
15:32:33   Checkpoint Completed
16:25:53   Checkpoint Completed
16:31:12   Checkpoint Completed
16:36:33   Checkpoint Completed
16:41:52   Checkpoint Completed
16:45:25   Shutdown Mode
16:45:25   Quiescent Mode
16:45:27   INFORMIX-OnLine Stopped
```

⑧ **Wie interpretieren Sie die folgende Meldung? Wo stehen diese Meldungen?**

```
08:35:09   Logical Log Files are Full -- Backup is Needed
08:35:14   Logical Log Files are Full -- Backup is Needed
08:35:19   Logical Log Files are Full -- Backup is Needed
08:35:24   Logical Log Files are Full -- Backup is Needed
```

⑨   Mit welchen Kommandos beantworten Sie die folgenden Fragen?

Wo liegt das OnLine-Protokoll?

____

Wie sieht die Performance aus?

____

Sind Tabellen mit mehr als 8 Extents vorhanden?

____

Musterlösungen

① Das Datenbanksystem „steht". Kein Benutzer kann mehr weiterarbeiten. Wie gehen Sie vor ?

Zunächst das OnLine-Protokoll prüfen.

Mit „tbstat -- > *<dateiname>*„ den Systemzustand festhalten bzw. auswerten.

② Wie bewerten Sie den Zustand des Systemes anhand der Protokolldatei?

```
13:20:49   Checkpoint Completed
13:23:59   Logical Log 1 Complete
13:26:10   Checkpoint Completed
13:31:28   Checkpoint Completed
14:24:48   Checkpoint Completed
14:30:08   Checkpoint Completed
14:35:30   Checkpoint Completed
16:54:08   Checkpoint Completed
17:15:29   Checkpoint Completed
17:20:49   Checkpoint Completed
17:36:50   Checkpoint Completed
17:42:09   Checkpoint Completed
17:47:30   Checkpoint Completed
17:52:50   Checkpoint Completed
17:58:09   Checkpoint Completed
18:03:29   Checkpoint Completed
18:49:38   Logical Log 2 Complete
18:51:30   Checkpoint Completed
```

Alles OK. Geringes Datenaufkommen, da innerhalb von 5 Stunden nur 2 logical-logs gefüllt wurden.

③ Worauf ist, bezüglich Performance, bei der Verwendung von BLOBs zu achten ?

BLOBs sollten nie in den *tblspace* gelegt werden, da die I/O-Einheit für große BLOBs ungeeignet ist. BLOBs sind in dafür geeigneteren *BLOBspaces* gespeichert sein.

④   Bewerten Sie die Statistiken der OnLine-Systeme hinsichtlich Performance. Welches System liefert die „bessere" Performance ?

```
SYSTEM A

Profile
dskreads  pagreads  bufreads  %cached  dskwrits  pagwrits  bufwrits  %cached
36084     70703     4694628   99.23    13462     30700     279915    95.19

isamtot   open      start     read      write     rewrite   delete    commit    rollbk
4193656   137639    528013    1352662   98963     2180      949       307977    6

ovtbls    ovlock    ovuser    ovbuff    usercpu   syscpu    numckpts  flushes
1         2         3         0         2799.67   620.38    41        747

bufwaits  lokwaits  lockreqs  deadlks   dltouts   lchwaits  ckpwaits  compress
6         0         8518374   0         0         3402      3         10032
```

```
SYSTEM B

Profile
dskreads  pagreads  bufreads  %cached  dskwrits  pagwrits  bufwrits  %cached
13462     30700     279915    95.19    13462     30700     279915    95.19

isamtot   open      start     read      write     rewrite   delete    commit    rollbk
4193656   137639    528013    1352662   98963     2180      949       307977    6

ovtbls    ovlock    ovuser    ovbuff    usercpu   syscpu    numckpts  flushes
0         0         0         0         3793.62   320.38    34        247

bufwaits  lokwaits  lockreqs  deadlks   dltouts   lchwaits  ckpwaits  compress
6         0         2345764   0         0         2402      3         21035
```

System A liefert die bessere Performance. Dies beruht auf den besseren (=höheren) Werten der cached-reads bzw. cached-writes. Zwar sind einige Male die Ressourcen im *shared memory* ausgegangen, da es aber nur selten vorkommt, ist eine Änderung der Konfiguration nicht notwendig.

⑤ Ein Benutzer meldet, daß seine Applikation plötzlich vom Bildschirm verschwand.

```
17:26:09   Checkpoint Completed
17:31:28   Checkpoint Completed
17:32:00   Process Aborted Abnormally: pid=7895 user=100 us=801c3c flags=1
17:36:48   Checkpoint Completed
```

Jemand hat seinen Prozeß gekillt. Wir finden die Benutzernummer = userID in /etc/passwd.

⑥ Der Kunde klagt über die Geschwindigkeit? Können wir hier noch optimieren?

```
Profile
dskreads  pagreads  bufreads  %cached  dskwrits  pagwrits  bufwrits  %cached
36084     70703     4694628   92.23    13462     30700     279915    82.19

isamtot   open      start     read      write     rewrite   delete    commit    rollbk
4193656   137639    528013    1352662   98963     2180      949       307977    6

ovtbls    ovlock    ovuser    ovbuff    usercpu   syscpu    numckpts  flushes
13        123       3         230       2799.67   620.38    41        747

bufwaits  lokwaits  lockreqs  deadlks   dltouts   lchwaits  ckpwaits  compress
6         0         8518374   0         0         3402      3         10032
```

Ja, die Performance läßt zu wünschen übrig. %cached-read & %cached-write liegen unter den Grenzwerten. Offensichtlich ist das *shared-memory* zu klein konfiguriert. Die Resourcen reichen nicht aus. Vor allem die max. Anzahl von LOCKS sowie die max. Anzahl der BUFFERS müssen erhöht werden.

⑦   **Das Datenbanksystem „steht". Kein Benutzer kann mehr weiterarbeiten.**

```
14:01:18   Quiescent Mode
14:01:34   Level 0 Archive Started
14:01:37   Checkpoint Completed
14:01:38   Level 0 Archive Completed
14:01:57   Level 0 Archive Started
14:01:59   Checkpoint Completed
14:02:00   Level 0 Archive Completed
14:02:31   On-Line Mode
14:07:12   Checkpoint Completed
15:27:13   Checkpoint Completed
15:32:33   Checkpoint Completed
16:25:53   Checkpoint Completed
16:31:12   Checkpoint Completed
16:36:33   Checkpoint Completed
16:41:52   Checkpoint Completed
16:45:25   Shutdown Mode
16:45:25   Quiescent Mode
16:45:27   INFORMIX-OnLine Stopped
```

Nichts ist passiert. Jemand hat aber OnLine „hinuntergefahren".

⑧   **Wie interpretieren Sie die folgende Meldung? Wo stehen diese Meldungen?**

```
08:35:09   Logical Log Files are Full -- Backup is Needed
08:35:14   Logical Log Files are Full -- Backup is Needed
08:35:19   Logical Log Files are Full -- Backup is Needed
08:35:24   Logical Log Files are Full -- Backup is Needed
```

**Die logical-logs sind voll und müssen auf Band gesichert werden. Diese
Information finden wir im OnLine-Log.**

⑨   Mit welchen Kommandos beantworten Sie die folgenden Fragen?

Wo liegt das OnLine-Protokoll?

tbstat -m

Wie sieht die Performance aus?

tbstat -p oder mit dem **tbmonitor**

Sind Tabellen mit mehr als 8 Extents vorhanden?

tbcheck -ce

Kapitel 19

Sicherungskonzepte

➢ **Überblick**

➢ **Sicherungskonzepte**

Überblick

Dieses Kapitel beschreibt Konzepte zur Sicherung des ordnungsgemäßen Datenbankbetriebes sowie dazu notwendige technische als auch organisatorische Maßnahmen.

Für Datenbankneulinge sei hier angemerkt, daß dieses Kapitel tief in die Materie Informix-Datenbankwissen einsteigt und deshalb zahlreiche Fachausdrücke verwendet. Sollten Sie den einen oder anderen Fachbegriff nicht kennen, so finden Sie am Ende dieses Buches die Erklärung zu den wichtigsten Begriffen.

Sicherungskonzepte

Eine Datensicherung bzw. Datenarchivierung ist eine komplette Sicherung des Datenbanksystemes zu einem bestimmten Zeitpunkt. Dabei werden also nicht nur die eigentlichen Datensätze, sondern die gesamte physische Struktur archiviert. Diese Gesamtsicherung ermöglicht im Störfalle eine Restaurierung des Datenbestandes. Zusätzliche Techniken in Verbindung mit der Gesamtarchivierung ermöglichen es, ausgehend von der Komplettarchivierung den letzten ordnungsgemäßen Systemzustand vor dem Störzeitpunkt zu rekonstruieren.

Es gilt bei Installationen auf Kundensystemen in Abhängigkeit des verwendeten Datenbankservers unterschiedliche organisatorische Maßnahmen zu treffen.

☞ Die Verwendung von Transaktionen setzt die Verwendung des Loggingprotokolles voraus.

Bevor wir auf die konkreten Situationen beider Server näher eingehen, sei noch der prinzipielle Zusammenhang zwischen Archivierung und Protokolldateien (Logs) erläutert.

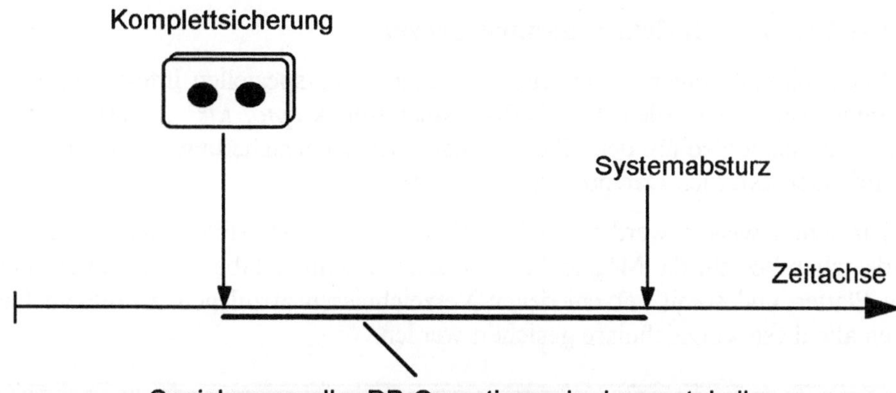

Das Datenbanksystem ist zu definierten Zeitpunkten vollständig zu sichern. Auf diesen Systemzustand kann durch Rücksicherung aufgesetzt werden. Nun gilt es die Zeitspanne bis zur nächsten Komplettsicherung durch Protokollierung aller Datenbankoperationen zu überbrücken. Bei Systemabsturz wird zunächst die letzte Komplettsicherung eingespielt. Anschließend wird der Restaurierungsvorgang ausgelöst[12]. Bei diesem Restaurierungsvorgang werden sämtliche Transaktionen aus der Logdatei gelesen und nachvollzogen. Transaktionen, welche aufgrund des Systemabsturzes nicht ordnungsgemäß beendet werden konnten, werden auch nicht nachvollzogen.

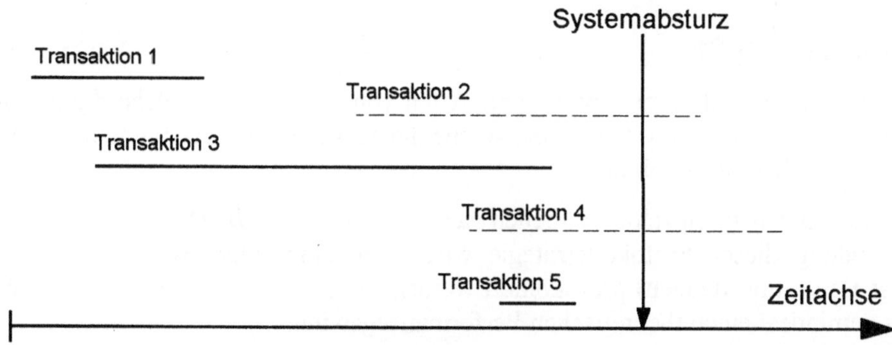

Transaktionen 2 & 4 werden nicht ausgeführt. Alle anderen Transaktionen werden nachvollzogen.

---

[12] Die Auslösung erfolgt bei beiden Serverprodukten unterschiedlich. Näheres dazu in folgenden Abschnitten

Datensicherung mit dem Standard-Server

Zur Datensicherung einer SE-Datenbank stehen keine speziellen Informixtools zur Verfügung, sondern werden die UNIX-Systemutilities *cpio, tar, ...* verwendet. Es handelt sich dabei also um denselben Vorgang der Datensicherung als ob eine Textdatei auf einen externen Datenträger archiviert wird.

Wie wir schon wissen werden SE-Datenbanken im UNIX-Filesystem abgebildet. Grundsätzlich besteht die Möglichkeit, einzelne Datenbanktabellen auf unterschiedlichen Platten und somit verschiedenen Verzeichnissen abzulegen. In diesem Falle müssen alle diese Verzeichnisse gesichert werden.

☞ Um die Integrität des Datenbanksystemes zu gewährleiten, ist eine Komplettsicherung von SE-Datenbanken ausschließlich im Ruhezustand ohne Benutzeraktivitäten durchzuführen. Datenbanktabellen sind in mehreren Dateien organisiert, sodaß die Integrität dadurch verletzt werden könnte, daß Information A in Tabelle 1 gespeichert, diese veränderte Tabellendatei archiviert und erst anschließend Information B in Tabelle 2 geschrieben wird. Tabelle 1 wurde aber schon im Zustand ohne Information B archiviert. Um den exclusiven Datenbankzugriff sicherzustellen, verwenden wir die Anweisung DATABASE EXCLUSIVE.

Logdateien mit SE

Unter dem Standardserver gibt es zwei Arten von Logdateien. Solche die alle Aktivitäten des Datenbanksystemes und solche die ausschließlich Aktivitäten auf zugeordnete Tabellen protokollieren.

Protokolldateien zu einzelnen Tabellen werden *AUDIT TRAIL*-Dateien genannt. Die Verwendung dieser Protokollstrategie wird dann empfohlen, wenn nur einzelne (meist Bewegungsdateien) protokolliert werden müssen. Es gibt bei dieser Verwendung zumindest einen theoretischen Performancegewinn.

Im kommerziellen Bereich gibt es wohl nur wenige Anwendungen, welche mit diesem Protokollierungsprinzip ein Auslangen finden, sodaß ich auf diese Thematik nicht näher eingehen möchte.

Zurück zur Protokollierung aller Datenbankaktivitäten. Die Protokollierung erfolgt in einer UNIX-Betriebssystemdatei. Name und Position innerhalb des Filesystemes kann frei bestimmt werden. Wichtig ist, daß zu dieser Logdatei Schreiberlaubnis existiert und der Inhalt dieser Datei durch keinen Benutzer verändert werden darf.

```
CREATE DATABASE test WITH LOG IN "/usr/appl/test.log"
```

☞ Logdatei und Datenbankverzeichnis sollten auf physisch getrennten Platteneinheiten liegen, um bei Verlust einer Platte entweder den aktuellen Datenbestand nicht aber die Protokolldatei bzw. nur die Protokolldatei nicht aber den aktuellen Datenbestand zu verlieren.

Der Umfang dieser Logdatei hängt vom Transaktionsaufkommen des Datenbanksystemes ab. Die Lebensdauer dieser Datei ist vom generellen Sicherungskonzept abhängig. Generell wird die Logdatei bei jeder Komplettsicherung ebenfalls auf Band gesichert.

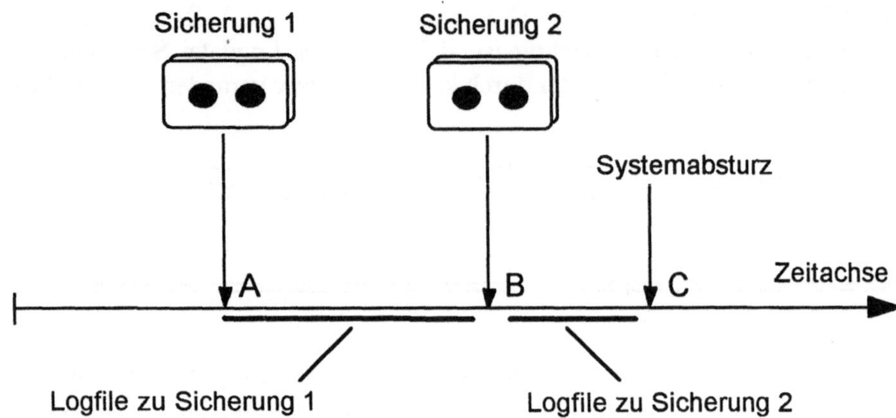

Zur Restaurierung eines Datenbanksystemes gehört dann das letzte Sicherungsband sowie die ab dem Zeitpunkt der letzten Sicherung gültige Logdatei. Betrachten wir in obiger Abbildung den Zeitpunkt C (=Systemabsturz), so benötigen wir zur Rücksicherung die *Sicherung 2* (Zeitpunkt B) sowie das *Logfile zur Sicherung 2* (Zeitpunkt B bis C). Dieses aktuelle Logfile ist auf der Platte vorhanden und muß nicht vom Band eingelesen werden.

Der richtige Vorgang zur Rücksicherung ist nun:

Sicherungsband der *Sicherung 2* einspielen und die Restaurierung mit dem Befehl *ROLLFORWARD DATABASE* anstoßen.

Ein Unglück kommt selten allein, sodaß wir auch den Fall eines kaputten Sicherungsbandes überlegen sollten. Ist das Band der Komplettsicherung zum Zeitpunkt B unleserlich, so können wir auf die Sicherung zum Zeitpunkt A mit dem dazugehörigen Logfile zugreifen. Damit ist eine Restaurierung bis zum Zeitpunkt B möglich.

Archivierungsprozedur

Die Archivierung erfolgt entweder mittels Informix-SQL oder aus der Applikation
in der 4GL. Dabei lautet der Ablauf wie folgt:

```
 1.  DATABASE EXCLUSIVE
 2.  IF sqlca.sqlcode < 0
 3.  THEN
 4.    ERROR "Kein exklusiver DB-Zugriff"
 5.    RETURN
 6.  END IF

 7.  RUN "tagessicherung"
 8.  RETURNING sqlca.sqlcode
 9.  IF sqlca.sqlcode < 0
10.  THEN
11.    ERROR "Fehler, bei Archivierung"
12.    RETURN
13.  END IF

14.  RUN "logsicherung"
15.  RETURNING sqlca.sqlcode
16.  IF sqlca.sqlcode < 0
17.  THEN
18.    ERROR "Fehler, bei Logsicherung"
19.    RETURN
20.  END IF

21.  RUN "leere_logdatei"
22.  RETURNING sqlca.sqlcode
23.  IF sqlca.sqlcode < 0
24.  THEN
25.    ERROR "Fehler, bei Logsicherung"
26.    RETURN
27.  END IF

28.  CLOSE DATABASE
```

Zunächst wird die Datenbank zur exklusiven Verwendung reserviert (Zeile 1). Ist
ein exklusiver Zugriff nicht möglich (Zeilen 2-6), so darf nicht gesichert werden
(mögliche Inkonsistenzen wie zuvor beschrieben). Ansonst erfolgt der Aufruf eines
Shellskripts zur Sicherung. Die Verwendung von ShellSkripts empfiehlt sich aus
wartungstechnischen Gründen. Anweisungen zur Sicherung enthalten systemspezi-
fische Befehle. Diese dürfen für portable Anwendungen nie in der Applikation direkt eingebettet sein. Eine Alternative dazu ist, systemabhängige Daten wie
Laufwerksnamen, Verzeichnisnamen etc. in der Datenbank zu hinterlegen.

Wurde das Datenbankverzeichnis gespeichert, so gilt es, die Logdatei ebenfalls auf
Band zu sichern (Zeilen 14-20). Die gesicherte Logdatei wird nun zur weiteren
Verwendung entleert (Zeilen 21-27). Die Leerung erfolgt durch Standardbefehle wie
cat /dev/null >logdatei.

Sind alle Schritte erfolgreich durchgeführt, so kann die Datenbank zur allgemeinen Verwendung wieder freigegeben werden bzw. das Rechnersystem abgeschalten werden.

Rücksicherungsprozedur

Zur Rücksicherung kopieren wir die letzte Sicherung auf die Platte zurück und führen den Befehl *ROLLFORWARD DATABASE* aus (vorausgesetzt die aktuelle Logdatei ist noch auf der Platte).

Datensicherung mit Informix-OnLine

Datensicherung unter OnLine erfolgt zwar ebenfalls nach dem Prinzip mit Komplettsicherung und Logprotokoll, wird technisch aber etwas anders realisiert.

Während zur Verwaltung des Standardservers noch wenige Fachbegriffe und vertraute UNIX-Kommandos verwendet werden, benötigt der OnLine-Administrator einiges zusätzliches Fachwissen. Aus der Kundensicht bietet Informix-OnLine aber so ziemlich alle Features (online-Archivierung, Fast-Recovery etc.) welche von einem guten Datenbankserver erwartet werden, sodaß die Verwendung des OnLine-Servers für den kommerziellen Einsatz, vor allem im 24-Stundenbetrieb, wesentlich sinnvoller erscheint.

Erinnern wir uns, daß OnLine RAW-Devices verwendet und wir somit keinen echten Einfluß auf die innere Struktur dieses Devices haben.

Besprechen wir zunächst die in der Protokollierung (Logging) verwendeten Systemkomponenten. Wir unterscheiden zwei Arten von Logdateien.

> 1. physical log
>
> 2. logical log

Das *physical log* (physisches Protokoll) enthält alle Datensätze, die durch Datenbankoperationen verändert werden. Es wird der Wert des Datensatzes gespeichert, bevor dieser verändert wird. Wir sprechen von einem *Before Image*. Es gibt zu jedem OnLine-System **ein** physical log

Im *logical log* werden alle Änderungen von Datensätzen gespeichert. Also ob der Datensatz angelegt, verändert oder gelöscht wurde. Es gibt zu jedem OnLine-System eine vom Administrator festgelegte Anzahl von logical logs.

Die Anzahl der zu verwendeten Logs ist vom Transaktionsgeschehen[13] und der Häufigkeit von Datensicherungen abhängig. Es müssen auf jeden Fall genügend logical logs eingerichtet sein, um Datenoperationen bis zur nächsten Archivierung sicher zu protokollieren.

<table>
<tr><th colspan="2">Strategien zur Verwaltung der logical logs</th></tr>
<tr><th>Strategie</th><th>Anmerkung</th></tr>
<tr><td>Volle logical logs werden permanent auf Band gesichert und somit entleert.</td><td>Für diese Betriebsart muß ein eigenes Bandlaufwerk exklusiv zur Verfügung stehen.</td></tr>
<tr><td>Das System wird durch den Administrator ständig kontrolliert. Dieser sichert je nach Transaktionsaufkommen die vollen logical logs, sodaß zu jedem Zeitpunkt eine ausreichende Anzahl von logs zur Verfügung steht.</td><td>Betriebssicherheit vom Operator abhängig</td></tr>
<tr><td>Die Anzahl der logs wird entsprechend hoch gesetzt, sodaß bis zur nächsten Sicherung nie alle logs vollgeschrieben werden.</td><td>Diese Variante benötigt den meisten Plattenplatz</td></tr>
</table>

Permanente Log-Sicherung (Continous Backup)

Von den drei aufgezeigten Varianten zur Log-Sicherung ist die permanente Sicherung die komfortabelste Methode. Komfortabel deswegen, da die Sicherung ständig läuft und im Normalfall keinen Verwaltungsaufwand verlangt. Praktisch empfiehlt sich die Reservierung eines eigenen Terminals zur Kontrolle der laufenden Sicherung. Bei jeder Beendigung der permanenten Sicherung, sei es durch einen Maschinenausfall oder auch die bewußte Betriebsmodusänderung, meldet der Sicherungsprozeß die Nummern jener Logs, welche auf dem eingelegten Band gesichert sind. Diese Numerierung ist dann unbedingt auf dem Sicherungsband zu vermerken.

---

[13]   logical logs werden durch Transaktionen gefüllt.

☞ Organisatorisch gilt es, bei Systemen mit Fernwartung per Modem auf den folgenden Umstand Rücksicht zu nehmen:

Verändern wir über das Modem den Betriebszustand des Servers, beispielsweise von *online* auf *offline*, so wird die permanente Sicherung auch beendet. Diese meldet zwar welche Log-Dateien gesichert wurden, wir bekommen diese Meldung aber nicht zu Gesicht bzw. sind über die Modemleitung nicht im Stande, das Band für den anschließenden Betrieb zu wechseln.

Wir dürfen also nie vergessen, das Operatingpersonal dahingehend zu informieren, daß das Log-Sicherungsband beschriftet und gewechselt werden muß.

Versäumen Sie nie alle Kontaktpersonen von Fremdfirmen, deren Applikation auf demselben OnLine-System sitzt, von der permanenten Sicherung zu informieren.

Starten der permanenten Sicherung

Dazu loggen wir als Benutzer *informix* ein und starten das Dienstprogramm **tbmonitor**. Aus dem Hauptmenü wählen wir die Menüpunkte **Logical -Logs** und den Menüpunkt **Continous Backup**.

Legen Sie ein Band zur Sicherung in das für die permanente Sicherung reservierte Laufwerk ein und drücken Sie <RETURN>. Sollte danach keine Meldung auf dem Bildschirm erscheinen, läuft die Sicherung erwartungsgemäß.

☞ Jede Änderung betreffend der Bandlaufwerkparameter (Devicename, Größe, Blockgröße) wird erst mit der nächsten LEVEL-0 Sicherung aktiv. Die Änderung wird im *turbo.log* protokolliert.

Überprüfung ob die Sicherung aktiviert ist

Diese Information erhalten wir über das gute alte *ps*-Kommando. Der Jobname, den wir suchen, lautet **tbtape -c**. Die Option -c steht für den permanenten (engl. continous) Betrieb. Geben wir also auf der UNIX-Shell die Kommandos

```
ps -aef | grep tbtape
```

ein, so erhalten wir die Auswertung

```
informix   8679   8678   0 15:22:42   p1          0:09 tbtape -c
informix   8686   8654  15 15:23:01   p0          0:00 grep tbtape
```

Erhalten wir keine Zeile mit *tbtape -c*, so läuft die Sicherung nicht.

Überwachung der Logical-Logs

mit dem Dienstprogramm *tbmonitor* kann der Zustand (= Auslastung) der logs jederzeit überwacht werden. Dazu wählen wir aus dem Hauptmenü **Status** und **Logs**. Auf dem unteren Teil des Bildschirmes erhalten wir dann die gewünschte Information zu den logical logs wie in der folgenden Sitzung.

```
Press ESC to return to the Status Menu.
Use arrow keys to move the cursor.

PHYSICAL LOG:
Buffer   Bufsize      Bufused     Numpages   Numwrites     pages/IO
P-2          16            2           87          7      12.43
         Phybegin      Physize      Phypos     Phyused     % Used
          100602         5000         4757         34      0.68


LOGICAL LOG:
Buffer   Bufsize     Bufused      Numrecs    Numpages   Numwrites   Recs/Page
L-1          16           0          302          10          6      30.20

INDIVIDUAL LOG FILES:
Number   Flags       Uniqid     Dbspace       Pages       Used      % Used
   5     F-----          0      rootdbs        1000          0       0.00
   6     F-----          0      rootdbs        1000          0       0.00
   7     U-B---       1383      rootdbs        1000       1000     100.00
   8     U---C-       1384      rootdbs        1000        718      71.80
```

In der Spalte *Uniqid* sehen wir die eindeutigen Lognummern 1383 & 1384. Die Numerierung erfolgt automatisch durch den Server. Die in der Spalte *Flags* verwendeten Kennzeichen sind in der folgenden Tabelle erklärt.

F (Free)	Frei
U (Used)	Benutzt
B (Backed up)	Wurde bereits gesichert
C (Current)	Aktuelle Logdatei

Beendigung der permanenten Sicherung

Die permanente Sicherung kann jederzeit durch drücken von CTRL-C wieder beendet werden. Die Beendigung erfolgt sauber, sodaß die gerade zu sichernde Logdatei auf jeden Fall noch fertig gesichert wird.

Wurde die permanente Sicherung gestoppt, so erhalten wir den folgenden Schirm...

```
Performing continuous backup of logical logs.

Please mount tape and press Return to continue ...


Interrupt received ...

Back up of logical log will finish before option is canceled.


Please label this tape as number 1 in the log tape sequence.

This tape contains the following logical logs:

        25 - 30



Program canceled.
```

In unserem Beispiel wurden die Logdateien 25 bis 30 auf Band gesichert. Diese Information ist umgehend auf dem aktuellen Sicherungsband zu vermerken sowie das Band zu wechseln.

In diesem Zustand der abgeschalteten permanenten Sicherung ist das System in voller Betriebsbereitschaft und arbeitet weiter. Volle Logdateien werden hier aber nicht gesichert. Sind alle Logdateien gefüllt (genauer die letzte Datei zu 75%), so hält das System an und meldet, daß nun eine Sicherung der logical logs dringlich ist. Ansonst kann das System weitere Transaktionen nicht protokollieren.

Wird die permanente Sicherung nach einiger Zeit wieder angeschalten, so beginnt der Sicherungsprozeß sofort, alle in der Zwischenzeit gefüllten Logdateien auf Band zu sichern. Wie alle in diesem Zusammenhang geschickten Meldungen im Detail aussehen, lernen wir in den folgenden Abschnitten.

Zur Erinnerung, die permanente Logsicherung wird auch bei einem Betriebsmoduswechsel online - offline beendet.

Wesentlich für die Restaurierung des Datenbanksystemes ist die Tatsache, daß **ALLE** Logs seit der letzten Komplettsicherung (=LEVEL 0) zur Verfügung stehen. Deshalb müssen die Bänder bei jedem Wechsel **gewissenhaft** beschriftet werden.

Grundsätzlich gilt: Wird auf dem Terminal zur permanenten Sicherung angezeigt, daß diese beendet wurde, so ist vor allem anderen...

...das Logsicherungsband aus dem Laufwerk zu entfernen & zu beschriften!

Permanente Logsicherung und Online-Archivierung

Beide Mechanismen können gleichzeitig laufen. Auf die permanente Sicherung muß bei der Tagessicherung daher keine Rücksicht genommen werden.

Wie lange sollen Logbänder aufbewahrt werden?

Logbänder werden immer dann gewechselt, wenn die permanenete Logsaicherung beendet wurde.

Welche Bänder zur Restaurierung nach dem Systemabsturz benötigt werden, erfahren wir wiederum mit dem *tbmonitor*. Wir wählen aus dem Hauptmenü **Status** und **Archive** und erhalten Informationen zu den letzten Sicherungen.

```
 Press ESC to return tc the Status Menu.
 Use arrow keys to move the cursor.



                        ARCHIVE INFORMATION


     Level of                Date and Time           Logical Log Used
     Archive                 of Archive              at Time of Archive

        0            Fri Jan   7 12:33:30 1994               19
        1                                                     0
        2                                                     0
```

In der Spalte *Logical Log Used at Time of Archive* erhalten wir die Nummer jenes Logs, welches zum Zeitpunkt der Archivierung gerade das verwendete Log war. Dies ist (war) also das erste Log, indem Transaktionen nach dem Archivierungszeitpunkt protokolliert wurden.

Benötigt werden somit alle Logs, deren Kennung größer als 19 ist.

Rücksicherung des OnLine-Systemes

Dazu wählen wir den Menüpunkt **Restore** aus dem *tbmonitor* an. Hier werden Sie zunächst gefragt, ob Sie die auf der Platte befindlichen Logs sichern möchten. Der Grund dafür liegt darin, daß mit dem Inhalt des Sicherungsbandes der gesamte Datenbankbereich überschrieben wird. Also auch noch vorhandene Logs. In der Regel sichern wir diese Logs und verlieren damit kaum Transaktionen.

Wenn Sie noch vorhandene Logs sichern, ist unbedingt ein neues Band für die Logsicherung zu verwenden. Stellen Sie sicher, daß nicht das Logband mit den Logs seit der letzten Sicherung im Laufwerk liegt!

Wir werden dann aufgefordert die Sicherungsbänder einzulegen.

Archivierungsstufen

Moderne Datenbanksysteme verfügen über mehrere Archivierungsstufen. Diese werden bei OnLine mit LEVEL 0, LEVEL 1 und LEVEL 2 bezeichnet. Mit LEVEL 0 wird die komplette Systemsicherung verstanden. Dabei wird der Zustand des gesamten Datenbanksystemes gesichert. Wichtig zu wissen, daß dabei eine 1:1 Kopie des Systemes gesichert wird, die von der augenblicklichen Konfiguration abhängig ist. Es ist also nicht möglich, den Datensicherungsstand nach einer Umkonfigurierung in das System einzuspielen.

Übungen

①   Wie erfolgt die Datensicherung von SE-Datenbanken?

②   Worauf muß dabei geachtet werden?

③   Erklären Sie den Zusammenhang zwischen Sicherung und den Logs.

④   Worauf ist bei der permanenten Logsicherung zu achten?

⑤   Wie prüfen wir, ob die permanente Logsicherung läuft?

⑥ Was ist bei der Beendigung der permanenten Logsicherung zu tun?

____

____

____

⑦ Welche Archivierungsstufen kennen Sie. Wie sind diese definiert?

____

____

____

Musterlösungen

① Wie erfolgt die Datensicherung von SE-Datenbanken?

Mit Dienstprogrammen des Betriebssystemes

② Worauf muß dabei geachtet werden?

Kein Benutzer darf arbeiten.

③ Erklären Sie den Zusammenhang zwischen Sicherung und den Logs.

Logs werden verwendet, um den Zeitraum zwischen zwei Sicherungen zu überbrücken.

④ Worauf ist bei der permanenten Logsicherung zu achten?

Das sie nicht unbewußt abgedreht wird. Vorsicht bei der Fernwartung. Die Logsicherungsbänder müssen konsequent beschrieben werden.

⑤ Wie prüfen wir, ob die permanente Logsicherung läuft?

ps -aef|grep tbtape -c

⑥ Was ist bei der Beendigung der Logsicherung zu tun?

Logband beschriften und wechseln

⑦ Welche Archivierungsstufen kennen Sie. Wie sind diese definiert?

LEVEL 0, 1 und 2. Ein Level (x) speichert immer nur die Veränderungen seit der letzten (x-1) Sicherung

Kapitel 20

Grafische Benutzeroberflächen

- ➢ Überblick
- ➢ Aspekte zu GUIs
- ➢ Programmierung
- ➢ Hyperscript-Tools
- ➢ Beispielprogramme

Überblick

Dieses Kapitel versucht, Wege aufzuzeigen, wie 4GL-Applikationen auf grafische Benutzeroberflächen portiert werden. Informix liefert dazu das Laufzeitsystem 4GL/GX, mit dem eine 4GL-Applikation unter grafischen Oberflächen ablaufen kann. Die Besonderheit und für den Entwickler interessanteste Tatsache ist die Verwendung von nur einem Sourcecode.

Egal ob UNIX, DOS, Windows, OS/2, Motif usw. wir benötigen das entsprechende Laufzeitsystem (Runtime) und können somit die Investition in unsere bisherige Entwicklung schützen.

Dieses Kapitel zeigt aber einige zusätzliche Aspekte auf, die bei einer Entwicklung, vor allem unter grafischen Oberflächen, diskutiert werden sollten, bevor man sich ans Werk macht.

Wir erhalten weiterhin einen Einblick in die ereignisgesteuerte bzw. objektorientierte Programmierung. 4GL-Anwendungen wie sie heute de fakto auf den ASCII-Terminals existieren, werden in den kommenden Jahren an den grafischen Benutzeroberflächen nicht vorbeigehen.

Hier hat jedes System & Softwarehaus zumindest in den nächsten Jahren eine strategische Entscheidung zu treffen. Bei all diesen Entscheidungen sind zwei Tatsachen unbestritten, um auf dem Markt bestehen zu können:

1. Die Verwendung eines Datenbanksystemes

2. Die Unterstützung von GUIs

Der folgende Abschnitt beschäftigt sich mit den Möglichkeiten der Portierung einer 4GL-Applikation auf grafische Benutzeroberflächen. Die sicher einfachste Variante der Portierung ist die Verwendung des Produktes Informix-4GL/GX. Dabei kann auch in der Zukunft mit einem Sourcecode wie bisher weiterentwickelt werden, und erst das Laufzeitsystem entscheidet die Darstellung der Bildschirmein-/Ausgaben. Solche Laufzeitsysteme sind in der Offenheit natürlich beschränkt. Eine Applikation hat ein vom Produkt vordefiniertes Aussehen und kann nicht frei gestaltet werden. Die Programmierung einer grafischen Oberfläche selbst, stellt für die kommerzielle Datenverarbeitung einen Quantensprung dar. Erstmals wird man mit objektorientierten Softwaremethoden konfrontiert. Hersteller von grafischen Benutzeroberflächen bieten "C" als die ideale Entwicklungssprache.

Um das Rad nicht neu erfinden zu müssen, wird nach geeigneten Bibliotheken Ausschau gehalten, welche eine komfortable Oberflächenprogrammierung unterstützen und hoffentlich auch auf einer Vielzahl von grafischen Benutzeroberflächen verfügbar sind.

Das dazu verwendete Datenbanktool ist Embedded SQL für C, kurz ESQL/C. Sicher ist die Entwicklung in "C" nach wie vor ein attraktiver Gedanke, trotzdem sollte nach wartungsfreundlicheren Implementierungsstrategien Ausschau gehalten werden.

Eine sehr attraktive Methode ist die Verwendung von Informix-HyperScript. Diese Entwicklungssprache zeichnet sich durch extrem niedrigen Wartungsaufwand, da triviale aber mächtige Befehle sowie einer breiten Verfügbarkeit, aus.

Hyperscript ist eine objektorientierte Programmiersprache.

   Definition Objektorientierung:

In der EDV-Landschaft gilt es zwischen zwei gleich lautenden, in der Praxis aber völlig unterschiedlich ablaufenden, Objektorientiertheiten zu unterscheiden. Die allgemeine EDV versteht unter Objektorientierung die Verwaltung von Klassen, die Möglichkeit der Methodenvererbung etc.

Werkzeuge wie HyperScript Tools, Hypercard usw. verstehen unter Objektorientierung, daß jedes Bildschirmobjekt als einzelnes Objekt angesprochen wird.

Um eine in den letzten Jahren entstandene 4GL-Applikation auf grafische Benutzeroberflächen zu portieren, bietet die Entwicklungssprache eine integrierte Datenbankschnittstelle (SQL for HyperScript) sowie einen Wortschatz von über Tausend Befehlen um die grafische Oberfläche zu programmieren. Die Ebene ist aber weit von der "C"-Schicht bzw. Entwicklungsumgebung entfernt. Hyperscript kann am ehesten mit einer immens leistungsfähigen Makrosprache verglichen werden. Wichtig ist, daß man nahezu uneingeschränkt das Aussehen und Wirken jedes Oberflächenelementes mit Hyperscript bestimmen kann. Der letzte Abschnitt dieses Kapitels enthält einige Beispielquellcodes, wie Sie von HyperScript-Tools generiert werden.

Aspekte zu grafischen Oberflächen

Grafische Oberflächen sind Speicher- und Rechenzeitintensiv. Eine vernünftige Geschwindigkeit wird einerseits durch schnelle Prozessoren bzw. Spezialprozessoren als auch durch einer Menge von Speicherbausteinen erzielt.

Um den Speicherverbrauch so gering als möglich zu halten, sollten Programme möglichst klein gehalten werden. Bei der Entwicklung von Anwendungen unter UNIX obliegen kaum Grenzen, sodaß solche Systeme leicht anwachsen. Ein UNIX-Rechner hat mit großen Problemen keine echten Schwierigkeiten.

Betriebssysteme wie MS-DOS besitzen Einschränkungen, die auch der beste Softwarehersteller der Welt nicht umgehen kann. Markantes Beispiel dafür ist die Beschränkung des Stackbereiches je Programm auf 64-Kbyte. Dies führt in der Praxis dazu, daß man Programme versucht auf DOS-zu übersetzen und dies nicht so einfach möglich ist. Es ist wie wir in der Praxis sehen also nicht damit getan, den Programmquellcode auf den PC zu spielen und schon läuft die Applikation.

Desweiteren müssen grundlegende Betriebssystemunterschiede bedacht werden. Dies betrifft Einschränkungen der Dateinamenlänge, der Laufwerkbezeichnungen, der Pfadangaben usw. Die folgende Tabelle zeigt einige Fakten auf, welche unter UNIX bzw. DOS unterschiedlich behandelt werden.

	UNIX	*DOS*
Pfad-Trennzeichen	/	\
Laufwerkangaben	/dev/fd0	C:
Dateinamen sind Case Sensitive	Ja	Nein
Dateinamenlänge	~14	8

Hinzu kommen unterschiedliche Ressourcenanforderungen je nach Betriebssystem. Ein brauchbares Tool zur Entwicklung von portablen Anwendungen muß Mechanismen zur Verfügung stellen, um diese Unterschiede aus dem Quellcode heraus zu trennen. Erst dann kann von einer echten portablen Lösung gesprochen werden.

Die portable Entwicklung von Anwendungen unter grafischen Oberflächen wird noch um ein vielfaches schwerer. Man stelle sich vor, daß unter Windows eine Unmenge von Zeichensätzen vorhanden sind bzw. hinzugekauft werden können. Was macht eine Apllikation, wenn auf dem Zielsystem ein Zeichensatz nicht existiert? Wie werden Sonderzeichen vom Betriebssystem behandelt? Wie werden Umlaute sortiert? Grafische Oberflächen unterstützen zunehmend Fremdsprachen, wie werden Sonderzeichen dargestellt? Was passiert mit skalierbaren Zeichensätzen auf Systemen die keine skalierbaren Zeichensätze unterstützen?

HyperScript-Tools, das Tool zur Entwicklung von portablen Anwendungen unter grafischen Benutzeroberflächen, löst diese Probleme in beachtlich einfacher und effizienter Weise.

Wir werden in diesem Abschnitt die beiden wichtigsten Bausteine des Entwicklungstools kennenlernen. Dabei handelt es sich einerseits um die Programmierung der grafischen Benutzeroberfläche wie auch um den Datenbankzugriff. Insgesamt sollten Sie mit diesem Kapitel eine ungefähre Vorstellung bekommen, wieviel Aufwand es wäre, Ihre Applikation generell auf HyperScript-Tools zu portieren.

Systemabhängigkeiten

Unter HyperScript-Tools können die wichtigsten Eigenschaften der Umgebung mittels einer Funktion aus der Applikation abgerufen werden.

Plattform	**Windows, OS/2, Motif, usw.**
Bildschirmabmessungen	
Bildschirmmodus	Farbe, Schwarz/Weiß, Grau
Verfügbare Farben	
Pfadtrennzeichen & Pfadstartsymbole	z.B. C:\ für DOS, / für UNIX
eingestellte Farbpalette	

Die Funktion *GETENV(num_info)* liefert in Abhängigkeit des Parameters die gewünschte Information. Einige Beispiele dazu...

```
hintergrundfarbe = GETENV(32)

anzahl_farben GETENV(9)

soundkarte_vorhanden = GETENV(15)

windows_version = GETENV(501)

prozessor = GETENV(503)

hardware_hersteller = GETENV(801)
```

Abbildung 20.1: Abruf diverser Systeminformationen

Bei den in der Tabelle dargestellten Beispielen handelt es sich natürlich nur um einen kurzen Auszug des Angebotes.

Zusätzlich zu den definierten Umgebungsinformationen können auch individuell ge-
setzte Umgebungsvariablen ausgewertet werden.

```
anwendungsverzeichnis=GETENV("ANWDDIR")

aktueller_pfad = GETENV("PATH")
```

Abbildung 20.2: Information aus Umgebungsvariablen

Justierung von Datum, Zeit und Währungsformaten sind in Kurzform in der folgenden Tabelle zusammengefaßt.

Datum	Es können fünf verschiedene Datums-formate frei definiert werden.
Zeit	Vier verschiedene Zeitformate können definiert werden. Zur Justierung stehen Stunden, Minuten, Sekunden & Hundertstel einer Sekunde zur Verfügung
Währung	Zu definieren sind Währungssymbole, welche vor bzw. nach dem Betrag angezeigt werden.

Sprachengerechte Sortierung

Viele Softwareprodukte, vor allem aus den Vereinigten Staaten, haben noch Schwierigkeiten mit der Behandlung von sprachspezifischen Merkmalen. Allen voran sei die Sortierreihenfolge erwähnt.

Mit HyperScript ist es nun einfach möglich, der Anwendung mitzuteilen, wie spezielle Buchstaben zu sortieren sind. Informix wählt dafür die Definition von Vergleichstabellen (*collation tables*).

Wir weisen dazu einer Variable einfach unser „neu" definiertes Alphabet ((aA)(bB)(cC)...(sS)(ß)(tT)...) zu und verwenden diese Variable dann als Sortiermaßstab.

Programmierung der grafischen Oberfläche

Gleich vorweg, der Rahmen dieses Buches erlaubt es mir nicht, eine detaillierte Beschreibung zur Syntax zu liefern. Sie werden aber anhand der Beispielsourcen rasch erkennen, daß die Syntax einfach und zum großen Teil auch trivial zu verstehen ist.

Beginnen möchte ich mit den Kontrollobjekten, wie Druckknöpfe (Buttons), Schieberegler (Scroll Bars), Dialog Fenster (Dialog Boxes) usw.

Erster Schritt ist die Gestaltung des Benutzerdialoges. Mit HyperScript-Tools zeichnen Sie zunächst die gewünschte Dialogbox.

Es steht dazu ein leistungsfähiger Editor zur Verfügung, der eigentlich keine Wünsche offenläßt. Positiv ist die Möglichkeit den gepinselten Dialog sofort auszutesten. Dazu wird HyperScript-Quellcode generiert und kompiliert.

Zum leichteren Verständnis lösen wir nun die folgende Aufgabenstellung und zeigen auch den generierten Quellcode.

Aufgabenstellung: Wir benötigen einen Bildschirmdialog, der es gestattet, sich im System anzumelden. Dabei sollen alle in der Datenbank gespeicherten Benutzer zur Auswahl auf den Bildschirm gebracht werden.

Lösungsweg:

❖ Zeichnen des Dialoges (Dauer ca. 5 Min.)

❖ Hinterlegung der Leseanweisung (Dauer ca. 5 Min.)

❖ Übernahme des ausgewählten Benutzers bei Anwahl des **OK**-Buttons zur weiteren Behandlung (Dauer ca. 2 Min.)

Nun bringen wir die Logik zum Lesen aller Mitarbeiter in die Dialogbox ein. Dazu ist zu wissen, daß an jedes Bildschirmelement Ereignissteuerungen hinzugefügt werden können.

Folgende Standardereignisse[14] können in der Applikation ausgewertet werden.

ON ACTIVATE	bei Aktivierung des Bildschirmfensters
ON CLOSE	bei Schließung des Fensters
ON DEACTIVATE	bei Deaktivierung (bevor ein anderes Fenster aktiviert werden kann)
ON ENTER	bei Drücken der RETURN-Taste
ON ERROR	bei Fehler
ON EXIT	bei Verlassen
ON IDLE	wenn CPU-Zeit hat...
ON KEY	bei Tastendruck ...
ON MOUSEDOUBLECLICK	bei Mausdoppelklick
ON MOUSEDOUBLECLICKDOWN	bei Mausdoppelklick und Maustaste bleibt gedrückt
ON MOUSEDOWN	Maustaste gedrückt
ON MOUSEMOVE	Maus wird bewegt
ON MOUSERELEASE	Mausknopf wird ausgelassen
ON MOUSESTILLDOWN	Mausknopf bleibt gedrückt
ON MOUSETRIPLECLICK	wie MOUSEDOUBLECLICK, hier 3 x gedrückt
ON MOUSETRIPLECLICKDOWN	wie MOUSEDOUBLECLICK, hier 3 x gedrückt
ON MOUSEUP	Maustaste wird losgelassen
ON MOVEMENTKEY	Cursortasten wurden betätigt
ON OPEN	wenn dasDokument geöffnet wird
ON RECALC	wenn Rechenoperationen ausgeführt werden (speziell in Kalkulation)
ON REPAINT	wenn das Objekt neu gezeichnet wird
ON RESIZE	wenn die Größe des Objektes verändert wird
ON SAVE	wenn das Dokument gesichert wird

---

[14] Hinzuzufügen bleibt noch, daß auch externe Ereignisse definiert und abgefangen werden können. So kann realisiert werden, daß ein Ereignis aus einer Fremdapplikation, eine Aktion in der HyperScript-Anwendung auslöst.

Weiterhin kann auch jedem Objekt ein Initialisierungsskript zugewiesen werden. Jedes Objekt wird, wenn es auf dem Bildschirm angezeigt wird, zuvor initialisiert. Genau diese Möglichkeit nutzen wir nun, um die gesuchten Benutzernamen aus der Datenbank zu lesen und dem Dialogelement zuzuordnen.

Wir wählen den Menüpunkt **Dialog Initialization Skript**. Hier werden wir die nun folgenden Befehle hinterlegen, sodaß bei Initialisierung alle Mitarbeiter gelesen und in einer Variable (Array) gestellt werden. Gelesen werden Datensätze mit der uns schon bekannten Cursortechnik, welche in HyperScript um einige angenehme Zusätze erweitert wurde. So ist es hier möglich, mit nur einem Befehl alle Datensätze zu lesen und einem Array zuzuweisen. Die gesamte Anweisung zum Lesen der Mitarbeiter wird wie folgt implementiert.

```
LET lese_anweisung="SELECT nam_mitarb FROM mitarb"

DECLARE "mitarb" CURSOR FOR lese_anweisung

FETCH ALL "mitarb" INTO mitarb_buffer
```

Nun stehen alle Mitarbeiter in der Variable *mitarb_buffer* zur Verfügung.

Um die Verbindung zwischen dem Auswahlfeld und allen vorhandenen Mitarbeitern herzustellen, klicken wir nun das Auswahlfeld und wählen **Control Initialization Script** und geben die folgende Anweisung ein...

```
LIST BOX ITEMS mitarb_buffer
```

Nun sind alle Mitarbeiter dem Element zugeordnet und stehen zur Auswahl.

Letzter Schritt ist noch die Übernahme des ausgewählten Benutzernamens. Dieser soll, wie unter grafischen Oberflächen üblich, erst ausgeführt werden, wenn der Benutzer bestätigt, daß er dies auch möchte, sprich den OK-Button gedrückt hat. Und genau dieser OK-Druckknopf ist unser Objekt, dem wir diese Logik *anhängen*.

Wir klicken aus dem Dialog-Editor den OK-Button und wählen **Control Script**. Hier können wir nun alle Ereignisbehandlungen, wie sie in Tabelle X.Y. dargestellt sind, hinterlegen. Unser dazu benötigtes Ereignis ist *ON MOUSEDOWN*, wenn der Mausknopf also auf dem OK-Button gedrückt wird.

```
ON MOUSEDOWN
  LET ausgewaehlt = CTSTRING(1,0)
END MOUSEDOWN
```

Die Funktion *CTSTRING()*[15] wird verwendet um den Wert eines Bildschirmobjektes auszuwerten. Jedes Bildschirmobjekt wird mit einer eindeutigen Objektnummer identifiziert. In unserem Beispiel wird der Wert des Objektes mit der Nummer 1, der Variable *ausgewaehlt*, zugewiesen. Die Variable enthält den Wert "informix".

Konform zur Funktion CTSTRING() existiert auch eine Funktion CTVALUE(), welche uns nicht den Wert selbst liefert, sondern die Position im Feld. Wird der erste Benutzer ausgewählt, so erhalten wir den Wert 1, beim zweiten Benutzer erhalten wir den Wert 2 usw.

Diese Funktionen sind für alle Arten von Bildschirmelementen, egal ob Zahlenrad, Schieberegler, Texteingabefelder usw. verwendbar.

---

[15] CTSTRING steht für *Current String* zu deutsch etwa aktueller Stringwert

Menüs

Menüs werden genau wie Dialogboxen interaktiv angelegt und mit Funktionalität versehen. Der Befehlssatz deckt alle Standardoperationen zu Menüs ab und erlaubt somit auch die einfache Aktivierung bzw. Deaktivierung von Menüpunkten, unterstützt den Toggelmodus[16] und bietet auch definierte Menüs, etwa zur Auswahl eines Zeichensatzes an. Der Entwickler braucht also die HyperScript-Technologie nicht zu verlassen, um etwa mittels einer C-Routine alle verfügbaren Zeichensätze zu eruieren.

Selbstverständlich können Informationen zu den Menüs auch aus der Datenbank gelesen und das Menü aus diesen Daten aufgebaut werden. Interaktiv erstellte Menüs können ebenfalls noch während der Gestaltung getestet werden.

Zusammenfassung

HyperScript-Tools stellt eine sicherlich überlegenswerte Alternative zur bisherigen Methode mit der Sprache C in Verbindung mit eingebettetem SQL dar. Mit seinem durchgängigen Konzept und dem SQL-Datenbankzugriff kann dieses Produkt auch für Rapid-Prototyping empfohlen werden. Erwähnenswert ist auch die breite Verfügbarkeit auf allen namhaften grafischen Benutzeroberflächen.

Die Hinterlegung von Sourcecode zu einzelnen Objekten ist insofern gelungen, da diese Technik auch eine nachträgliche Änderung des bestehenden Quelltextes erlaubt. Viele Produkte aus dem CASE Markt, welche eine drastische Senkung der Codierungszeit durch Codegenerierung versprechen, berücksichtigen eine notwendige Änderung des generierten Quellcodes nicht oder unzureichend, sodaß der versprochene Vorteil an der Praxis vorbeigeht.

Wir ändern das gewünschte Skript und generieren den Code des Menüs bzw. der Dialogbox neu. Durch die Fähigkeit, daß der generierte Code auch direkt in ein Skript eingefügt werden kann, benötigen wir bei solchen Programmänderungen nur den minimalen Aufwand.

---

[16] Toggelmodus: Hier wird der Menüpunkt mit einem Haken versehen, wenn die Menüfunktion eingeschalten ist.

Beispielprogramme

```
ADD MENUBAR "MENU"
ADD FONT SUBMENU "Bearbeiten Zeichensatz"
   COMMAND ""
 ADD MENU "Datei" WITH 10 ITEMS
   ADD MENUITEM "Neu"
     COMMAND "CALL haupt.scz:neu()"
   ADD MENUITEM "Öffnen"
     COMMAND "CALL haupt.scz:oeffnen()"
   ADD MENU SEPARATOR
   ADD MENUITEM "Speichern"
     COMMAND "CALL haupt.scz:speichern()"
   ADD MENUITEM "Speichern unter..."
     COMMAND "CALL haupt.scz:speichern_unter()"
   ADD MENU SEPARATOR
   ADD MENUITEM "Drucken"
     COMMAND "PRINT DIALOG"
   ADD MENUITEM "Druckereinrichtung"
     COMMAND "CALL haupt.scz:print_setup()"
   ADD MENU SEPARATOR
   ADD MENUITEM "Beenden"
     COMMAND "CALL haupt.scz:ende()"

 ADD MENU "Bearbeiten" WITH 8 ITEMS
   ADD MENUITEM "Wiederholen" KEY 4100
     COMMAND "CALL haupt.scz:repeat()"
   ADD MENUITEM "Rückgängig..." KEY 4099
     COMMAND "UNDO"
   ADD MENU SEPARATOR
   ADD MENUITEM "Löschen"
     COMMAND "CUT"
   ADD MENUITEM "Kopieren" KEY "K"
     COMMAND "COPY"
   ADD MENUITEM "Einfügen" KEY "E"
     COMMAND "PASTE"
   ADD MENUITEM "Zeichensatz" SUBMENU "Bearbeiten Zeichensatz"

 ADD MENU "Stammdaten" WITH 3 ITEMS
   ADD MENUITEM "Kunden"
     COMMAND "CALL haupt.scz:kunden()"
   ADD MENUITEM "Lieferanten"
     COMMAND "CALL haupt.scz:liefer()"

 ADD MENU "Statistiken" WITH 2 ITEMS
   ADD MENUITEM "Auswertung definieren..."
     COMMAND "CALL haupt.scz:auswert()"
   ADD MENUITEM "Grafik "
     COMMAND "CALL haupt.scz:grafik()"
   ADD MENU "Hilfe" WITH 1 ITEMS
 SHOW MENUBAR "MENU"
```

Abbildung 20.3: HyperScript-Code eines Menüs

```
NEW MODELESS DIALOG BOX "Verkauf" AT (-1,-1)(6975,4755)
  ADD LINE POPUP "1","20","40","80","120"
    AT (376,3734)+(1084,556)
 ADD SYMBOL POPUP AT (2016,3778)+(1102,557)
 ADD COLOR POPUP AT (3793,3808)+(1072,545)
 ADD PATTERN POPUP AT (5451,3778)+(1114,557)
 ADD NUMBER WHEEL AT (376,2832)+(1113,571)
    NUMBER WHEEL RANGE 1 TO 10
    NUMBER WHEEL STEP 1
    NUMBER WHEEL PRECISION 0
 ADD FIELD AT (346,1189)+(1236,408)
 ADD TEXT "Textfeld" AT (346,1972)+(1173,526)
 ADD SCROLL BAR AT (1927,120)+(408,3313)
    SCROLL BAR RANGE 1 TO 10
    SCROLL BAR STEP 1
    SCROLL BAR PAGE 2
 ADD LIST BOX "Barverkauf","Lieferschein","Rechnung" AT
                 (2543,135)+(1569,1146)
    SHOW SCROLL BAR LIST BOX
 ADD CHECK BOX "Grafik","Text" AT (4502,135)+(2078,1146)

 ADD RADIO BUTTON "Vormittag","Nachmittag" AT
                 (4517,1445)+(2063,1146)
 ADD PUSH BUTTON "Drucken" AT (2591,1537)+(1521,1039)

 ADD POPUP MENU "Reinhard","Rainald" AT (360,193)+(1236,680)
 ADD SLIDE BAR AT (2576,2862)+(3989,812)
    SLIDE BAR RANGE 0 TO 10
    SLIDE BAR MAJOR DIVISIONS 2
    SLIDE BAR MINOR DIVISIONS 5
    SLIDE BAR PRECISION 0
USE DIALOG BOX
```

Abbildung 20.4: HyperScript-Code einer Dialogbox

Glossar

Archivierung

Fachbegriff für die Datenbanksicherung. Unter OnLine stehen 3 verschiedene Archivierungsstufen zur Verfügung. Stufe (engl. level) 0, Stufe 1 und Stufe 2. Archivierung auf der Stufe 0 bedeutet Komplettsicherung. Alle anderen Stufen sichern jeweils Änderungen seit der letzten niedrigeren Stufensicherung.

Array

Bezeichnung für eine Variablenform. Einzelne Elemente werden über einen ganzzahligen Index angesprochen.

audit trail

Protokolldatei in der alle Transaktionen einer vorgegebenen Datenbanktabelle protokolliert werden. Im Unterschied dazu speichert eine **Logdatei** Transaktionen des gesamten Datenbanksystemes

backend

Bezeichnung für den Datenbankserverprozeß.

backup

Bezeichnung für eine Kopie. Wir meinen damit eine Kopie des Datenbanksystemes auf Band.

before image

Fachbegriff für einen Datensatz, wie er vor einer Veränderung ausgesehen hat. Before Images werden vor der auszuführenden Transaktion in das **physical log** geschrieben, sodaß der Datensatz bei mißlungenem Änderungsversuch wieder ordnungsgemäß hergestellt werden kann.

BLOB

Abkürzung für Binary Large OBject. Konkret gemeint sind damit Bilddateien, Soundfiles, Textdateien usw. Wichtig ist, daß das Format der Datei für die Abspeicherung im Datenbanksystem nicht relevant ist.

blobspace

Bereich des Datenbanksystemes, der zur Speicherung von **BLOBS**s zur Verfügung steht. Da BLOB-Dateien von der Größe anders zu behandeln sind, erweist es sich vor allem aus Performanceüberlegungen günstiger, dafür eigene Bereiche im Datenbanksystem einzurichten.

buffered log

Protokollierungsart, wo die Protokolldatei erst auf Disk geschrieben wird, wenn das log gefüllt. Vorteil: bessere Performance; Nachteil: bei Stromverlust gehen die Transaktionen des logs verloren, da diese nicht rechtzeitig auf Disk geschrieben werden konnten.

checkpoint

Zeitpunkt, zu welchem alle Systeminformationen auf Disk gespeichert werden. Damit wird der Speicher mit der Disk synchronisiert.

chunk

Bezeichnung für einen zusammenhängenden Diskblock, der zur Speicherung von Daten verwendet wird.

clustered index

Indexbezeichnung, wo eigentlich kein Index angelegt, sondern einfach die Datendatei den Indexfeldern entsprechend sortiert wird.

COMMIT WORK

Markiert das Ende einer Transaktion und schließt die Transaktion ab.

COMMITED READ

Einstellung für Leseanweisungen, wo nur jene Daten selektiert werden, welche zum Zeitpunkt der Datenanfrage konsistent vorhanden waren. Ausgeschlossen wird damit der Fall, daß eventuelle Änderungen durch laufende Transaktionen nicht selektiert werden können.

cursor

Datenpuffermechanismus. Dabei wird intern Speicher als Auffangpool für Daten reserviert. Über den Cursornamen können Elemente aus dem Puffer angesprochen werden.

CURSOR STABILITY

Diese Lesestufe ähnelt dem COMMITED READ, mit dem Unterschied, daß Datensätze nicht nur für die Dauer des Lesevorganges gesperrt bleiben. Ein gelesener Datensatz mit CURSOR STABILITY bleibt solange gesperrt, bis der Prozeß, welcher die Sperre verursacht hat, auf den nächsten Datensatz dieser Leseoperation zugreift.

DBA

Kürzel für DatenBankAdministrator. Zuständige Person, die für den Betrieb des Datenbanksystemes verantwortlich ist.

dbspace

Bereich des Datenbanksystemes, der zur Speicherung von **Informationen** zur Verfügung steht.

deadlock

Bezeichnet die Situation, in der ein Prozeß die Ressourcen des jeweils anderen Prozesses benötigt, um weiterarbeiten zu können. Hier warten beide auf einander, ohne das die geforderten Ressourcen freigegeben werden. Informix-OnLine erkennt diese Situationen schon vorweg, sodaß es zu dieser Situation gar nicht kommen kann.

extent size

Die Größe des Tabellenbereiches, welcher bei Vollauslastung des bisher reservierten Bereiches, vom Datenbankserver für zukünftige Datensätze reserviert wird. Eine Tabelle sollte aus Performancegründen nie mehr als 8 *extents* besitzen.

frontend

Allgemeine Bezeichnung für einen Anwendungsprozeß wie 4GL-Applikation, Informix-SQL. Der Frontend schickt Datenanfragen an den Backend. Dieser selektiert Daten und liefert die Ergebnismenge an den Frontend zurück.

join

Bezeichnung für Verbindung zwischen Tabellen. Die Verbindung wird über Joinfelder (Verbindungsfelder) hergestellt.

kartesisches Produkt

Ist das Ergebnis eines SELECT Befehls, wenn zwei (oder mehrere) Tabellen ohne Verbindungselement verknüpft weden. Eine Sonderform davon ist das **OUTER kartesische Produkt**. Dieses entsteht, wenn Tabellen mit der OUTER-Beziehung verknüpft sind und die Datensätze der untergeordneten Tabelle keine Einschränkung besitzen. Outer kartesische Produkte werden vom Datenbanksystem erkannt und aus ressourcentechnischen Gründen nicht ausgeführt.

lock mode

Im Datenbanksystem kann hinterlegt werden, wie der Prozeß reagieren soll, wenn ein benötigter Datensatz von einem anderen Prozeß gesperrt wird. Entweder er wartet eine justierbare Anzahl von Sekunden und probiert weiter, wartet überhaupt so lange, bis er den Datensatz erhält, oder liefert eine Meldung, daß ein benötigter Datensatz gerade gesperrt ist und deshalb die eigene Operation nicht ausgeführt werden kann.

locking

Mechanismus zum Sperren (Schützen) von Datensätzen. Datensätze müssen bei Veränderungen **gelockt** werden, damit andere Prozesse auf diesen Datensatz nicht ebenfalls verändernd einwirken können.

dbimport

Dienstprogramm zum Laden einer mit **dbexport** entladenen Datenbank. Zunächst wird das von **dbexport** generierte SQL-Skript zum Aufbau der Datenbank ausgeführt. Anschließend werden Datenbanktabellen mit den Daten aus den UNLOAD-Dateien (ebenfalls von **dbexport** erzeugt) gefüllt.

dbexport

Dienstprogramm um eine Datenbank zu exportieren. Dabei wird ein SQL-Skript für einen späteren Aufbau der Datenbank generiert sowie alle Tabellen in ASCII-Dateien entladen.

error log

Betriebssystemdatei, in welcher sämtliche während der Laufzeit auftretenden Fehler protokolliert werden, wenn dies von der 4GL-Applikation gewünscht wird.

graceful-shutdown

versetzt den Datenbankserver OnLine vom online Modus in den quiescent Modus. Dabei werden Datenbankoperationen aktiver Benutzer ordnungsgemäß beendet.

immediate-shutdown

versetzt den Datenbankserver OnLine vom online Modus in den quiescent Modus, ohne auf die Arbeit aktiver Benutzer Rücksicht zu nehmen. Laufende Transaktionen werden in diesem Falle unterbrochen.

kartesisches Produkt

Ist das Ergebnis eines SELECT Befehls, wenn zwei (oder mehrere) Tabellen ohne Verbindungselement verknüpft weden. Eine Sonderform davon ist das **OUTER kartesische Produkt**. Dieses entsteht, wenn Tabellen mit der OUTER-Beziehung verknüpft sind und die Datensätze der untergeordneten Tabelle keine Einschränkung besitzen. Outer kartesische Produkte werden vom Datenbanksystem erkannt und aus ressourcentechnischen Gründen nicht ausgeführt.

mirroring

Zu deutsch Spiegelung, bezeichnet den Umstand, daß sämtliche Diskoperationen doppelt, auf zwei unabhängigen Disks, ausgeführt werden. Der Grund hierfür ist die erhöhte Ausfallssicherheit bei Verlust einer Disk. Informix-OnLine schaltet hier automatisch auf die Spiegelplatte um, sodaß ohne Verzögerung weitergearbeitet werden kann.

NULL

Wert zur Darstellung von *Information nicht vorhanden*.

page

Verwaltungseinheit des Datenbanksystemes. I/O erfolgt grundsätzlich Pageweise, d.h. ein Datensatz wird nie einzeln gelesen, alle weiteren Datensätze innerhalb dieser Page werden ebenfalls gelesen.

Phantomdaten

Damit wird ein Datensatz bezeichnet, der in Wirklichkeit gar nicht mehr da ist. Beispiel: eine Transaktion löscht einen Datensatz, ein zweiter Benutzer startet eine Auswertung, wo dieser Datensatz auch vorkommt. Wurde der **isolationlevel** auf dirty-read (schmutziges löschen) eingestellt, so werden auch diese Datensätze gelesen. Erst mit dem Abschluß der Löschtransaktion verschwinden diese Phantomdaten. Phantomdaten können nur mit dem Isolationslevel **dirty read** gelesen werden.

Primärschlüssel

Ist jene Information, über die ein Datensatz eindeutig referenziert werden kann.

Projektion

Tätigkeit zur Auswahl von Tabellenspalten während der Datenselektion. Die Projektion wird vom Serverprozeß durchgeführt.

raw device

Ein vom Betriebssystem unabhängiger Teil einer Disk. Das Betriebssystem kann auf diesen Teil nicht zugreifen, da dieser Bereich nicht *gemounted* ist.

Recovery

Mechanismus, um die Integrität der Datenbank wieder herzustellen.

Relation

Teil einer Datenbank. Auch Tabelle genannt.

Relationales Datenbanksystem

Datenbanksystem, daß es erlaubt, Tabellen während der Abfrage individuell zu verknüpfen. Der Datenbestand ist von der Applikation physisch entkoppelt.

self-join

Selbstverbund. Bezeichnet eine Verknüpfung von einer Tabelle mit sich selbst. Realisierbar ist dies über *Aliasnamen*, welche den SQL-Prozessor veranlassen, jede Tabelle mit Aliasnamen als logisch autonome Tabelle zu sehen.

shared memory

Organisationsart des Hauptspeichers. Mehrere Benutzer können gleichzeitig auf diesen Speicherbereich zugreifen.

subquery

Bezeichnung für einen Selectbefehl,. der in einem anderen Befehl wie INSERT, UPDATE, SELECT oder DELETE verwendet wird, um die zu bearbeitenden Daten einzuschränken.

tbmonitor

Dienstprogramm zu Informix-OnLine. **tbmonitor** ist das eigentliche Tool zur Datenbankadministrierung. Damit werden Tätigkeiten wie Sicherung, Überwachung etc. durchgeführt.

tbstat

Dienstprogramm zur Status-Überwachung des Datenbankservers. **tbstat** liefert detaillierte Informationen über Benutzer, Resourcen, Logs, Performance usw.

termcap

Betriebssystemdatei, welche die Möglichkeiten des Terminals beschreibt.

terminfo

Betriebssystemdatei, welche die Möglichkeiten des Terminals beschreibt.

Transaktion

Allgemeine Bezeichnung für die Zusammenfassung mehrerer Datenbankzugriffe zu einer logischen Operation. Transaktion müssen verwendet werden, um die Integrität der Datenbank zu jedem Zeit zu gewährleisten.

Virtuelle Spalte

Dabei handelt es sich um Ergebnisspalten eines SELECT Befehles, wo der Inhalt der Spalte nicht wirklich physisch aus der Datenbank kommt, sondern vielleicht erst im Zuge der Datenselektion errechnet wird. Da diese Spalte nicht wirklich vorhanden ist, wird Sie als virtuell (scheinbar) bezeichnet.

wildcards

Eine definierte Symbolmenge, welche benutzt wird, um Datenfilter zu erstellen.

Sachwortverzeichnis

Theorie und Praxis relationaler Datenbanken

von René Steiner

1994. VIII, 156 Seiten mit Diskette. Gebunden.
ISBN 3-528-05427-1

Aus dem Inhalt: Daten strukturieren (Entitätenblockdiagramme) – Daten normalisieren (Optimale Normalformen) – Datenschutz, Datensicherung, Datenkonsistenz – Einführung in SQL (Structured Query Language) – Datenbankwerkzeuge kennen und anwenden – Datenbankapplikationen entwikkeln – Aufgaben des Datenbankadministrators.

Dieses Buch ist eine praxisorientierte Einführung in das Design relationaler Datenbanken. Es eignet sich für den Informatikunterricht (Informatiklehre) und das Selbststudium ebenso wie als Nachschlagewerk. Das Buch beinhaltet das notwendige Wissen, um Daten strukturieren und Datenbankapplikationen entwickeln zu können. Die hier vermittelten Grundlagen gelten für alle relationalen Datenbanksysteme (z.B. Oracle, dBASE IV, MS-Access usw.) gleichermaßen. Außerdem wird der Leser in die Datenbanksprache SQL eingeführt und erhält Einblicke in die tägliche Arbeit eines Datenbankadministrators. Am Ende eines jeden Kapitels hat der Leser die Möglichkeit, das erworbene Wissen anhand von Fragen und Aufgaben zu vertiefen.

Über den Autor: René Steiner absolvierte ein Ingenieurstudium in Chemie und Informatik. Seit 1989 arbeitet er als Ingenieur in der chemischen Industrie und ist dort mit der Automatisierung von technischen und administrativen Prozessen in der Produktion beschäftigt. Er entwickelt u.a. Datenbankapplikationen für die Prozessdatenerfassung und die Büroautomation. Nebenbei unterrichtet er als Informatikdozent an einer Technikerschule das Fach Datenbanken.

Verlag Vieweg · Postfach 58 29 · 65048 Wiesbaden

Effizienter DB-Einsatz von ADABAS

von Dieter W. Storr

1994. XVIII, 693 Seiten mit Diskette. (Zielorientiertes Software-Development; herausgegeben von Stephen Fedtke) Gebunden.
ISBN 3-528-05289-9

Das Buch bietet dem professionellen ADABAS-Spezialisten umfassendes und gezieltes Insiderwissen sowie geeignete Softwarewerkzeuge auf beiliegender Diskette. Da der größte Einflußfaktor auf die ADABAS-Performance in der Anwendungslogik liegt, werden in Verbindung zum TP-Monitor und den Datenbankzugriffen die Direkt-Programmierung und NATURAL eingehend besprochen. Ebenso werden das Thema Datenbankdesign sowie Spezialanwendungen und die Blockgrößen beim Einrichten der Datenbank behandelt. Weitere Begriffe, auf die das Werk eingeht, sind: ADABAS-Parameter, ADABAS-Cache-Möglichkeiten, RAID-Technologien. Ein Buch aus der Praxis für die Praxis!

Über den Autor: Dipl.-Verwaltungswirt Dieter W. Storr ist Performance- und Tuningspezialist, Berater, Vorsitzender der SAG Benutzergruppe Deutschland. Er hat u.a. zahlreiche ADABAS-Zusatzprodukte mitentwickelt.

Verlag Vieweg · Postfach 58 29 · 65048 Wiesbaden